智慧水环境理论与应用

万鲁河　齐少群　王　雷　高　炜　卢廷玉　贾立春等　著

科学出版社

北　京

内 容 简 介

本书以松花江流域哈尔滨市城区段为研究区,分别介绍地理信息系统、遥感技术、空间定位技术、物联网技术、大数据、云计算、机器学习和知识发现等技术在水环境监测与管理中的应用现状与技术特征。从水环境监测与感知、水质预测与评价、水体污染物总量控制、水质遥感、水污染突发事件处理等领域具体阐述了智慧水环境的技术体系与应用成效。

本书可供地理学、生态学、环境科学等领域的科研人员以及相关学科的教师及研究生参考使用。

图书在版编目(CIP)数据

智慧水环境理论与应用 / 万鲁河等著. —北京:科学出版社,2022.12
ISBN 978-7-03-074193-6

Ⅰ. ①智… Ⅱ. ①万… Ⅲ. ①水环境–环境管理–研究 Ⅳ. ①X143

中国版本图书馆 CIP 数据核字(2022)第 235881 号

责任编辑:董 墨 白 丹 / 责任校对:杨 然
责任印制:吴兆东 / 封面设计:蓝正设计

科 学 出 版 社 出版
北京东黄城根北街 16 号
邮政编码:100717
http://www.sciencep.com
北京中科印刷有限公司 印刷
科学出版社发行 各地新华书店经销
*
2022 年 12 月第 一 版 开本:787×1092 1/16
2022 年 12 月第 一 次印刷 印张:15 1/4
字数:360 000
定价:158.00 元
(如有印装质量问题,我社负责调换)

前　　言

　　水环境的监测与管理一直是广受关注的研究领域，越来越多的新技术、新方法、新设备与新服务模式被用于水环境的监测与管理中。在水质、水体、污染物、流域等多方面均出现了不同类型的自动化、智能化集成应用。大量的技术成果迫切需要按照业务流程和技术框架进行归纳总结，以便进一步推广。因此，梳理水环境应用需求，整合应用于水环境管理的技术方法，建立一个面向水环境整体的综合智慧管理平台体系是必要的，也是急需的。

　　本书对智慧水环境的定义、结构内容进行了系统的阐述，对智慧水环境的技术组成和应用实施进行了详细的说明。通过卫星遥感监测、无人机航拍、地面巡查和传感器等监测手段构建天地空一体化的水环境感知网络，获取水质数据、空间基础数据、环境专题数据等多源异构跨平台的大数据集。基于水环境大数据进行机器学习和知识发现研究，挖掘水环境空间规律性和潜在空间知识规则，实现对水环境问题和现象的空间聚类、空间关联、空间趋势分析和空间异常探测的智慧化应用。建立基于水环境大数据和空间知识挖掘的水环境综合云计算服务平台，实现水质预测、总量管理、优化配置和执法监察等水环境管理的智慧应用。

　　本书共 10 章，第 1 章首先定义智慧水环境的概念，并介绍智慧水环境的结构组成、应用趋势与现实意义；第 2 章介绍基于物联网的智慧水环境技术设施体系，包括不同类型的水质监测平台；第 3 章介绍智慧水环境云平台的构建原理与具体内容；第 4 章研究水环境监测感知系统；第 5 章研究河流水污染突发事件的模拟；第 6 章研究基于 WebGIS 的松花江哈尔滨段水质监测与评价系统；第 7 章研究水环境污染物总量优化分配方法及业务化平台的建立；第 8 章研究基于多源遥感的河流水质反演；第 9 章研究突发水环境污染处理专家系统；第 10 章研究基于移动端的水环境管理平台。

　　本书主要汇集了作者近些年在水环境监测、管理、决策、服务方面的一些研究成果。在国家科技重大专项课题"松花江哈尔滨市市辖区控制单元水环境质量改善技术集成与综合示范"（2013ZX07201007）及其子任务"松花江哈尔滨市市辖区控制单元水环境管理技术集成与平台建设"（2013ZX07201007-006）的支持和资助下，作者完成了本书内容涉及的研究以及书稿撰写和出版。自 2013 年开展系统性研究直至本书的撰写完成，先后有齐少群、王雷（黑龙江工程学院）、刘硕、卢廷玉、张栩嘉、高炜、张羽威、葛腾、夏丽爽、王忠玉、邱忠义、徐萍、张童、李兴久等师生参与了研究与撰写工作，青岛佳明测控科技股份有限公司也参与了部分内容的撰写，在此一并致以衷心的感谢。

本书对水质、污染物总量的计算，以及对水质反演、水环境应用系统的建立，均以松花江哈尔滨市区段为研究区域和应用对象，书中涉及的数据及分析结果也是针对该特定区域。对于其他区域的应用仅给出建立智慧水环境平台的理论、方法和技术参考。

由于作者水平有限，书中不妥之处在所难免，敬请各位读者批评指正。

作　者
2022 年 9 月

目　　录

第1章　智慧水环境概述

2017 年联合国发布的《世界水资源发展报告》指出，当前水需求的日益增加以及人类活动产生的废水使全球环境的负荷越来越重，水环境是当前世界各国面临的重要挑战，全球每年有超过 80 万人因饮用遭到污染的水而死亡。亚洲、非洲和拉丁美洲每年有近 350 万人死于与水有关的疾病。我国水环境现实情况也很严峻，流域水资源过度开发、水生态受损严重、水污染事件频发，例如，2007 年太湖蓝藻污染事件、2010 年松花江水污染事件、2014 年兰州自来水苯超标事件等，都引起了极大轰动。我国水环境面临的问题主要表现在：一是水质状况依然较差，湖泊和海洋环境问题日益严重。根据《2016 中国环境状况公报》，全国超过 30%的重点湖泊（水库）水质劣于 III 类。二是城镇化和工业化深入推进致使工业和生活污染排放强度增大、污染负荷加大。水资源短缺、水环境恶化成为制约我国乃至全世界经济发展的主要问题，因此加强水环境监测、改善水环境质量是当前迫切需要解决的问题。

据估计，到 2030 年，世界人口的 60%将生活在城市（United Nations，2015），城市消耗全球 70%的资源给城市的环境可持续发展带来巨大的挑战（OECD，2012）；随着我国城市化进程的加快和城市规模的扩大，城市水资源短缺、水污染问题日益凸显（中国工程院"21 世纪中国可持续发展水资源战略研究"项目组，2000）。国际商业机器公司（IBM）提出"智慧城市"引发了全世界的广泛关注，"智慧城市"基于物联网、云计算、大数据等新一代信息技术以及社交网络、智能搜索、智能分析等工具和方法，实现城市信息全面透彻的感知、宽带泛在的互联，以及智能融合的应用（龚健雅和王国良，2013）。智慧城市被认为是解决环境问题、实现城市绿色及可持续发展的一剂良药（Bibri and Krogstie，2017）。智慧水环境作为智慧城市的重要组成部分，是智慧城市的必然产物，是实现城市水资源科学监管、长效节约、可持续发展利用的重要手段。

国内外学者对水环境现状、智慧水环境建设等方面展开积极的探索。2009 年世界"水创新联盟"成立，许多学者开始研究智慧水网（SWG）技术，研究该技术的目的是保障水量和水质的安全。SWG 技术包括平台、资源、智能网络、管理、能源效率五部分，全球迄今为止只有澳大利亚和新加坡两个国家采用 SWG 技术成功地实现了新型智慧水管理设施的基本建设（Lee et al.，2015）。智慧水质监测系统被认为是智慧水网技术最为重要的一部分，Dong 等（2015）将智慧水质监测系统分为数据采集子系统、数据传输子系统、数据管理子系统三部分。数据采集子系统主要利用物联网前端传感器采集水质参数，确定采样点位置和采样频率；数据传输子系统主要研究数据传输网络的结构和数据传输网络的管理；数据管理子系统的功能是进行水质分析和预测、水质评价、水质数据存储，目前，该系统只处于初级阶段，还需要对其进行完善。Romano 和 Kapelan（2014）研究近实时操作管理的智慧水分析算法，提出了能够提前 24h 预测需水量的方法，该方法基于进化的人工神经网络算法，在全自动、数据驱动、自学习式的水需求预测系统中运行。Robles 等（2014）提出了基于物联网技术的智能水管理模型，该模型用于去耦支持决策系统和监测业务的协调以及子系统的实施，实现在一个水管理域内用同一种管理方式管理不同设备供应商间的设备。O'Flyrm 等（2007）提出了将 Zigbee 技术的无线传感网用于环境监测，实现对水温、磷、溶解氧、电导率、pH、浊度和水位等水质参数的实时监测。Tuna 等（2013）提出了两种自动监测地表水的方案，第一种是使用装有水质检测仪器的自动船，自动船能根据操作者事先设定好的采样路线采样，船上的探测器、水质监测仪器能够实时采集、分析水质数据，记录结果。第二种是基于无线遥感网络的浮标式的监测设备，实时监测流域的浮标式水质在线监测仪器。Yan 等（2014）运用传感器技术、自动控制技术以及数据传输、存储、处理、分析技术构建智慧水环境平台，对南疆白沙湖生态环境实时监测；该平台具有低成本、低功耗、分布式和自组织的特性。Menon 等（2013）提出了采用无线传感器网络监测河流水质，并设计了监测水中 pH 的传感器结点，该系统具有节电和低成本的特点，同时 pH 传感器模块亦可集成温度、电导率、溶解氧、浊度等传感器。Boulos（2017）提出了智慧排水网络建设技术，应用该技术主要对城市的污水排放系统进行实时监控，对可能出现的管网泄漏进行预警和响应，使得由排水管网泄漏而引发的公共健康风险降到最低。

杨明祥等（2014）结合当前水务发展遇到的实际问题和国家战略部署详细阐述了智慧水务建设的必要性和迫切性，提出落实顶层设计和完善评价体系的建议，为未来智慧水务建设提供了一定的参考。张一鸣等（2015）以 TOE 理论框架（Technology-Organization-Environment）为基础，结合智慧水务建设的具体情况，构建了智慧水务建设的 TOE 框架，利用 TOE 理论框架模型对影响智慧水务建设的各个因素在技术维度、组织维度和环境维度下进行分类分析，得出组织因素和技术因素是对智慧水务建设影响最大的两个模块。孙艳等（2015）通过设计污水处理厂物联网系统，规划系统总体架构和重点功能模块，并结合系统应用从运行监控、应急指挥、生产巡检、设备运维等方面，探讨"无人值守"型污水处理厂管理实施方案。物联网系统的融合与应用能够为污水处理厂管理提供信息感知、过程控制与分析决策的智能化技术手段，为"无人值守"管理模式的实践提供实施通道和支撑平台。张小娟等（2014）围绕北京水务中心工作提出智慧水务建设构想，建立智慧水务的总体架构，明确智慧水务建设任务为完善四大监测体系、五大控制体系，建设一个数据中心、构建统一的业务应用体系。田雨等（2014）在对水务业务进行分析的基础上，构建了基于水务业务对信息处理的智慧化依赖程度的智慧水务建设分析模型，在此基础上能够分析出水务业务的智慧水务建设处于迫切建设区、多元化建设区、建设完善区或缓建区。肖连风和傅仁轩（2012）提出了基于物联网的智慧水资源环境监测系统，对该系统的建设目标与建设内容进行了介绍，给出了系统的实现方案。胡传廉（2011）提出了城市"智慧水网"建设理念，以上海和江苏为例，探索了基于信息系统技术框架设计的信息化建设规划方法。于水和张琪（2016）对水污染治理的"智慧模式"与"传统模式"进行比较，从技术、手段、人力资源等角度分析了"智慧模式"具有感知、判断、分析能力，是一种更科学、高效的管理手段。张晓（2014）通过调研分析得出我国河流、湖泊、水库、近海海域的污染呈现总体上升态势，水污染是我国面临的最主要安全问题。我国平均每天要发生近 5 起水污染事件，全年共计 1700 起以上（刘俊卿和王浩，2013）。我国智慧水环境实践的主要问题包括水环境基础信息要素欠缺、资源共享服务有待提高、智能化水平相对偏低等（蔡阳，2016）。

综上所述，研究人员试图探索实现水环境信息自动采集、存储、处理、分析的智能实时监控手段，解决现实中存在的标准不统一、应用层次低、信息孤岛等实际问题。未来智慧水环境建设势必由物联网、云计算、深度学习所决定，它们是实现智慧水环境的技术保障，为水环境的实时监测、深度分析、挖掘、预警以及执法惩罚提供科学依据。智慧水环境研究涉及多学科交叉、融合等综合领域的知识，涉及的内涵和外延广泛，因此从智慧水环境平台建设为出发点，利用智慧水环境的大数据分析技术和物联网技术实现水环境智慧管理是未来水环境管理的新趋势。

1.1　智慧水环境概念的提出

以物联网构建的在线监测系统为基础，以带有空间属性的水环境数据作为研究对象，以 GIS 的空间分析和空间数据挖掘为手段，借助物联网、云计算、大数据等相关技术，对各水库、河道、湖泊水质水体等情况及水环境质量都能实时监测预警。在此基础上建立起集污染源自动监控、污水处理过程监控、饮用水源地水质监测、地表水水质监测、生态遥感监测、预警应急等功能于一体的水环境综合管理服务系统，通过数据整合、网络整合和应用系统整合实现对水环境数据更深入、全面的感知，实现各种网络设备和系统更有效地互通和面向水环境业务更具有针对性和挖掘性的决策。打造一个集水环境智能感知、水环境业务综合管理、水环境管理科学决策和提升监管效能于一体的"智慧"水环境综合决策支持体系。智慧水环境的思想与智慧地球一脉相承，是智慧城市的一个核心组成。

1.2　智慧水环境的内容

智慧水环境以"统一规划、统一标准、统一平台、统一数据"为建设理念，实现"四大平台、两大体系"的建设任务，从而实现水环境的统一监管，数据的统一共享，业务的综合管理、智慧应用。"四大平台"为实现感知与传输平台、数据管理与计算平台、资源共享与服务平台、综合决策平台，"两大体系"为标准化体系、数据安全体系。智慧水环境具有体系架构松耦合，可灵活扩展，数据分布式存储、动态更新、实时共享、权限管理、数据管理和在线监督统一实施的特点。其总体架构如图 1.1 所示。

图 1.1 智慧水环境总体架构

两大体系是智慧水环境建设的基础，四大平台是智慧水环境建设的核心任务，涉及的技术主要是物联网技术、云计算平台技术、智能分析模型以及综合决策支持系统。

1.2.1 构建智慧水环境物联网

以固定式水质自动监测站、小型岸边式水质自动监测站、浮标式水质自动监测站以及便携式地下排污管道水质监测装置组成的硬件基础设施，以及通信网络构建了智慧水环境物联网。通过智慧水环境物联网中的各种监测设备的联动，实现对流域、入江口、污水处理厂以及各企业排放污水管道的自动、实时监测，及时发现水环境的异常状况，对突发事件及时发现、及时预警。智慧水环境物联网是实现对水环境深度感知、智能预测、智慧应用的关键基础设施；同时，其解决了在高寒高冷地区冰封期水环境监测数据获取困难的难题。

1. 浮标式水质自动监测站

将自主研发的以水质监测仪为核心的浮标式水质自动监测站应用于流域水环境监

测中，浮标式水质自动监测站是运用传感器技术，结合浮标体、太阳能电源供电系统、数据传输设备组成的放置于水域内的小型水质监测系统，具有自动采集、处理、存储、传输流域水环境数据的能力，能够实时、连续监测氨氮、COD、pH、溶解氧、浊度、温度、电导率等水质参数，同时具有一定的扩展性。浮标式水质自动监测站实现了流域水质监测自动化、网络化，全面地掌握流域水体变化基本特征，解决了流域冰封期获取数据困难的问题，是流域水质保护地重要基础设施之一。浮标式水质自动监测站如图 1.2 所示。

(a)冰封期　　　　　　　　　　(b)丰水期

图 1.2　浮标式水质自动监测设备

2. 固定式水质自动监测站

固定式水质自动监测站是基于标准化集装箱进行集成安装的一套完整的水质在线监测系统，将监测系统所有组成单元安装于标准的集装箱内，并在需要时可方便起吊、移址。监测项目有水温、浊度、pH、电导率、溶解氧、总磷（TP）、总氮（TN）、氨氮（NH₃-N）、化学需氧量（COD）。集装箱式架构占地面积小，适宜野外防护性要求高、可能移址的环境。将固定式水质自动监测站用于监控区域水源地的监测，是辖区水源地水环境监测的重要基础保障。固定式水质自动监测站如图 1.3 所示。

(a)设备内部　　　　　　　　　　(b)设备外部

图 1.3　固定式水质自动监测设备

3. 微型水质自动监测站

微型水质自动监测站是高集成度的水质自动监测站，采用太阳能供电，具有轻巧、方便搬移的特点。将微型水质自动监测站应用于监测区域汇水口以及污水处理厂的出水口，具有对流域水环境点源污染进行实时监测的作用，同时能对突发性点源污染事故起到及时预警的作用。

4. 便携式地下排污管道水质监测装置

目前，对城市地下排污管道内的水质监测困难。可以利用便携式地下排污管道水质监测装置对城市地下排污管道中的水质进行监测；通过对排污管道分区、分段多点监测和比对测量等，可以对排放管道中的污水污染浓度进行监测和跟踪，发现污水浓度变化的特殊管段，从而进行有目的和针对性的现场监管和治理。

将浮标式水质自动监测站、微型水质自动监测站、固定式水质自动监测站以及便携式地下排污管道水质监测装置有机结合起来，以"多级布点，智慧物联"为宗旨，结合立体监测、移动监测，形成覆盖整个区域的在线监控物联网络。

1.2.2 构建智慧水环境大数据云平台

智慧水环境物联网将产生海量的水环境大数据，需要强大的数据处理、传输、存储、分析和决策能力与之相匹配，云计算平台是最合适的基础设施，构建水环境大数据云计算中心，提供水环境云服务，将现有和新建的硬件基础设施资源进行整合，利用虚拟化技术，对现有和新建的硬件基础资源进行统一的管理，为大数据云平台提供硬件基础设施支撑，最大限度地节约资源、利用资源，形成全覆盖、一体化、智能化的水环境云计算平台基础设施层。

水环境云计算平台具有一个自底向上的服务模式，最底层的基础设施层包括主机、存储资源、网络资源及其他硬件等硬件设备，它们是实现云服务的最基础资源。IaaS层通过虚拟化技术对各种资源整合，形成一个对外提供资源的池化管理（包括内存池、服务器池、存储池等），同时通过云管理平台，实现硬件设施的统一管理、按需调度。SaaS层主要在IaaS基础上提供统一的平台化系统软件支撑服务，通过各类数据收集、影像数据接边入库、数字高程模型（DEM）数据生产、矢量数据采集、空间数据建库、业务数据建库、水环境云数据中心建立，实现数据区域性分级、海量数据管理、数据信息分类存储等功能。能够以C/S和B/S方式在环保内网进行数据采集、更新、共享与集成，以B/S方式为公众提供查询、发布服务等数据管理服务，与此同时，PaaS层还提供用户管理、数据管理、权限管理等云服务，SaaS层对外提供终端服务，通过构建水环境业务化运行平台，或改变应用部署模式的底层，可以在云计算架构下实现灵活的扩展和管理；按需服务是SaaS应用的核心理念，可以满足不同用户的个性化需求。信息安全管理体系建设能保障云平台高性能、高可靠地运行，利用云安全模式加强云端和用户端的关联耦合和采用非技术手段补充等保障云计算平台的安全。运营管理体系提供故障管理、性能管理、配置管理和安全管理等，保障云计算平台的正常运行。水环境云计算平台打破了传统的业务应用对资源的独占方式，实现软硬资源的统一管理、统一分配、统一部署、统一监控和统一备份。

1.2.3　构建智慧水环境智能分析模型

1. 构建基于遥感数据的水质分析模型

基于航空或卫星技术的遥感监测对于水环境监测具有重要意义，利用遥感技术可以实现区域乃至全球尺度上水体表层水质参数的时空动态变化的低成本监测，遥感监测水体水质参数正是基于水体中所含不同成分的光学特性不同，找出不同成分的特征波段，根据传感器所接收到的信息，反演水体中不同成分的浓度及其空间分布等信息。现有的水环境遥感监测数据处理方法包括辐射定标、大气校正、模型计算等过程，水环境遥感监测校正检验方法旨在解决现有的水环境遥感监测结果的精度很难得到有效校正和检验的问题。研究水环境遥感监测校正检验方法，包括异常像素确定模块、滤波模块、校正模块、检验模块，首先去除水环境遥感监测结果图像中的异常像素，依据预先获取的与水环境遥感监测区域对应的地面监测数据，对去除异常像素的水环境遥感监测结果图像进行校正，并依据地面监测数据对校正结果进行检验。因为地面监测数据比较容易获取并且精度较高，所以，容易实现对水环境遥感监测结果校正，同时，也可以通过地面监测数据对校正后的结果的精度进行检验，便于随时监测结果，从而有利于提高水环境遥感监测数据反演结果的精度（烟贯发等，2015）。遥感监测水质的优势明显，能宏观快速、周期性监测，提取监测水域的全貌信息，也能反映河流从上游向下游水质物理变化迁移细节特征等信息，利用粒子群优化（PSO）算法解决了最小二乘支持向量机（LSSVM）参数确定困难的问题，建立LSSVM模型对总悬浮物含量进行预测，为卫星遥感反演监测水质参数奠定基础；解决了传统水质采样监测方法的以点带面、难以满足大面积监测的问题（烟贯发等，2014）。

构建深度卷积神经网络（CNN）模型，利用深度卷积神经网络模型对无人机高清影像中的水体进行识别，实现水环境变化监测和异常识别。

2. 构建三级网络分析模型

利用各种水环境物联网中的前端传感器、自主研发的浮漂式水环境自动监测站、便携式地下排污管道水质监测仪等，以GRPS网络、物联网、互联网络等为通信手段，获取监测区域水环境实时数据，建立控制单元断面—污水处理厂—排污企业三级网络分析模型，实时发现异常污染物排放追踪，结合GIS网络分析技术进行污染物追溯响应关系分析，实现对超标排放、偷排区域的锁定和排污异常企业的筛查。控制单元断面—污水处理厂—排污企业三级网络分析模型如图1.4所示。

以分钟级的监测大数据为基础，对于重点排污企业和污水处理厂实现十分钟数据、小时数据和日数据三个级别的监测存储。针对排污企业和污水处理厂的长期监测数据挖掘其排水变化规律，建立污水排放的时间序列模型。通过监测数据与模型预测数据的比对，实现对企业排水和污水处理厂入水的疑似异常报警。针对多个重点企业排水与污水处理厂入口水质监测数据进行挖掘，建立污水处理厂对上游企业的响应关系模型，通过对企业排水的在线监测实现对污水处理厂入水的预警。建立企业—污水处理厂—流域断面三级响应的时序关系模型，挖掘各结点的排污贡献率。通过水环境监测物联网建立水质监测大数据仓库，实现水环境三级响应管理。

图 1.4　控制单元断面—污水处理厂—排污企业三级网络分析模型

1.2.4　构建智慧水环境综合应用平台

1. 构建水环境综合管理决策平台

建立控制单元水环境综合管理决策平台，旨在基于云计算服务模式，提供动态感知能力的开发、应用及分享服务。平台将采用"SOA"松耦合结构设计，实现网络、数据、应用、服务的集成与交互。基于数据中心的控制单元断面实时获取水质监测数据，依据pH、COD、氨氮等监测信息提供实时曲线、实时表格、数据比对等功能服务，此服务可以与地图服务相结合，实现基于空间位置的实时数据监测，如图 1.6 所示。

水环境综合管理决策平台包含水环境信息分布式数据库、水环境深度感知系统、水质评价与预测系统、水资源综合优化配置系统和移动端 5 个子系统的水环境综合管理平台，提供空间数据服务、空间分析服务、数据报表服务等，各应用子系统可以将这些服务资源进行组合，从政府、环境保护管理机构、排污企业三个层面上提供辅助决策，分别对应风险决策、环境规划决策、排污处理流程。同时，利用现代通信技术、计算机网络技术、GPS 和 GIS 等现代 IT 技术，构建集 PDA 端的环境执法通信系统和云服务端的后台支撑系统于一体的移动执法体系，实现了环境监察的数字化管理，保障了环境监察工作规范、高效运作。

系统功能包括基于专网的跨业务部门、跨级别的水环境数据查询分析、应用、共享和服务；基于互联网的公众信息发布和查询；移动执法服务功能，其能够通过 PDA 或手机在现场实现污染源定位、相关数据查询、减排量计算、数据录入、拍照取证、数据回传、事件备案等功能;通过云计算方式为责任环保部门及涉水污染企业提供服务请求,通过监测对象和监测过程的服务响应,辅助解决控制单元涉水企业不断发展和变化过程中出现的问题;辅助决策支持功能,初步形成对水环境事件实时监控、动态模拟、演练预警、总量分析,具有科学评估和辅助决策功能。水环境综合管理决策平台如图 1.5 所示。

图 1.5　水环境综合管理决策平台

2. 构建城市水环境三维推演系统

运用可视化技术对控制单元主要河段的水环境进行空间三维分析、建模,耦合海量遥感影像、数字高程模型、3D 信息源、GIS 数据集层及水质模型,实现城市景观、水体、水环境设施的快速实时展现,水环境数据查询、传输及可视化分析。预演不同时空视角下水环境规划治理的效果,预测污染物在水体中的扩散,辅助环保部门进行快速、直观的管理决策。三维推演系统如图 1.6 所示。

(a)平台界面　　　　　　　　　　(b)指挥屏幕

图 1.6　三维推演系统

3. 构建污染物总量控制业务化运行平台

针对控制单元在不同季节水量及污染物排放量变化特点,研发了包括点源、农业面源、城市面源的控制单元污染物总量动态核算技术,实现控制单元污染物总量的动态核算，为水质模型构建、水环境容量计算及污染物总量减排提供科学的计算依据。同时，在水环境容量动态核算技术和污染物总量多目标优化分配的支持下，构建了污染物总量业务化运行平台。该系统具有水环境容量动态计算功能、污染物排放指标的分配功能、总量管理部门对年削减总量的计算功能、每年减排计划的制定功能、减排措施制定功能，以及在线申报、计划评估、排污总量考查、减排项目管理、减排项目验收、国家减排量核定等业务化功能。

1.3 智慧水环境的框架结构和技术组成

智慧水环境建设的关键技术包括大数据（big data）、物联网技术。大数据技术在水环境大数据的存储、处理、分析中发挥着重要的作用，是智慧水环境的核心技术；物联网是互联网的延伸和扩展，实现物与物的泛在互联，物联网网络的低功耗、自适应性等特点使其能够在条件恶劣等环境下实现水环境数据的全面感知、可靠传输。

1.3.1 大数据相关技术

大数据是指通过传感器、智能手机、互联网、监控设备等手段获取无法在一定时间范围内用常规方法进行存储、管理和处理的数据集合（Berkovich and Liao，2012）；其特征是体量大（volume）、时效高（velocity）、类型多（variety）、辨识难（veracity）和价值巨大（value），即 5V 特性（Yang et al.，2017）。大数据的特点决定了传统数据存储、管理、处理、分析等方法与手段不适用于大数据。大数据处理和分析的终极目标是借助对数据的理解辅助人们在各类应用中做出合理的决策。大数据分析是人与机器的相互协作与优势互补，大数据分析的理论和方法研究主要分为两个方面，一是从机器的计算能力和人工智能角度出发，研究各种智能算法、挖掘算法，利用机器高效的运算能力提高机器的智能处理能力，例如，各种深度学习算法和挖掘算法的研究等；二是从人机交互的角度出发，研究符合人的认知规律的分析方法，意图将人所具备的认知能力融入分析过程中的大数据可视化分析。在此过程中，深度学习、云计算和可视化起到了相辅相成的作用。

1. 深度学习

深度学习又称非监督学习，其不需要人为设定特征提取条件，其特征是通过在数据中学习获得；深度学习的工作原理是从初始数据开始将每层特征逐层转换为更高层、更抽象的表示，进而发现高维数据中复杂的结构（LeCun et al.，2015）。Hinton 等（2006）将无监督学习算法用于深度信任网络，利用贪心策略逐层训练由受限玻尔兹曼机组成的深层架构，突破了深度网络模型训练困难的难题。以 Hinton、LeCun、Bengio 等为代表的研究团队在深度学习的构建模型、初始化方法、网络层数、深度训练方法等方面的研究成果处于领先水平。典型的深度学习网络模型有卷积神经网络、深度信念网络、深度玻尔兹曼机、堆叠自动编码器，而其他深度学习模型大多是由这几种基本模型为基础演变而来的。此外，又出现了一些像递归神经网络（RNN）、数据通信网（DCN）等新的深度学习模型（Yu and Deng，2011；Mikolov et al.，2011）。目前，深度学习在图像识别、语音识别、疾病诊断、数据分析、环境监测等领域有着不俗的表现（Taigman et al.，2014；Toshev and Szegedy，2014）。Hinton 研究团队将 CNN（卷积神经网络）应用到 ImageNet 图像识别中，具有直接输入原始图像、不需要对图像做复杂的前期预处理的优点，图像识别正确率稳居世界第一，CNN 已成为深度学习的一个热点研究领域（Deng et al.，2009）；Long 等（2015）利用 CNN 对图像语义做分割，以此来识别图片中的各种物体；Schwarz 等（2015）提出 RGB-D 感知器概念，使得深度学习在图像语义分割领域有了进一步的发展；此外，AlphaGo 打败世界冠军被人津津乐道。深度学习具有模型表达能力强、处理高维稀疏数据的优势，人们将深度学习应用于大数据分析研究中，能够快速、准确地识别数据隐藏的有价值的信息。尽管研究者在深度学习研究中取得了不少成果，但是深度学习尚处于初级研究阶段，其理论基础、模型构建、训练方法等方面还有待于深入研究。在大数据时代，深度学习技术是对数据进行深度利用和知识发现的一项核心关键技术，深度学习在识别高分辨率影像特征方面具有明显优势。

2. 大数据可视化

大数据可视化技术并不是简单地把数据以图的形式呈现，而是从多个维度、体量巨大的数据中发现隐藏在大数据背后数据间的相关性、潜在的规律等信息，为科学决策提供有效的依据，大数据可视化技术是大数据关键技术之一（Nasser and Tariq，2015）。随着信息通信技术（ICT）的发展以及互联网在各领域的广泛应用，产生了多种类型的数据，主要有文本数据、网络或图、时空数据、多维数据等。从各种数据类型交织的大数据中挖掘出有价值的信息是大数据可视化主要研究目的。大数据可视化主要研究方向分为文本可视化、网络（图）数据可视化、时空数据可视化和多维数据可视化。

近年来，大数据可视化分析研究主要围绕物联网、互联网、社交网络、城市交通、环境监测等领域展开。大数据可视化是实现人机交互的重要方式，通过大数据可视化提高人们对数据的深度认识，深度感知大数据中隐藏的知识与智慧，但大数据可视化研究处于起步阶段，这一领域的方法、理论以及技术体系还未形成，大数据可视化面临着数据量巨大、数据动态变化、数据维度高、数据结构复杂及多样等方面的问题，解决这些问题是大数据可视化未来的主要任务。

3. 云计算技术

云计算尚无统一的定义，某百科对云计算的描述是在并行计算、分布式计算和网格计算的基础上发展起来的一种以互联网为介质的信息技术范式，通过使用泛在访问方式，用户可动态、按需地获取资源池共享的软硬件资源和信息。云计算改变了原有的自行搭建平台环境、自行管理维护的运营模式，通过云服务供应商按需提供给用户计算存储资源，用户不仅能够节约成本，还可以享受更为合理、专业、先进的服务。2017

年 11 月，公司 A 预测到 2021 年用于云服务、云基础设施建设以及云软件服务等相关的收益将超过 1 万亿美元，美国将继续领跑云计算平台发展；欧洲紧跟其后，加快部署云计算平台；日韩学习欧美，快速搭建云平台；以谷歌、亚马逊、微软等为代表的企业掌握着云计算研究的核心技术。我国云计算发展的格局是科研先行、政府助推、企业参与。近日，工业和信息化部下发了《云计算发展三年行动计划》，指出在未来三年我国要持续提升云计算关键核心能力，完善云计算标准体系建设，推进云计算完善标准体系框架。

云计算模型自下而上分为基础设施即服务（IaaS）、平台即服务（PaaS）和软件即服务（SaaS）三层结构。IaaS 使够使用户在联网基础上直接获取虚拟机等资源；PaaS 是指用户通过云平台服务商提供的开发平台及相应服务，能够直接获取相关软件开发和运行环境；而 SaaS 是云平台服务商将软件以商品的形式直接提供给用户使用，用户只需根据自身需要付费，免去了购置硬件、开发维护的费用。以 Amazon、GoGrid 为代表的云计算服务商向用户提供 IaaS 层的服务，用户需要通过互联网按需购买相关硬件设施，用户使用"基础计算资源"，如处理能力、存储空间、网络组件等，消费者能掌握操作系统、存储空间、已部署的应用程序及网络组件，但不掌握云基础架构；以 Google App Engine 为代表的服务商向用户提供 PaaS 层的服务，用户根据需要将应用部署到云平台上，云平台自动为其分配动态可伸缩的云服务，消费者使用主机操作程序，掌握运作应用程序的环境，但并不掌握操作系统、硬件或运作的网络基础架构，平台通常是应用程序基础架构；Salesforce 服务提供 SaaS，用户可直接获取所需的软件功能模块。云计算是以数据为中心的数据密集型计算模式，其关键技术包括虚拟化技术、编程模式技术。

未来的云计算方向一是通过构建大规模的底层基础设施，实现 IaaS 服务；二是构建新型的云计算应用程序，为用户提供更为丰富、便捷的软件服务。我国云计算技术的发展还处于初级阶段，云计算资源的利用率还有待于进一步提高，缺乏云资源的实际应用。在云计算应用、服务等方面还存在诸多问题，缺少应用层面的相互配合，在提供全方位服务方面与欧美等云计算发展先进地区存在较大差距。保证云产品和服务的稳定性、可靠性和安全性是需要解决的问题。

1.3.2 物联网技术

智慧水环境最为重要的技术之一是物联网技术，国际电信联盟对物联网的定义是，通过二维码识读设备、射频识别（RFID）装置、红外感应器、全球定位系统和激光扫描器等信息传感设备，按约定的协议，把任何物品与互联网相连接，进行信息交换和通信，以实现智能化识别、定位、跟踪、监控和管理的一种网络（ITU-T and IOT-GSI，2017）。物联网是互联网通信的延伸与扩展，是互联网的业务与应用（邬贺铨，2010）。物联网特有的功能特性是（陈海明等，2013）：①感知性。物联网系统能够采集周围的环境参数，对采集的环境参数进行语义表达，具有语义查询解析和推理能力。②交互性。物联网能够根据感知到的环境数据做出决策和触发任务，生成相关操作指令，实现对感知对象的控制。③自适应性。物联网可以根据环境的变化自动调节配置参数和功能。物联网被认为是继计算机、互联网之后，世界信息产业的第三次浪潮。2011 年物联网中各种传感器、智能设备的数量超过全球人口的数量，2020 年将实现物联网中 240 亿物体的互联（Gubbi et al.，2013）。水环境物联网是物联网技术在水环境领域的智能应用，通过运用射频识别技术、传感器技术、嵌入式系统技术实时采集水环境污染源、水环境质量等信息，构建天、地、空一体化的水环境监测网络，实现对水环境的科学管理与决策。

1.4　智慧水环境的应用趋势

智慧水环境发展趋势是实现水环境的立体感知，完成监测手段多样化、天地空一体化直接监测与其他行业来源等互联网间接监测相结合；常规监测与应急监测相结合；传感器监测与文字、语音、视频监测相结合。重点对城市河湖的水质以及排污口的水量、水质，实现水环境智能仿真、智能诊断、智能预警、智能调度的智能自动控制体系，并形成主动服务体系，实现大数据服务，利用水环境数据，提供数据挖掘和关联分析智慧水环境的应用将实现最全面的感知、更主动的服务、更深入的资源整合、更科学的决策、更自动的控制和更及时的应对。

1.5　建设智慧水环境的意义

智慧水环境是实现"十三五"规划中以提高水环境质量为核心，实行最严格的水环境保护制度，形成政府、企业、公众共治的环境治理体系的基础。利用云计算、大数据和物联网技术，实现对水环境数据的共享、应用与信息挖掘，打破了数据由各个职能部分分别管理的界限，统筹各部门职能需求，站在更高效、更全面的视角梳理需求，统筹各部门的需求，统一生产数据，对生成的水环境大数据形成新价值，解决水环境管理问题。

智慧水环境平台的作用主要体现在对排水环境的监控，通过对点（水源地、取用水口、入排污口、排污管道）和线（河流、水功能区）装备传感器等设备实时监测其水质情况，掌握行政区、水资源分区等情况，对实现水环境的"总量控制、定额管理"提供支撑，实现对水资源的科学监测和精细管理，实现水资源的优化配置、高效利用和科学保护，也为实现社会、经济、自然的可持续协调发展提供技术支撑。

第2章 基于物联网的智慧水环境技术设施体系

2.1 基于 IOT 技术的智慧水环境环保监测体系

随着通信技术的飞速发展，物联网技术在各行各业有着越来越重要的作用。在智慧环保中，从环保数据的获取、采集到环保数据的传输、存储，再到环保数据的分析、处理，最后到数据的反馈与应答都离不开物联网技术的支持。

2.1.1 环保物联网的总体体系结构

智慧环保运用联网技术，采取新型物联网网关总体体系结构，克服了传统物联网功能单一、扩展性差和软硬件升级困难的缺点，可以实现更为复杂的数据分析和人机交互（殷建磊，2019）。这种新的体系结构主要通过分层设计来实现，自上到下分别为分析应用层、设备管理层、网络传输层和现场设备物理层。

2.1.2 环保物联网的软件系统

随着国家及地方对环境保护问题的日益重视，各种环保业务应用平台也开始在环保工作中得以应用。大量环保数据被收集、存储、分析和应用，但是由于这些信息不够集中、系统化，出现了信息众多却得不到有效应用等问题。然而物联网技术的出现让环保基础信息的收集、存储、分析和应用变得更加容易，更加智能化、系统化，从而基本上满足了目前环保数据分析处理的智能化要求，让环保变得更加科学化、高效化，这也是当前解决环保问题的重要途径。

智慧水环境监测体系也采用自上而下的分层结构，分别是访问层、应用展现层、服务支撑层、数据传输层、信息层、智能环境监测系统六个层面（图 2.1）。访问层主要向不同用户展现。根据用户群体的不同赋予相对应的权限，充分发挥智慧水环境监测体系的作用；应用展现层主要是智慧环保平台功能的展示和应用，包含对环境风险因子的识别、预警和相应对环境监测数据的处理分析，借助智慧水环境监测平台实现在事故发生处的指挥调度，基于 GIS 的其他功能展示；服务支撑层主要通过平台底层引擎架构实现应用展现层的相关功能；数据传输层通过无线广域网、GPRS 移动通信网、有线通信网、卫星通信网等技术实现数据传输和通信；信息层包含基础信息库、网络库和运行数据库，收集各个环节的信息数据，为软件信息平台的合理运行打下基础；智能环境监测系统，通过自动化的监测手段，运用多种水质监测技术实现水环境信息的采集和传输。

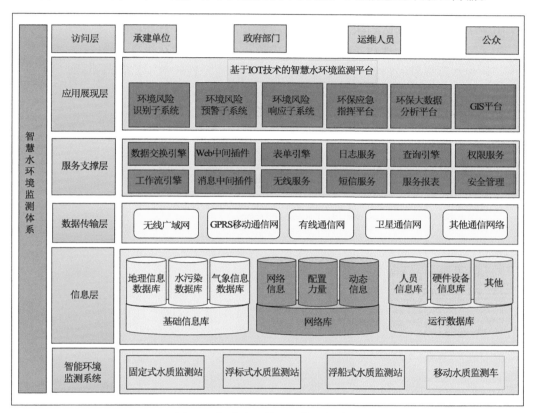

图 2.1　智慧水环境监测体系架构图

2.1.3　环保物联网的硬件系统

为了能够完成各项环保数据的收集工作，最下层的现场设备物理层需要购置各种环保监测设备，如水质检测设备、气象检测设备及水文环境监测设备，除此以外，还要购置相关的仪器仪表、视频监控设备、传感器件以及用于网络传输的配套网络设备。

2.2　固定式水环境自动监测设备

固定式水环境自动监测设备主要分为站房式水质自动监测站、户外集成机柜式水质自动监测站和立杆式水质自动监测站。应用设备进行监测的主要方法有比色法、光学吸收法、电化学传感器等。

1. 系统集成方案

1）总体构架

固定式水环境自动监测体系是现代传感器、自动测量、自动控制、计算机等高新技术、相关的专用分析软件和通信网络所组成的一个综合性的在线自动监测体系，是对地表水、饮用水源以及污染源水质水量进行实时、快速监控的数字化管理平台，是环境保护部门实现有效监控水源环境变化因子、控制环境污染的重要技术手段。

总体架构设计分为三个层次，分别为现场数据采集控制层、通信传输层、监控中心层，如图 2.2 所示。

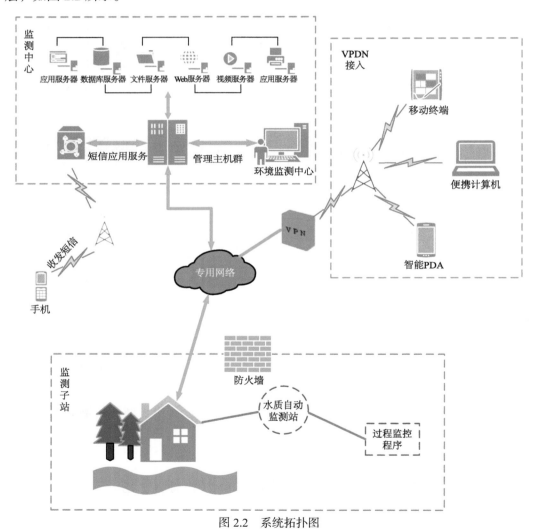

图 2.2 系统拓扑图

（1）现场数据采集控制层：主要为地表水水质监测子站建设，包括固定站点、水站仪器仪表集成及系统集成。该层实现水质监测数据、仪器设备状态数据、报警数据以及环境动力指标数据的采集，视频监控信息的传输，自动站与中心端的联网接入，以及自动站的反向控制。

（2）通信传输层：主要为无线通信链路的建设、有线光纤通信链路的建设。

（3）监控中心层：主要包括控制中心硬件设备和中心管理控制系统。其中中心管理控制系统实现各子站水质监测数据的远程采集、存储、审核、交换、汇总、评价、分析、应用、发布、上报以及对各监测子站的远程控制。

2）系统构成

水质自动监测系统由取水单元、配水单元、水样预处理单元、水质自动监测仪器、辅助系统、控制通信及现场软件系统等部分组成。取水单元包括采水装置和输送管道等部分；水样预处理单元包括沉沙装置和过滤器；配水单元包括配水样杯；辅助系统包括清洗单元、废水处理单元、除藻单元、防雷单元、防盗单元、电源保护、配电单元等部分，用以保证过程监控系统的正常运行；控制通信及现场软件系统由控制单元、数据采集单元、数据采集/处理/传输单元、水质监控中心管理系统（临时应用）组成。

（1）取水单元。通过程序控制相应开关量，实现交替上水，保持进样的连续性。取水设备包括采水泵及配套装置、输送管道、压力感测器和组阀控制等部分。

（2）水样预处理单元。根据项目和仪器的要求，同时进行实时、连续和周期三种处理方式；处理设备包括初级除杂装置、沉沙装置、沉砂过滤器、精密过滤器和管道组阀控制等部分。

（3）配水单元。根据项目和仪器的要求，同时以实时、连续和周期三种方式进行配水；配水设备包括测量池、沉砂过滤器、精密过滤装置、进样泵、取水分配杯和管道组阀控制等部分；并增加清洗单元、除藻单元进行管理，定期清洗除藻。

（4）分析仪器单元。

（5）排水单元。在预处理机柜及仪器柜下方系统设计 110mm 长的管道用于统一排水，由于提取水样量要大于仪器分析水样量，多余的水样需要经过统一的管道进行排放，一般排放管道延伸到取水口下游 100m。

（6）废液收集单元。应用仪器分析水样时产生的废液不能直接排放，为避免污染水环境，应用废液收集系统，并将废液定期送往处理机构进行统一处理；废液桶内设置液位报警器，当废液达到处理标准时，系统会自动发出报警信息，提醒维护人员要进行废液处理等工作。

（7）辅助单元。其由 3 个子单元组成，包括稳压电源+UPS 供电单元、防雷单元、动力环境单元，用以保证过程监控系统的正常运行。

（8）控制单元。采用基于 pc/plc 的可编程逻辑控制器，根据预处理和配水单元的工艺设计，同样形成连续、间歇和应急三种程序兼容的运行模式，设备包括工控系统、PLC、触发和信号线缆分配系统等部分，控制各系统仪表并实现超标数据和系统状态异常等诊断、报警和处理。

（9）数据采集/处理/传输单元。根据仪表的测试原理和系统工艺，形成实时数据、连续数据和周期数据三种采集和传输方式；其由数据采集处理单元、数据传输单元和数据报警单元组成。其兼容有线和无线传输方式，生成数据实时或定时主动上传，并可通过中心站主动实时获取现场历史数据和实时数据。短信通服务模块第一时间预警提示用户掌握现场状态和信息。

2. 采样

采水单元的功能是在任何情况下确保将采样点的水样引至站房仪器间内，并满足配水单元和分析仪器的需要。采水单元一般包括采水构筑物、采水泵、采水管道、清洗配套装置和保温配套装置。

1）系统功能

采样单元采用双回路采水，一用一备。在控制系统中设置自动诊断泵故障及自动切换泵工作功能；采用连续或间歇可调节工作方式，除非特殊需要，一般采用间歇可调节工作方式。为保证采水单元不会明显影响样品监测项目的测试结果，排水点必须设在样品水的采水点下游 10m 以上的位置。为应对冬季结冰问题，采水单元的设计需考虑制作必要的保温、防冻、防压、防淤、防撞、防盗措施，并对采水设备和设施进行必要的固定；除上水功能外，采水单元还应具有清洗和防藻功能，能够在停电时自我保护，再次通电时自动恢复。

2）采水方式

采水方式见表 2.1。

表 2.1　采水方式

类型	采水方式	适应场合
固定式采水	固定式栈桥采水（标准栈桥、拉索栈桥、简易栈桥）	使用场合技术指标：水位变化小于 20m，水深 1~8m，水流速小于 2.0m/s，河床宽度小于 5m 的监测断面
	固定式悬杆（臂）采水	使用场合技术指标：位于区域内河道支流和湖泊，河道宽度小于 30m，水位变化小于 3m，水深 1~3m，水流速小于 1.0m/s。如果地形比较复杂，则不便于使用固定式桥或者为避免河道整治的临时取水方案
	固定式悬臂导杆采水	使用场合技术指标：位于区域内河道支流和湖泊，水位变化小于 10m，水深 1~10m，水流速小于 1.5m/s
移动式采水	移动式浮筒（浮球、浮船、浮标）采水	使用场合技术指标：位于区域内河道支流和湖泊，水位变化小于 20m，水深 1~20m，水流速小于 2.0m/s
	移动式导索采水	使用场合技术指标：位于区域内河道支流和湖泊，水位变化小于 40m，水深 1~50m，水流速小于 1.5m/s
	移动式拉索采水	使用场合技术指标：位于区域内河道支流，河道宽度小于 60m，水位变化小于 4m，水深大于 2m，水流速小于 1.0m/s
缆车式采水	缆车式浮桥采水	使用场合技术指标：位于区域内湖泊，水位变化小于 80m，水深大于 10m，水流速小于 1.0m/s

（1）栈桥方式取水。在河堤坡度较大、水位落差不大、近岸边取水、取水点常年不发生冰冻且地质条件允许的情况下，可以采用栈桥或浮筒（下文介绍）方式取水。此种取水方式施工工程量较大。

如图 2.3 所示，以栈桥方式取水时，其取水构筑物设置尽可能与河堤平齐。栈桥式取水装置由取水导杆、取水浮筒、取水管线、自动升降电机、钢索和潜水泵组成。栈桥上安装有警示标志，取水装置铺设在河道的位置既不能影响航道，又要满足取水正常。

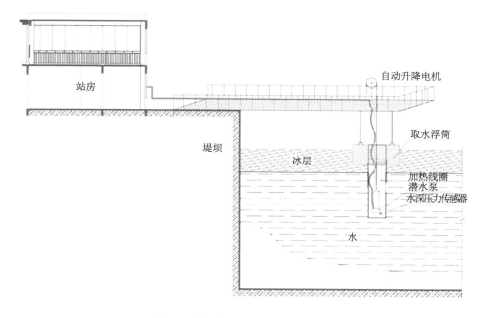

图 2.3　栈桥方式取水参考示意图

（2）吊臂方式取水。在水位变化幅度大、流速和风浪较大而岸边比较稳定的监测断面上可应用吊臂方式取水。此方式需在岸边固定一吊臂底座。通过钢丝绳和钢管支架悬吊采样泵，钢管支架与底座之间为活动设计，在钢丝绳的拉动下可以通过人工或者电动工具提升或者降低。

如图 2.4 所示，吊臂式取水装置由取水浮标、取水导杆、取水软管、混凝土柱、钢管和取水泵组成，取水浮标和取水导杆通过钢管连接，保证取水装置不会因水流速度大而被冲走。浮标上方安装有警示标志，取水装置铺设在河道的位置既不能影响航道，又要满足取水正常。

（3）浮筒方式取水。在河堤坡度较大、水位落差变化较大、水域面积宽阔的地方，且在条件允许的情况下，可以采用浮筒方式取水。

如图 2.5 所示，应用浮筒方式取水时，采水构筑物设置尽可能与站房平齐，浮筒式取水装置由取水浮筒、取水管线、船锚、钢索和水泵组成。浮筒上方安装有警示标志，取水装置铺设在河道的位置既不能影响航道，又要满足取水正常。

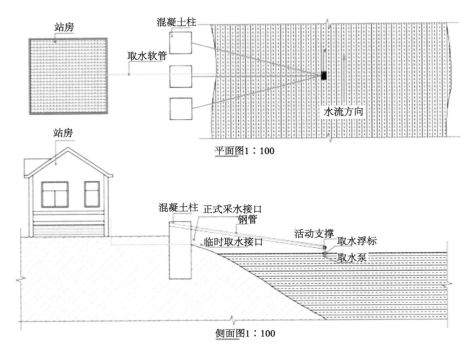

图 2.4　吊臂方式取水参考示意图

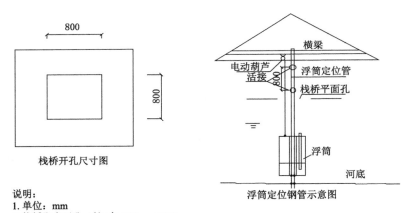

说明：
1. 单位：mm
2. 栈桥取水开孔：长×宽=800mm ×800mm
3. 浮筒定位管
4. 要求安装浮筒提升装置
5. 栈桥取水平台下四柱周围需加防护网

图 2.5　浮筒方式取水参考示意图

（4）浮桥方式取水。如图 2.6 所示，浮桥式取水装置由基础柱、钢索、浮桥、取水浮筒、取水管线和取水泵组成。取水浮桥可随水位变化上下自由浮动。取水浮桥上安装有警示标志，浮桥式取水装置建设在河道的位置既不能影响航道，又要满足取水正常。

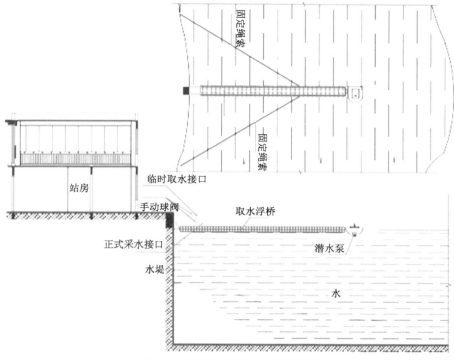

图 2.6　浮桥方式取水参考示意图

（5）拉索方式取水。在河道较宽、水位变化较大、地势平坦的地方，为了能采集到代表性样品，在条件允许的情况下，可采用拉索方式取水。

如图 2.7 所示，拉索式取水构筑物设置于取水断面河道两端位置。其装置由基础立柱、钢索、滑轮、牵引电机、取水浮筒、取水管线和取水泵组成，整个断面任何取水点都可以采样。取水装置可随水位变化上下自由浮动。取水装置上安装有警示标志，拉索式取水装置建设在河道的位置既不能影响航道，又要满足取水正常，此取水方式适用于无通航断面。

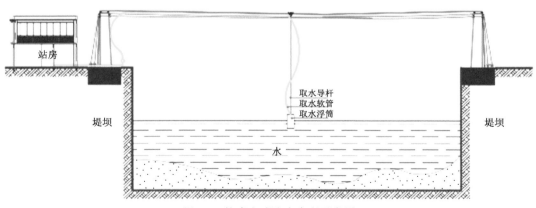

图 2.7　拉索方式取水参考示意图

3）取水管路的设置

取水管路按规范进行排布，保证通畅合理，在保证功能的前提下尽量缩小管道长度。管道及所有与被测介质接触的部分，允许清洗介质通过而不产生损坏。

（1）双管路取水，取水管路均安装有保温套管进行隔热处理，尽量避免环境温度等因素对水样造成的影响，保证对测定项目（除水温以外）监测结果的影响小于 5%，对水温的影响小于 20%。

（2）室外管路埋入地下 70cm 以下，同时包裹保温材料，保证冬季低温时采样管路不被冻裂。

（3）取水管路采用磐石胶管（R25），避免管路变形、移动对水样采集产生的误差，具有极好的物理稳定性，长期使用不变形。

（4）取水系统的取水主管路采用串联结构，方便各仪器并接到管路中。取水主管路在站房进水处，由电接点压力表显示进口压力，并能通过流量或压力显示采水状态，如出现异常将向维护人员报警，现场或远程也可察看取水压力流量情况。

（5）为防意外堵塞和方便泥沙沉积后的清洗，采水管路具有反冲洗装置。

（6）在室内配水管路的关键部位设计有一段透明管路，用于监测管路中的积藻状况。

（7）处理单元前、后设有手动取水口，方便进行水样比对实验。

取水管路管材采用具有较强的机械性能的材料，具有抗压、耐磨、防裂等功能，同时具有较好的化学稳定性、耐腐蚀性。

潜水泵取水管路全部采用日本进口的磐石胶管（R25），可承受 12kg 的压力。岸上部分放置在管沟中，便于检修。胶管外层覆盖保温层并用胶带缠紧，有保温的作用。在站房进水处有仪器实时显示进口压力，可以近程、远程了解取水系统的工作情况，流量或压力数据能够显示取水状态并能报警。

取水主管路采用串联结构，各仪器并联到管路中。各仪器的压力、流量均可单独调节且各仪器分别配备压力表。在站房进水处，要设置仪器实时显示进口压力，以近程、远程了解取水系统的工作情况，能通过流量或压力显示取水状态并能报警，预处理单元前、后分别设有手动取水口，方便进行水样比对实验。

3. 配水

1）总体框架

配水单元根据所有分析仪器和设备的用水水质、水压和水量的要求将取水单元采集到的样品分配到各个分析单元和相应设备，并采取必要的清洗、保障措施以确保系统长周期运转。

系统将取水系统采集的原水分为两路，原水第一路经沉淀过滤后直接供给高锰酸盐指数、氨氮、总氮、总磷、化学需氧量分析仪器进行分析；第二路直接进入常规五参数分析仪流通槽，多余的源水和样水经总排水管道排出。两路原水的不同预处理方式能保证各分析仪表对测量水质的要求，既不失水样的代表性，又能对各类分析仪表起到保护作用。

配水单元包括流量和压力调节、预处理及系统清洗三个部分。其中流量和压力调节保证各分析仪表进水压力和流量满足其分析要求；预处理可以保证各分析仪表对进水水质的要求；系统清洗用于保证系统长周期稳定可靠运行。

2）泥沙分离装置

根据高锰酸盐指数、氨氮、总氮、总磷、化学需氧量的分析要求，水样需经沉淀处理，所以配水单元设计了沉淀池。此沉淀设备采用上部进水方式，水样自然沉淀若干分钟，再配给仪器分析。

水质常规五参数直接供应原始水样，利用仪器自带过滤器过滤。

此沉淀池（图 2.8）采用先进的工艺设计而成，具有以下特点。

（1）系统自动提取沉淀池中的上清液，进入测试管道，提高设备的准确度及降低系统的维护力度。

（2）系统具有自清洗装置，维护周期间隔大。

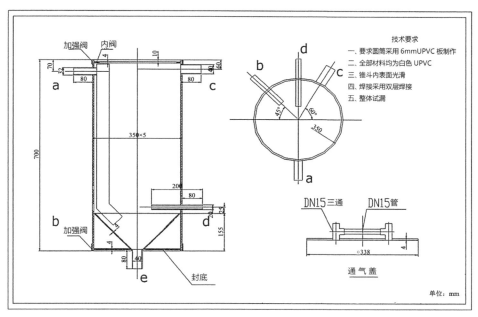

图 2.8 沉淀池结构

3）水样过滤

经沉淀过滤的水样在进入分析仪器之前进行过滤，减少系统管路堵塞，并给仪器提供适当的水样。过滤器采用专用的免维护穿滤器，通过设置反吹清洗，从而具有自清洗排污功能，达到减小维护量的目的。过滤器滤芯的大小根据仪器的需要进行选择，使其能够有效去除水样中的微小悬浮物和胶状物。过滤器滤芯易于拆卸和清洗，对于过滤器滤芯孔径大小，一般要充分考虑到此系统中所配置的参数，如果过滤目数太大，则会使测试值偏低，反之则导致测试值过高。因此确定使用的设备后再对过滤的孔径进行设计。

4）配水

自动监测系统采用所有主管路串联的方式，管路干路中无阻拦式过滤装置。各仪器配水管路采用并联取水方式，每个设备具有独立的水量控制手阀，每台仪器都从各自的过滤装置中取水，任何仪器出现故障都不会影响下面仪器的工作；管路连接方式不仅要满足各仪器对样品的要求，也要满足所有仪器的需水量；根据五参数仪器对水样的要求，不需要对五参数仪器供水进行任何处理，水样直接进入仪器；根据其他仪器对水样的要求，使用其他监测仪器要对水样进行预处理，使其从各自专门的过滤装置中取样，且过滤后的水质不能改变水样的代表性。

（1）配水单元特点。针对泥沙较大水体、暴雨期间、泄洪、丰水期等浊度影响较大的情况，系统针对性设计预处理旁路系统，该系统具备自动切换预处理系统工作功能；具备可扩展功能，水站预留不少于 4 台设备的接水口、排水口以及水样比对实验用的手动取水口；能配合系统实现水样自动分配、自动预处理、故障自动报警、关键部件工作状态的显示和反控等功能。

配水单元的所有操作均可通过控制单元实现，并接受平台端的远程控制。配水管线设有一个压力变送器，用于辅助调节流量及判断配水单元工作状态。压力变送器同样采用森纳士压力变送器，感测整个系统的给水压力及清洗压力，防止出现管路故障。配水单元选用 PPR 或者 U-PVC 管材，机械强度及化学稳定性好、使用寿命长、便于安装维护，不会对水样水质造成影响；管路内径、压力、流量、流速满足仪器分析需要，并留有余量。

（2）五参数分析仪测量。根据五参数分析仪对水样的要求，对于五参数分析仪供水不做任何处理，水样直接进入仪器。

五参数分析仪（图 2.9）设计理念即原水中测量，保证水样监测的原始性和实时性。本系统工艺设计突出考虑了这一点，提供实时的原水。程序控制系统每日定时控制清洗系统和空压机，并在流程结束时自动对探头进行清洗，在清洗期间不对数据做有效性处理。

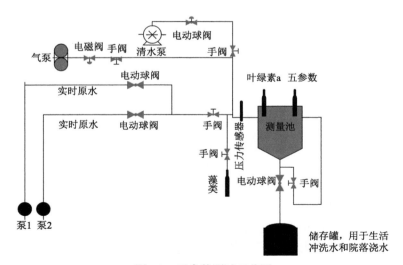

图 2.9　五参数测试工艺图

程序控制采水泵交替工作连续供水，通过手阀控制进水流量和流速。水样进入测量池，其通过独特的结构设计进行自然沉砂。原水测试分析仪为探头式结构，直接将其安装在测量池上面，用于测试测量池上清液。程序控制系统每日定时控制清洗系统和空压机，并在流程结束时自动对探头进行清洗，在清洗期间不对数据做有效性处理。

（3）除五参数外的其他仪器测量。对于除五参数外的其他仪器，根据仪器对水样的要求，对水样进行预处理，使各仪器可以从各自专门的过滤装置中取样，且过滤后的水质不能改变水样的代表性。

a. 配水系统工艺要求

根据分析仪器的不同要求，设计最合理、最全面、最先进的配水工艺，设计要点如下。

常规分析仪一般需要水样沉淀（沉淀时间需要比对后确定，默认设计 0.5h），水样沉淀并经精密过滤器处理（不能影响水样的代表性）后供应给仪表分析；

根据每台仪表的分析周期等特点，系统设定合理的清洗流程（一般情况下，在仪器分析完水样且测量数据已经在仪表上保存显示后，进行相应的维护清洗动作）；

考虑配水系统今后有可能会扩展监测参数，所以在设计的时候可以考虑提供扩展接口。

b. 旁路设计

为方便系统进行维护，在主管路上，每台仪器都要设有旁路系统，通过手动阀来进行调节。当某台仪器、过滤器损坏或者需要维护时，可以打开旁路，关闭主路，既不影响其他仪器的正常工作，也便于维护维修。

配水管路均有旁路设计，可防止在部分管路需要维修或维护时出现后续设备供水故障。

4. 清洗系统

1）清洗系统的必要性

自动站在运行的过程中，河道中水质浊度较高，可能还会附带黏着物，会污染管道，循环测量时会影响实际水质监测数据，因此高效的清洗系统能够在每次测量结束后，对系统进行全面的清洗，清洗完成后对管道进行高压气体排空，进入待机状态，准备下个周期才测试。清洗单元的作用是用自来水或者清水冲洗管道，防止泥沙沉淀导致的管道堵塞现象的发生。为了预防自来水的水压过小而影响清洗效果，系统提供了清水增压系统，保证系统清水压力。

2）清洗系统功能的实现

清洗主要分为自动清洗（推荐）和手动清洗，自动清洗包含高压气洗、高压水洗、水气混合洗三种模式，结构如图 2.10 所示。

配水管线采用排空设计，在每次测试完毕后自动用清水冲洗管道，并在冲洗完毕后自动排空，等待下一次测试。

周期进水管路水样通过电动球阀的程序控制，主要为间歇或连续模式，控制水样进入沉淀池，进行设定时间絮凝沉淀预处理，用于常规分析仪的测量分析。沉淀池结构充

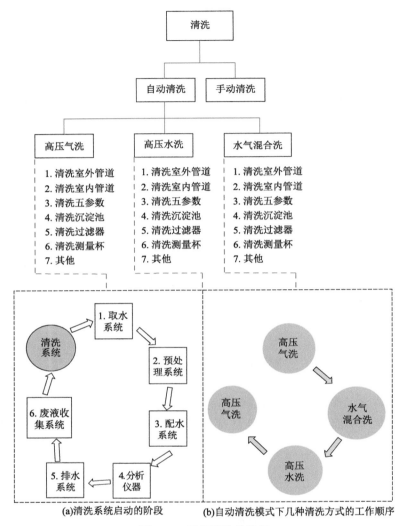

图 2.10 系统清洗结构图

分考虑反冲洗压力可能造成的漏水、喷水等现象，采用了错落式通气系统，保证测量池和大气保持相通。管路留有多个仪器扩展接口，方便后续监测参数的扩展。系统程序设定自动清洗内管路、室外管路、沉淀池和过滤器以及自动除藻，保证沉淀池和管道内无泥沙、无藻、无附着物。

根据系统受污染情况，系统在现场或远程设定清洗工作方式，系统既支持手动启动清洗单元工作，也可根据现场水质状况设定清洗间隔。控制系统定时启动或者根据用户的需要启动清洗操作，分别对室内进样管路、测量池管路、沉淀池管路、室外取水管路、沉砂分离过滤器及过滤装置进行清洗。结合压缩空气系统，将压缩空气和清水混合，实现高压气泡擦洗，可将管壁附着的泥沙、藻类等清洗干净。根据现场水质情况，可事先设定好清洗工作持续时间，系统将根据固定的时间比例，对系统各部件进行水洗、气洗及水气混合洗操作。各个操作如下。

（1）水洗：启动反冲泵，通过对各电动球阀和电磁阀的状态控制，用冲洗水按照清洗时序对所需清洗管路进行冲洗。

（2）气洗：启动空压机，通过对各电磁阀的状态控制，压缩空气沿进样方向通过五参数仪配水管路和其他仪器配水管路。通过一定的气体压力实现对过滤装置的反吹，增强过滤器的清洗效果。

（3）水气混合洗：启动反冲泵、启动空压机，使高压水和高压气体充分混合，通过对电动球阀和电磁阀的状态控制，用冲洗清水按照清洗时序对所需清洗管路进行冲洗。

3）清洗水的来源

来源 1：城市统一供应的自来水。

来源 2：地下水。

针对地下水情况，提供模拟自来水系统，从而满足系统及仪器的需要。在监测站房外部或内部，考察好地下水源，就近设置取水泵房和取水泵，用于抽取地下水，在监测站房房顶（也可在室内）设置储水罐，一般需要 0.5t 的容量，取水泵将水提取至储水罐中，供仪器和系统清洗使用。储水罐中设置液位开关用于控制取水泵启停，当储水罐中水量不足 0.1t 时，取水泵开始自动工作，向储水罐中放清水，直到储水罐容量达到 0.5t 时停止工作，这样模拟自来水的系统就已经完成。

由于提取的是地下水，地下水中含有矿物质等较多，只能满足系统管路清洗要求，对于精密度较高的分析仪表，水质要求不能达标，为此，需要在清水和精密仪表之间安装纯水设备，对地下水进行过滤之后供给仪表清洗使用。

5. 除藻

1）除藻原理

在水质较差的情况下，特别是在夏季水体中有大量藻类繁殖，藻类会在管路中大量繁殖，不仅会改变采水水样的性质，而且会堵塞管道。严重时会使水样失去代表性，导致其氨氮、总磷等参数测定值偏低或者采用比色分析方法时测量不准确。

系统需配备由计量泵、射流混合器和相应的阀门组成的高效除藻装置。在整个系统中应设有专门的支路用于取水管路的除藻、其他管路的除藻及室内进样管路的除藻。同时，由于除藻剂的使用，除藻效果有所提高，但管路中也留下了微量的除藻剂，这些残余的因素会大大干扰相关仪器的测量，为解决上述问题应将外管路除藻和内管路隔离过滤相结合。

（1）外管路除藻：是典型意义上的除藻，由清水泵、计量泵、空压机、射流混合器和相应的阀门组成除藻系统，配合除藻剂最大限度去除管路中的藻类，同时空放的管路也减小了藻类滋生的可能性。

（2）内管路隔离过滤：采取过滤隔离的办法，通过精密过滤隔离藻类进入内管路，附着在过滤器上的藻类被强压水流冲洗后进入外管路，经过外管路彻底除藻。

2）除藻硬件配置

气液混合装置由增压泵与射流器等组成，是利用射流负压原理发展起来的一种自动加气加药设备。独特的混合腔室设计，能形成强劲的水流与气体（或药液）混合喷射，使搅拌均匀、完全，产生的气泡多而细腻，溶氧效率高，传统的曝气设备氧的转化率一般低于 10%，采用射流形式的曝气设备氧的转化率可达 25%以上，进出水端水压基本无变化，功耗基本为零。

6. 仪器分析单元

（1）仪器所有显示均为中文，并符合《信息交换用汉字编码字符集 基本集》（GB 2312—1980）要求。

（2）所有仪器运行电压均为（220±22）V，交流频率为（50±0.5）Hz。所有设备的电源插头为中国制式 A9120-9085-1。

（3）所有设备能够在温度 5~45℃、相对湿度小于 90%的环境下正常运行。

（4）高锰酸盐指数、氨氮、总磷、总氮分析仪具有自动标样核查、零点校准、标样校准等功能。

（5）所有仪器具有异常信息记录、上传功能，如零部件故障、超量程报警、超标报警、缺试剂报警等信息。

（6）所有仪器具有仪器状态（如测量、空闲、故障等）显示。

（7）所有仪器均预留 1 路 RS232 和 1 路 RS485 通信接口。

（8）具备 1h 一次的监测能力。

7. 控制与数据采集传输单元

1）控制系统功能

水质自动监测子站的数据采集和控制单元具有系统控制、数据采集与存储以及远程通信功能，保证系统连续、可靠和安全运行。

（1）具有断电保护功能，能够在断电时保存系统参数和历史数据，在来电时自动恢复系统。

（2）具备自动采集数据功能，包括自动采集水质自动分析仪器数据、集成控制数据等，采集的数据应自动添加数据标识，异常监测数据能自动识别，并主动上传至中心平台。

（3）具备单点控制功能，能够对单一控制点（阀、泵等）进行调试。

（4）具备对自动分析仪器的启停、校时、校准、质控测试等控制功能。

（5）具备对留样单元的留样、排样的控制功能。

（6）能够兼容视频监控设备，并能对视频设备进行校时、重新启动、参数设置、软件升级、远程维护等。

（7）具备参数设置功能，能够对小数位、单位、仪器测定上下限、报警（超标）上下限等参数进行设置。

（8）具备对各仪器监测结果、状态参数、运行流程、报警信息等显示的功能。

（9）具有监测数据查询、导出、自动备份功能，可分类查询水质周期数据、质控数据（空白测试数据、标样核查数据、加标回收率数据等）及对应的仪器、系统日志流程信息。

2）控制系统设计

现场控制系统采用基于 PC/PLC 的可编程逻辑控制器，由工控机、PLC、组态配套软件以及执行元件构成。控制系统按照预先设定的程序负责完成系统采水配水控制，启动各仪器测试、标定、超标自动留样，进行清洗、除藻、反冲洗、故障处理等一系列动作。同时可以监测系统状态，并根据系统状态对系统动作做相应的调整，确保水质自动站自身的稳定运行。

系统设计和构建过程中既要保证技术和实现手段的先进性，又要注重系统将来的可扩展性和灵活性。为满足将来用户的发展，要最大限度地满足用户的要求。

3）运行模式设置

（1）连续运行模式：系统完成取水、预处理、配水、仪器测量、清洗一个完整运行周期后，进行下一个运行周期运转。

（2）间歇运行模式：系统按照固定时间启动测试，在完成一个测量周期后，处于待机状态，等待下一次测量开始，测量周期可以 2～24h 任意设定。

（3）应急运行模式：主要应用于污染事故发生时，系统不间断连续取水，检测仪器以最小运行周期运行，例如，五参数、生物毒性实时测量、其他参数以最小运行周期进行监测，在此阶段系统不再清洗。

（4）手动运行模式：主要用于现场手动测试及维护。

（5）质控运行模式：主要用于系统质控测试，包括零点、量程标液核查，以及加标回收率核查、平行样核查及线性核查。

系统的各种运行模式系统能通过通入自来水和压缩空气对配水管路自动反冲洗。系统具备足够的反冲洗能力，保证管道内无泥沙、无藻，管壁无附着物。每次执行测量任务时，系统均会对五参数配水管路和探头进行自动清洗。系统反冲洗的操作可以通过现场或远程进行自动或手动控制。

清洗系统定时启动或者根据用户的需要启动清洗操作，分别对室内进样管路、多参数管路、室外取水管路以及沉砂池进行清洗。结合压缩空气系统，将压缩空气和清水混合，实现高压气泡擦洗，可将管壁附着的泥沙、藻类等清洗掉。

清洗单元需要用户在站房提供自来水入户或者提供井水（现场条件满足）。

压缩空气为管路的反吹清洗、过滤器清洗提供高压气源。对空压机应可以设定压力的上限和下限，不需要单独的控制信号，维护量很低。当储气罐中的压力高于设定上限时，空压机自动切断电源；在供气时，储气罐内的压力逐渐降低，当压力低于设定下限时，空压机自行启动，重新为储气罐加气。

2.3 可移动式水环境监测体系

2.3.1 浮标式水质监测站

浮标式水质自动监测系统（图 2.11）采用实时、在线、全光谱自动监测技术及多参数集成技术，以浮标体为载体，搭载多种传感器，实现水质实时在线监测，监测数据通过无线网络（GPRS/CDMA/北斗）传输至服务器接收终端，并通过系统管理软件与应用服务平台查看实时数据，从而实现对近海、河流断面或水库等大面积水域水质的长期监测与综合评价，可以为赤潮等环境突发事故提供预警信息，为水环境保护、科学研究、公众服务等提供及时、有效的数据与技术支持。

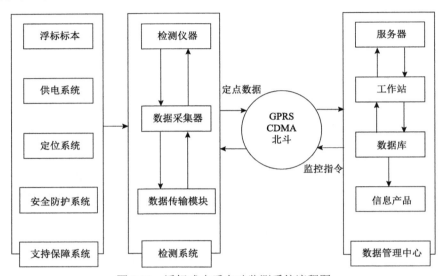

图 2.11　浮标式水质自动监测系统流程图

该系统主要由支持保障系统、检测系统和数据管理中心组成。其中终端采集处理模块包括各类数据采集器，数据采集器的输出端与智能终端器的输入端可以选用传统的串口、USB、CAN 总线、4～20mA、0～5V 模拟量、开关量之一方式相连；每个所述智能终端器在通常情况下可以接入多个不同类型的数据采集器；数据采集器的输出端与智能终端器的输入端还可以选用以太网网络数据接入方式，这种接入方式可以接入大量不同类型的数据采集器。同时，该系统的远程监测功能还包含通信处理器模块，智能终端器可以通过选用各种标准的通信处理器模块以各类无线方式或者有线方式接入互联网。

1. 浮标体

浮标体内部设置密封仪器舱和探头井，舱体内置水质监测传感器、蓄电池、数据采集传输模块等。浮体上端安装可启闭的太阳能板座和底座，并配备太阳能板，底端固定支架可安装专用锚链。

为保证浮标体刚性，浮标体多为玻璃钢材质，采用不锈钢做支架，可承载设备并保持其长期不变形；表体应具有自体防撞保护功能，碰撞时不会损坏碰撞物（如过往船只等），浮体本身也不损坏不沉没，能够有效保护搭载的仪器设备；由于表体长期处于水中，为保证防止水生生物附着和海水侵蚀，表体表面应做防腐蚀和防生物附着处理。

2. 水质检测分析单元

3. 供电系统

浮标供电系统配备太阳能板及太阳能充电控制器，可在天气晴朗的条件下为浮标系统供电。可支持数据传感器及数据采集传输系统在每小时采集并传输数据的情况下及无充电情况下连续工作。

4. 数据采集传输系统

该系统终端采集处理模块包括各类数据采集器，所述数据采集器的输出端与所述智能终端器的输入端可以采用传统的串口、USB、CAN 总线、4～20mA、0～5V 模拟量、开关量之一方式相连；每个所述智能终端器在通常情况下可以接入最多 16 个类型所述数据采集器；所述数据采集器的输出端与所述智能终端器的输入端还可以选用以太网网络数据接入方式，这种接入方式可以满足接入非常多数量的各类型所述数据采集器。

同时，该系统的远程监测功能还包含通信处理器模块，所述智能终端器可以通过选用各种标准的通信处理器模块以各种无线方式或者有线方式接入互联网。

5. 浮标固定和回收模块

根据不同的水下情况选择不同的锚缆和抛锚形式，锚缆能够耐受礁石磨损和恶劣水况的牵引拉拽，防止浮标漂移丢失。

2.3.2　浮船式水质监测站

浮船式水质自动监测站具有以浮船为载体的水质自动监测系统，是为满足湖泊、水库及河口等水体水质的自动监测，以在线自动分析仪器为核心，运用现代传感器技术、自动测量技术、自动控制技术、计算机应用技术、GIS 技术以及相关的专用分析软件和通信网络集成的综合性在线自动监测系统。系统由浮体平台（浮船、浮柱、防撞装置等）、采水单元、配水及预处理单元、分析单元、控制单元及辅助单元（太阳能供电单元、自动留样、安防装置等）组成，能够实现从样品采集监测、数据分析记录到保存传输的实时在线自动监测，具有数据采集、数据分析、数据管理、远程控制、视频监控、水质预警等功能，满足运行可靠稳定、维护量少的要求，并实现无人值守。

1. 系统构成

为保证监测数据的可靠性，系统采用应用国家标准分析方法的自动分析仪表，运用传感器技术、自动控制技术、计算机技术和相关质控手段，并配以专业软硬件，集成采样、预处理、分析检测、数据处理、质量控制及数据传输的全自动浮船式水质自动监测系统，实现水质参数的实时在线监测。系统由浮体平台（浮船、浮柱、防撞装置等）、采水单元、配水及预处理单元、分析单元、控制单元、辅助单元（太阳能供电单元、自动留样、安防装置等）等组成。这些分系统既各成体系，又相互协作，以保证整个在线自动监测系统连续、可靠地运行。

系统集成满足以下基本要求。

（1）具有仪器及系统运行周期（连续或间歇）设置功能，具备常规、应急、质控等多种运行模式。

（2）具有异常信息记录、上传功能，如采水故障、部件故障、超量程报警、超标报警、缺失报警、位置偏移报警等信息。

（3）具有仪器关键参数上传、远程设置功能，能接受远程控制指令。

（4）具有非法接近报警、舱室漏水报警、温度异常报警和开仓报警等功能，并有爆闪灯提示。

（5）能够采集蓄电池组电量信息，具有低电量报警功能。

2. 船身平台

1）浮船

浮船式水站船体设置踏板，方便维护人员进行维护。船体具有一定的保温和防晒功能，保证船舱内环境温度低于 45℃。电气仓安装于浮船内，便于外界设备装卸和维护，可进行板盖密封性检查。船体具有自体防撞保护功能，与其他物体（如船只等）发生碰撞时不会损坏碰撞物，船体本身也不损坏不沉没，能够有效保护船舱内的仪器设备。船体使用低表面能涂料，抗腐蚀性强，能够防止水生物附着。

2）锚定

可根据现场水深、水文条件选择合适的单锚、八字锚或双八字锚等船体锚定方式，并根据底质条件选用重量合适的霍尔锚、三角锚、沉石等。锚绳或锚链可选用粗细合适的尼龙丝、铁质锚链、丙纶等材质，锚绳或锚链长度不低于 1.5 倍最大水深。锚系材料防腐、防磨损，锚链断裂强度不小于 $1.5×10^4$N，便于浮船的拖曳和维护。

3. 采水

采水单元的功能是在任何情况下确保将采样点的水样引至浮船内，并满足配水单元和分析仪器的需要。采水单元包括采水泵、采水管道和保温配套装置。采水单元位于水下 0.5～1m，具有防堵塞和防生物附着功能。

1）功能要求

（1）采水单元采用双回路采水方式，一用一备。在控制系统中设置自动诊断泵故障及自动切换泵工作功能。

（2）采水单元设计采用连续或间歇可调节工作方式；除非特殊需要，一般采用间歇工作方式。

（3）采水单元不会明显影响样品监测项目的测试结果。

（4）采水单元具备较长平均无故障工作时间，确保水质自动监测系统的数据捕获率达到相关要求。

（5）采水单元设置必要的保温、防冻、防压、防淤、防撞、防盗措施。

（6）采水单元设置取水单元清洗功能。

（7）采水单元能够在停电时自我保护，再次通电时自动恢复。

2）采水泵选择

采样泵的选择需要保证浮船内的进口水压和流速流量达到整个系统全部仪器的要求。潜水泵供电电缆采用铠装电缆，具有较好的防水性能、较强的机械性能，抗压、耐磨、防裂等，具有较好的化学稳定性、耐腐蚀性。

3）采水管路选择

潜水泵采水管路应采用具有抗压、耐磨、防裂等功能，同时具有较好的化学稳定性、耐腐蚀的软管。为防意外堵塞和方便泥沙沉积后的清洗，采水管路设置反冲洗装置。

4. 配水及预处理

1）配水

采水单元采集的原水分为两路，原水第一路经沉淀过滤后直接供给高锰酸盐指数、氨氮、总氮、总磷等分析仪器进行分析；第二路直接进入常规五参数分析仪流通槽；多余的源水和样水经总排水管道排出。两路原水的不同预处理方式能保证各分析仪器测量水质的要求，既不失水样的代表性，又能对各类分析仪器起到保护作用。其提供的水质、水压和水量均满足监测仪器的要求。

配水管线应采用优质 UPVC 管道，化学稳定性好，且易于安装和拆卸清洗，不会对水质造成影响，配水管路设有取样接口。配水管路设有一段透明管路，以方便随时观察管路中泥沙和藻类的滋生情况。配水管线设置足够的活结，方便拆卸清洗。

配水管线采用排空设计，在每次测试完毕后可自动用清水（或者自来水）冲洗管道，并在冲洗完毕后自动排空，等待下一次测试。配水单元通过清洗单元、除藻单元，实现仪器配水管路自动或者手动的清洗，防止泥沙和藻类在管道内淤积或者滋生。

配水管线设有一个压力变送器，用于辅助调节流量及判断配水单元工作状态。压力变送器采用森纳士压力变送器，感测整个系统的给水压力及清洗压力，防止出现管路故障。

2）预处理单元

a. 泥沙分离单元

根据高锰酸盐指数、氨氮、总磷、总氮等参数的分析要求，水样需经过沉淀处理。配置沉淀设备，采用上部进水方式，自然沉淀若干分钟（可设定），再配给仪器分析。水质常规五参数直接供应原水样，利用仪器自带过滤器过滤。

沉淀池采用先进的工艺设计而成，具有以下特点：①系统自动提取沉淀池中的上清液，进入测试管道，提高设备的准确度及降低系统的维护力度。②系统具有自清洗装置，维护周期间隔大。

b. 过滤单元

经沉淀过滤的水样在进入分析仪器之前进行过滤，减少系统管路堵塞，并给仪器提供适当的水样。

过滤器采用专用的免维护穿滤器，通过设置反吹清洗，从而具有自清洗排污功能，达到减小维护量的目的。过滤器滤芯的大小根据仪器的需要进行选择，有效去除水样中的微小悬浮物和胶状物。过滤器滤芯易于拆卸和清洗。设置过滤器滤芯孔径大小时，一般要充分考虑此系统中所配置的参数，如果过滤目数太大，则会使测试值偏低，反之则导致测试值过高。

c. 除藻

水质较差水体，特别是夏季水体中有大量藻类繁殖，藻类在管路中大量繁殖，不仅会改变采水水样的性质，而且会堵塞管道。严重时会使水样失去代表性，导致其氨氮、总磷等参数测定值偏低或者采用比色分析方法时测量不准确。

系统采用高效的除藻装置，由计量泵、射流混合器和相应的阀门组成，共有三条支路分别用于取水管路的除藻、其他管路的除藻及室内进样管路的除藻，通过 PLC 控制的电磁阀实现管路切换。同时，大量的项目经验表明，除藻不宜在系统内管路实现。因为除藻剂的使用提高了除藻效果，但同时也留下了微量干扰，这些残余的因素会大大干扰相关仪器的测试，同时，管路内的滋生将使系统的彻底清洗增加难度。系统的除藻设计充分考虑了上述因素，除藻时将外管路除藻和内管路隔离过滤相结合。①外管路除藻：是典型意义上的除藻，通过清水泵、计量泵、空压机、射流混合器和相应的阀门组成清洗流程，配合除藻剂将最大限度祛除管路中的藻类，同时空放的管路也减小了藻类滋生的可能性。②内管路隔离过滤：采用过滤隔离的办法，精密过滤隔离藻类进入内管路，附着在过滤器上的藻类被强压水流冲洗后进入外管路，经过外管路彻底清除藻类。

d. 清洗

在浮船水质自动监测系统运行的过程中，河道中水质浊度较高，且可能还会附带黏着物，会污染管道，循环测量时会影响实际水质监测数据。因此，高效的清洗系统能够在每次测量前后对系统进行全面清洗，清洗完成后对管道进行高压气体排空，进入待机状态，准备下个周期测试。清洗单元的作用是用自来水或者清水冲洗管道，防止泥沙沉淀导致的管道堵塞现象的发生。为了预防自来水的水压过小而影响清洗效果，系统提供了清水增压系统，保证系统清水压力。

清洗系统配备了清洗阀组箱，将清洗流程高度集成在箱体中为清洗系统一大特色。

清洗主要分为自动清洗（推荐）和手动清洗，自动清洗包含高压气洗、高压水洗、水气混合洗三种模式。根据受污染情况，在现场或远程设定系统清洗工作方式，系统既支持手动启动清洗单元工作，也可根据现场水质状况，对其设定清洗间隔。控制系统定时启动或者根据用户的需要启动清洗操作，分别对室内进样管路、测量池管路、沉淀池管路、室外取水管路、沉砂分离过滤器及过滤装置进行清洗。结合压缩空气系统，将压缩空气和清水混合，实现高压气泡擦洗，可将管壁附着的泥沙、藻类等清洗干净。根据现场水质情况，可事先设定好清洗工作持续时间，系统将根据固定的时间比例对系统各部件进行水洗、气洗及水气混合洗操作。

5. 分析单元

分析单元由常规五参数（pH、溶解氧、温度、电导率、浊度）水质自动分析仪、氨氮水质自动分析仪、高锰酸盐指数水质自动分析仪、总磷水质自动分析仪和总氮水质自动分析仪组成，仪器特点见前文 2.2 节 "6. 仪器分析单元"。

6. 控制单元

控制单元应具有系统控制、数据采集与存储以及远程通信功能，保证系统连续、可靠和安全运行。

系统由工控机、可编程逻辑控制器、总空气开关、各仪表设备空气开关、接触器、直流电源、继电器、接线端子和组态配套软件等部分组成。系统控制单元采用西门子 PLC 作为系统逻辑控制器，并结合继电器、接触器等器件实现对外部泵阀及辅助设备的控制功能；控制系统采用工控机对系统实现统一监控，包括对系统任务控制、对各种信号采集的控制以及数据的上传等。现场监测数据可以通过船载通信模块（4G 或 GPRS 网络传输）实时传输到网络平台，通过 Web 平台发布。系统设计和构建过程中应既保证技术和实现手段的先进性，又注重系统将来的可扩展性和灵活性，具体功能特点见前文 2.2 节"7. 控制与数据采集传输单元"。

2.3.3　水质移动监测车

随着社会经济的发展，突发性环境污染事故逐年增加，其中又以水污染事故数量最为突出，占环境污染事故总数的 54%以上，水环境污染事故的应急监测日益成为环境监测和环境保护领域中的一项重要工作。在应对突发性污染事件时，由于自身技术的局限性，现有的水质监测手段如常规监测、固定式自动监站监测、移动实验室监测等，往往难取得令人满意的监测成果，具体表现为，常规监测存在时效性不足、自动化程度较差、响应速度较慢，对水体污染进行跟踪和高密度监测的能力较弱等缺陷；固定式自动站监测虽然具有一定的连续监测和预警监测能力，但其监测点位固定，难以根据实际情况调整，灵活性和对突发性事故的监测能力不足；移动实验室监测具有一定的灵活机动性，但目前大多缺乏整体功能配置和结构设计，只是将一些便携式水质监测仪器或实验室常规设备组装在机动车或船舶上，监测参数覆盖面比较有限，在监测数据的准确度和精密度方面有一定局限性，而且还需要大量人工进行操作。为适应不同环境状况并满足突发性、广域性、机动性监测要求，提出了移动式自动监测技术（图 2.12）作为水质应急监

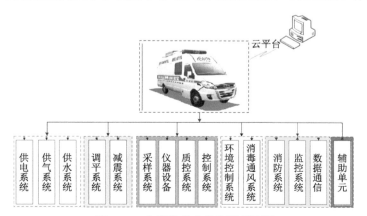

图 2.12　水质移动应急监测系统图

测的一种新手段。该技术将移动实验室和固定式自动监测设备整合到一台监测车上，从而实现监测过程中的采样、留样、测试、数据上传及分析等过程的全自动无人值守监测，而且分析过程灵敏快速，最大限度契合了突发水污染事故应急监测的要求。此外，其优势还体现在监测技术能力覆盖面广、响应启动时间快、机动灵活性高、有一定的自我防护和对恶劣条件的适应能力、有较完善的信息传输和通信功能。

水质移动监测车总体架构在设计上分为三个层次，分别为车载数据采集控制层、通信传输层、远程控制中心层。

车载数据采集控制层：主要为水质应急监测车建设，包括车辆改装、车载仪器仪表集成及系统集成。该层实现水质监测数据、仪器设备状态数据、报警数据以及环境动力指标数据的采集，视频监控信息的传输、实现水质应急监测车与中心端的联网接入。

车载控制中心系统由车载基站控制软件和工业控制计算机硬件组成，包括取水管路控制模块、仪器运行控制模块、仪器数据采集模块、视频采集与传输模块、即时水质分析统计模块、远程通信模块等；同时能对监测仪器进行功能管理，如传感器校正、标样核查、仪器日志、校准功能、数据查询、量程切换、断电保护、自动报警等。断电后能自动保护历史数据和参数设置，数据至少可存储 1 年。

通信传输层：该层主要为无线通信链路的建设、有线光纤通信链路的建设两种方式。

远程控制中心层：主要包括控制中心硬件设备和中心管理控制系统。其中中心管理控制系统（即水质在线监测应急综合信息平台）是将污染源/地表水自动在线监测点、移动车载系统通过 TCP 协议与应急综合平台建立连接，综合平台的应用层则基于 B/S（浏览器/服务器）模式。按照国家标准协议，直接将监测车接入在线监测应急管理平台，用户通过浏览器即可对现场进行实时、在线监控。同时开发现场端视频及传输，对各取水点水质情况实时跟踪，为应急预测预警提供相关信息。

1. 自动化监测设备

水质移动自动监测系统将自动监测设备高度集成于车中，整体布局合理，分析参数齐全。采用模块化的设计理念，并可根据实际需要自由组合监测参数，保证了在特定污染条件下监测参数的需要。水质移动自动监测系统可不受环境限制，在突发性环境污染事故发生后迅速进入污染现场，监测人员应用该系统便可在第一时间查明污染物的种类、污染程度，同时结合系统数据管理平台，可以及时上报监测数据、地理位置。

2. 系统构成

水质移动监测系统主要由采水单元、配水及预处理单元、分析单元、控制单元以及数据采集、传输与远程信息化管理和相关的辅助单元等组成，这些分系统既各成体系，又相互协作，以完成整个在线自动监测系统的连续、可靠运行。监测仪器采用模块化设计，实现不同参数间灵活转换，以确保应急监测的要求。分析表支持关键参数采集和传输（如仪器的校准时间、斜率、截距、消解温度、消解时长、水泵状态等）以及工作状态采集和传输（如空闲、测量、故障、维护及各环节采水、沉淀、配水、测试、清洗等）

等功能，分析仪器和集成系统通信联网协议符合《地表水自动监测仪器通信协议技术要求（试行）》。

系统集成具备以下功能：①车内布局合理，监测设备均采用模块化设计，方便拆卸。监测模块固定架与车体之间有防震设备。监测分析模块内部也能有效防止振动产生影响。②取排水单元采用自带水泵通过软件控制自动采集水样，将取水头放置在监测点，就可以实现水样的自动采集。系统产生的污水通过管道集中式排放，并配备专门的废液收集容器。采样系统采用双泵双管路，防淤积、防杂物、防堵塞、防冻结、防冰凌，采样泵维护维修方便。取水距离≥200m，取水扬程≥25m。③水样预处理及配水处理模块包括过滤装置、配水管路和阀门等设施，具备水样自动清洗、过滤等功能，满足不同复杂水体监测的需求，包括泥沙去除、在线过滤，充分保证水样一致性、代表性不受影响。监测模块所需纯水通过管道统一供给，满足监测分析过程中的纯水需求。④监测分析仪器单元所需纯水通过管道统一供给，满足监测分析过程中的纯水需求。能有效地减少在线监测购置成本，方便地监测不同环境下所需参数，满足用户的不同需求。

1）取排水单元

取水单元的功能是在任何情况下确保将采样点的水样引至监测车内，并满足配水单元和分析仪器的需要。取水单元包括采水泵、采水管道、清洗配套装置和保温配套装置。

a. 采水方式选择

水质移动应急监测车采用浮筒方式取水，采水浮筒、采水管线、船锚、钢索和水泵组合成采水装置。浮筒上方安装有警示标志，采水装置铺设在河道的位置既不能影响航道又能满足采水正常。

b. 采水防冻设计

采水管路铺设主要包括从取水口到监测车内的各段管路、电源线、信号线及相应的保护和防护。采水管用保温棉包裹。水泵电缆线从监测车内走出，为水泵提供电源。要求保证电缆线的安全与耐用，并保证密封性。

双管路采水中，采水管路均要安装保温套管，以便减少环境温度等因素对水样造成的影响，保证对测定项目（除水温）监测结果的影响必须小于 5%（水温的影响必须小于 20%）。取水单元采用双泵双管路设计，两条管路交替运行，互为备份。

必要的防冻措施，保证冬季低温（–5℃）时采样管路不被冻裂。通常采水管路采用聚乙烯保温材料包住后，置于防护套管中，减小外在环境对水温产生的影响。电源线等线路和室外管路等经管箍等装置固定，并被聚乙烯保温材料包住后，置于一根长 40cm 的防护套管中，保证冬季低温（–15℃）时采样管路不被冻裂。安装管路时，适当增加管路长度，维持增加量在 3m 以内，以在水位骤降时可以及时调整取水点安装位置。

采用 PVC 管等材质稳定的材料，避免对水样产生污染。采水主管路采用串联结构，各仪器并联到管路中。预处理单元前、后分别设有手动取水口，方便水样比对实验采水。

2）水样预处理

a. 概述

配水单元根据所有分析仪器和设备的用水水质、水压和水量的要求将采水单元采集到的样品分配到各个分析单元和相应设备，并采取必要的清洗、保障措施以确保系统长周期运转。原水经沉淀过滤后供给分析仪器进行分析，多余的原水和样水经总排水管道排出。

b. 泥沙分离单元

根据 COD、氨氮、总磷等参数的分析要求，水样需经沉淀处理。此沉淀设备采用上部进水方式，自然沉淀若干分钟，再配给仪器分析。

水温、pH 采用直接供应原水，原水利用仪器自带过滤器过滤。

c. 过滤单元

对经沉淀过滤的水样在进入分析仪器之前进行过滤，减少系统管路堵塞，并给仪器提供适当的水样。过滤器采用专用的免维护穿滤器，通过设置反吹清洗，从而具有自清洗排污功能，达到减小维护量的目的。过滤器滤芯的大小根据仪器的需要进行选择，有效去除水样中的微小悬浮物和胶状物。过滤器滤芯易于拆卸和清洗。设置过滤器滤芯孔径大小时一般要充分考虑系统中所配置的参数，如果过滤目数太大，则测试值会偏低，反之则测试值过高。因此确定使用的设备后再对过滤的孔径进行设计。

3）配水

水样通过系统自动控制，进入水温、pH、SS 测试管线，水样对系统进行润洗后，在沉淀池中静置沉淀，系统将根据设定的时序，启动增压泵抽取沉淀池的上清液，对上清液过滤，并对后面管路进行三次连续的清洗排空动作后，将其用于 COD、氨氮、总磷、硫化物等参数的测定。

配水管线采用优质 UPVC 管道，化学稳定性好，且易于安装和拆卸清洗，不会对水质造成影响，配水管路设有取样接口。配水管路设有一段透明管路，以方便随时观察管路中泥沙和藻类的滋生情况。配水管线设置足够的活结，方便拆卸清洗。

配水管线采用排空设计，在每次测试完毕后可自动用清水（或者自来水）冲洗管道，并在冲洗完毕后自动排空，等待下一次测试；五参数管路则保留部分清水，用于五参数电极。

4）车载控制中心

a. 系统功能

车载控制中心系统的数据采集和控制单元具有系统控制、数据采集与存储以及远程通信功能，保证系统连续、可靠和安全运行。

b. 系统控制

车载控制系统采用基于 PC/PLC 的可编程逻辑控制器，由工控机、PLC、组态配套软件以及执行元件构成。控制系统按照预先设定的程序负责完成系统采水配水控制，启动各仪器测试、标定、清洗、除藻、反冲洗、故障处理等一系列动作。同时可以监测系统状态，并根据系统状态对系统动作做相应的调整，确保稳定运行。

系统设计和构建过程中既要保证技术和实现手段的先进性，又要注重系统将来的可扩展性和灵活性，要求最大限度地满足用户的要求。

c. 运行模式设置

连续运行模式：系统完成取水、预处理、配水、仪器测量、清洗一个完整运行周期后，接着进行下一个运行周期。

间歇运行模式：系统按照固定时间启动测试，在完成一个测量周期后，处于待机状态，等待下一次测量开始，测量周期可以在 2~24h 任意设定。

应急运行模式：主要应用于污染事故发生时，系统不间断连续取水，检测仪器以最小运行周期运行，如水温、pH、浊度、溶解氧实时测量，其他参数以最小运行周期进行监测，此阶段系统不再清洗。

手动运行模式：主要用于现场手动测试及维护。

质控运行模式：主要用于系统质控测试，包括零点、量程标液核查，平行样核查及线性核查。

系统的各种运行模式可以现场和远程切换，监测频次可以远程设置。

5）数据采集与传输

A. 数据采集

车载控制器的数据采集采用总线通信与模拟量采集相结合的方式：对于具有 RS232/RS485 输出接口的仪器，采用总线方式采集仪器监测数据、工作状态以及校准数据，并给仪器发出控制指令等；对于环境参数及部分具备 4~20mA 输出的仪器用 PLC 模拟量采集模块进行采集。系统能根据仪器返回的状态参数和报警信号值自动判断监测数据的有效性，将处理后的数据送入数据库中保存。

系统可以预定义数据报警的上下限属性值，采集到的实时数据如果超越报警上下限，系统自动报警，并将报警信息发送到监控中心，由中心监控软件接收和处理。监测站还可以通过 GSM 短信方式将报警信息及时发给维护人员。数据采集与传输完整、准确、可靠，采集值与测量值误差≤1%，系统连续运行时数据捕捉率大于 90%。

现场监控软件通过图形化的人机界面可以显示现场工艺图；显示现场工作状态、安全和参数超标报警，并能将报警信号自动发送至上端监控平台；显示并记录现场系统及设备的工作状态、监测数据等。

数据存储采用大型关系型数据库 SQL Server2012，数据库可以保存 5 年以上的历史数据、报警信息等。通过软件实现对历史数据的备份功能，保证数据安全。数据存储可以设置手动保存或者自动保存以及备份文件存放的路径等。

现场监测数据及视频信号可以通过车载通信模块（4G 或 GPRS 网络传输）实时传输到网络平台，通过 Web 平台发布。

通过 Web 平台可以方便地实时查询现场监测数据及视频。

B. 软件功能

水质移动应急监测系统软件功能总共分为系统总览、系统控制、参数设置、报警、历史数据、操作日志、用户管理、退出系统 8 个板块。

（1）系统总览。系统总览主要展示系统运行总体状态及工艺各主要参数的实时值，主要包含以下几个方面：①实时显示环境温度和湿度、电源电压等动环系统的值；②实时显示工艺流程中各电气设备及仪表的运行状态；③实时显示仪表的测量值及通信状态（相应参数的指示灯为绿色表示正常，红色表示故障）；④实时显示系统的运行模式、运行状态；⑤通过点击系统控制中的手动、自动按钮可启动系统进入测量状态；⑥通过点击急停按钮可停止所有系统的运行。

（2）系统控制。系统控制界面主要用于控制系统的运行模式、水泵运行模式、手动功能操作及运行周期设置。

a. 手动功能操作

系统通过取水单元的各个控制点可实现以下功能。

任意设定工作间隔，自动控制工作泵的切换，提高取水泵的寿命及工作稳定性；通过控制取水系统的工作方式，切换整个系统的连续运行、间歇运行或应急检测的监测模式；手动或自动清洗室外管路，任意设定自清洗间隔；远程启动室外管路自清洗及除藻功能。

b. 系统维护

系统维护界面主要用于检修系统的泵阀操作及系统各步骤的运行时间设置。

c. 质控管理

质控管理主要用于仪器质控测试，可进行 COD、氨氮、总磷、硫化物等不同仪器的标样核查、平行样核查及线性核查；能够采用手动或自动方式启动测试质控核查。

d. 报警

报警界面可查询记录系统报警信息，包含报警级别、报警状态显示。

e. 数据管理

数据管理模块可实现各种方式的查询，提供灵活多样的监测数据检索。系统可通过对仪表状态、系统状态的识别自动判断并标识数据的有效性。数据查询可按不同要求设置分钟、小时、日数据，以及单独查询质控（零点核查、量程核）数据等多种查询模式。系统可根据客户选择生成日报表、周报表、月报表、季报表和年报表。系统可根据客户需求，使客户查看各参数的历史曲线变化情况、交叉查看不同参数之间的曲线关联性，最多可支持 10 条曲线。数据存储采用大型关系型数据库 MySQL Server 2008，数据库可以保存 2 年以上的历史数据、报警信息等。通过软件实现对历史数据的备份功能，保证数据安全。数据存储可以设置手动保存或者自动保存以及备份文件存放的路径等。

f. 操作日志

系统操作日志主要记录系统主要操作过程，可使环保执法部门进行环保执法以及托管人员操作历史查询等，包括记录系统用户登录日志；记录进出仪器站房日志（通过红外报警）；记录软件关键参数修改日志（如测量周期修改、进水时间修改等）。

g. 用户管理

为保护系统免遭非法使用和人为破坏，监控软件设置严格细致的管理权限和管理角色，不同的权限和角色对应不同的管理和控制功能。未经授权和认证的用户不能操作系统。

h. 退出系统

通过登录管理员密码可退出监控系统。

2.4　无人机监察技术

随着近年来无人机监察技术和物联网技术的发展，在智慧水环境的数据采集中，无人机监察在时效性和准确性上具有明显优势。无人机搭载水环境相关传感器，其凭借机动灵活、操作简单、功能丰富、全天候作业等优点，能全方位掌握河域的基本情况，在水环境监测、水体流速监测、排污口取证、应急事件监测、洪涝灾害等方面得到了广泛应用。无人机作为平台工具，通过在无人机飞行平台上集成各种智能设备和传感器，融合物联网、人工智能、大数据、5G 等技术，以"无人机+传感器"的方式成为智能水环境的技术手段之一，为水环境监控系统提供数据支持。

2.4.1　无人机及无人机系统

无人驾驶航空器是一架由遥控站管理（包括远程操纵或自主飞行）的航空器，也称遥控驾驶航空器，简称无人机。

无人机系统又称无人机驾驶航空器系统，是由一架无人机、相关的遥控站、所需要的指令与控制数据链路以及批准的型号设计规定的任何其他部件组成的系统。

2.4.2　无人机飞行平台

1. 固定翼无人机

固定翼无人机（图 2.13）是指由动力装置产生前进的推力或拉力，由机体上固定的机翼产生升力，其结构通常包括发动机、机翼、机身、尾翼和起落架等，控制舵面包括副翼、升降舵、方向舵、襟翼等。通过改变各控制舵面的位置和动力装置的输出量，产生相应的控制力和力矩，使飞行器改变高度和速度，并进行转弯、爬升、俯冲、横滚等运动。固定翼无人机抗风能力较强，能同时搭载多种遥感传感器。起飞降落有滑起滑降、弹射伞降、车载撞网等方式，起飞降落时通常需要比较空旷的场地作为起降跑道。

图 2.13　固定翼无人机

2. 多轴无人机

多轴无人机（图 2.14）又称多旋翼无人机，是一种具有三个及以上旋翼轴的特殊的直升机。每个轴上的电动机带动旋翼产生升推力。通过改变不同旋翼之间的相对转速可以改变单轴推进力的大小，从而控制飞行器的运行轨迹。多轴无人机搭载的传感器重量相对较低，续航时间较短，但同时具有定点起飞和降落、空中悬停、定点环绕、对起降场地条件要求较低的优点。

图 2.14　多轴无人机

3. 复合翼无人机

复合翼无人机（图 2.15）又称垂直起降无人机，其采用固定翼无人机结合多轴无人机的复合翼布局形式，兼具固定翼无人机航时长、速度高、距离远的特点以及多轴无人机垂直起降的功能。其不需要专用起飞降落跑道，可应用于山区、丘陵、丛林、水域等复杂地形和建筑物密集的区域，扩展了固定翼无人机的应用范围。复合翼无人机具有载重能力强、操作简单、全自动智能飞行等特点，能同时搭载多种遥感传感器，是目前在无人机航测领域应用较为广泛的一种机型。

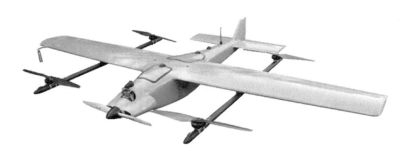

图 2.15　复合翼无人机

2.4.3　任务载荷

无人机在智慧水环境应用中可搭载可见光航摄仪、倾斜航摄仪、高光谱成像仪、多光谱成像仪、激光雷达、水样采集器等任务载荷，完成数据和水样采集，为水环境监测和水质检测提供数据和样本服务。

1. 可见光航摄仪

满足《低空数字航空摄影规范》（CH/T 3005—2021）要求的单反或微单数码相机均可作为航摄仪搭载在无人机飞行平台上，通常要求航测相机的成像探测器面阵应不小于 2000 万像素，并且满足数码相机检校的精度要求。为了满足航空摄影测量要求以及与飞行平台高度集成，无人机生产厂商通常对单反或微单数码相机进行改装，一方面减轻了航摄仪的重量，另一方面去除了影响摄影测量的部件和功能。可见光航摄仪（图 2.16）获取的遥感影像经过畸变纠正后可以生产 DOM、DEM、DLG 等数字化产品。

图 2.16　可见光航摄仪

2. 倾斜航摄仪

倾斜航摄仪（图 2.17）由多个可见光航摄仪组合而成，需满足同步曝光的要求，通常称其为多镜头航摄仪。倾斜航摄仪分为 5 镜头倾斜航摄仪、3 镜头倾斜航摄仪和双镜头倾斜航摄仪。倾斜摄影技术通过一个垂直和多个倾斜镜头，以不同视角同步采集影像，获取地物顶面及侧面丰富的高分辨率纹理。其既能够真实反映地物，获取高精度纹理信息，也可通过先进的定位、融合、建模技术，生成真实的三维模型。随着倾斜摄影技术的日益成熟，以无人机为飞行平台的倾斜摄影技术在我国应用广泛。

图 2.17　倾斜航摄仪

3. 高光谱成像仪

高光谱成像仪（图 2.18）的成像技术是基于多个窄波段的影像数据技术，将成像技术与光谱技术结合，探测目标的二维几何空间和一维光谱信息，获取高光谱分辨率的连续、窄波段的图像数据。高光谱成像系统主要由面阵相机、分光设备、光源、传输机构及计算机软硬件五部分构成。高光谱遥感成像可以获取连续的地物光谱信息，高光谱图像在光谱维度上有多个通道，不仅可以获得图像上每个点的光谱数据，还可以获得任一个谱段的影像信息。其在水环境监测中发挥着越来越重要的作用。

图 2.18　高光谱成像仪

4. 多光谱成像仪

多光谱成像仪（图 2.19）是一种能够同时获取光谱特征和空间图像信息的基本设备，多光谱成像技术把入射的全波段或宽波段的光信号分成若干个窄波段的光束，然后把它们分别成像在相应的探测器上，从而获得不同光谱波段的图像。目前常见的多光谱成像仪包括多镜头型、多相机型和光束分离型三种。基于无人机的多光谱成像系统在植被精细和智能监测方面具有广泛应用。

图 2.19　多光谱成像仪

5. 激光雷达

激光雷达（图 2.20）传感器通过发射激光脉冲扫描地面环境，并测量回波信号的反射时间，精准计算距离和高度，从而完成三维立体构图。将激光雷达应用到遥感领域，将其搭载在无人机飞行平台上进行夜晚作业、植被提取、DEM 提取、精细化结构建模等操作，这些操作是传统无人机航空摄影测量所做不到的。机载激光雷达系统包含激光测距单元、光学控制扫描单元、差分 GPS、惯性测量单元 IMU 和控制单元等主要部分，各单元通过测量激光雷达在空中的位置和姿态以及到达地面点的距离，根据几何原理，计算地面上的激光采样点三维位置、反射率和纹理等信息，生成精确的三维立体图像。

图 2.20　激光雷达

6. 水样采集器

搭载在多轴无人机平台上的水样采集器（图 2.21）可以实现水体的远程采样，其广泛应用于水质检测、水生态监测、水环境突发事故监测及灾后监测等领域中。

图 2.21　水样采集器

2.4.4　无人机监察技术在智慧水环境中的应用

无人机监察技术应用在水环境的智慧化建设中，为水环境监控系统、水环境监管系统、水环境大数据平台的河长制应用系统提供数据采集服务。以"无人机+传感器"的方式完成数据采集工作：收集水体的水文、气候、地质和地貌资料，如水位、流量、流速及流向的变化、降雨（雪）、蒸发、泥沙、冰凌、水质等；明确河道入村、出村界线，计算河道长度、流域面积，统计涉河建筑物及主要存在的问题，并做好界限标识，形成全面的河道基础档案，为河流管理提供详细的基础数据资料；实时监测水体沿岸城市分布、工业布局、污染源及其排污情况，获取水体沿岸的资源现状、水资源分布和重点水资源保护的数据信息，从宏观上观测污染源分布排放状况，为环境监察提供决策。通过对排污口进行遥感监测也可以实时快速跟踪突发环境污染事件、捕捉违法污染源，为监察执法工作提供及时、高效的服务；在紧急突发事件中，可以立体查看事故现场，进行污染物排放跟踪与搜索，确定周围环境敏感点分布，实时监控，联动指挥，辅助指挥人员作出准确、及时的应急处理决定。

第3章　基于云计算的智慧水环境综合服务平台

推动流域管理由信息化向智慧化发展是保障流域高质量发展的关键环节。本章立足流域智慧化管理的多重需求，引入云计算、边缘计算及雾计算技术，构建由大型复杂数值计算任务的云端、个性化简单计算功能的边缘端，以及基础数据处理能力的终端三个层次组成的"云边终"协同架构；部署具有相对独立功能的数据中心、模型中心、控制中心及客服中心，通过数据融合集成、多模型耦合高性能算法和"云边终"协同技术，构建流域水环境水生态智慧化管理高效互联、多层级、多中心的云平台系统。

3.1　云　计　算

3.1.1　云计算技术框架概述

云计算本质上并非一个全新的概念。早在20世纪60年代，John McCarthy 就预言道："未来的计算资源就能像公共设施（如水、电）一样被使用。"为达成此目标，在此后的几十年里，无数学者、科学家为之努力，在学术领域和工业领域陆续发展了集群计算、效用计算、网络计算、服务计算等技术，而云计算正是由这些技术发展而来的。云计算为一种基于网络服务模式的新一代信息技术服务模式，目前关于云计算还没有统一的定义，它是整合了集群计算、网格计算、虚拟化、并行处理和分布式计算的新一代信息技术。不同的学者和组织对云计算有不同的定义，但通过查阅参考文献，这些定义均包含了一个共同点——云计算是一种基于网络的服务模式。这里的网络不单单指互联网，同时也包含专网、局域网等网络环境。此外，云计算将计算资源"买"转换为"租"，从而颠覆了人们使用计算资源的形式。相比于传统信息技术，云计算具有明显的技术特征，如泛在接入、按需付费、弹性伸缩、可扩展、共享环境和资源池、低成本等，这些特征将云计算与传统信息技术区分开来。对以上几个特征的解释如下。

（1）泛在接入

在任何时间、任何地点，只要有符合条件的网络，则不需要复杂的软硬件设施，只需要相对简单的可接入网络的终端设备（如手机、平板电脑、笔记本电脑等），就可以进入云，使用已有资源或者已购买的服务等。

（2）按需付费

用户可根据自身业务需求，通过网络便捷地进行计算资源、存储资源的申请、配置和调用，云平台根据用户已申请资源的内容和使用时长进行服务收费，用多少收多少。

（3）弹性伸缩

用户可根据自己的实际需求，动态调整相应的计算和存储资源（如 CPU、内存、带宽和应用软件等），使这些资源可以动态伸缩，满足资源使用规模变化的需求。

（4）可扩展

用户可以实现应用软件和功能模块的快速部署与上线，从而方便地从横向、纵向扩展既有业务和开展新业务。

（5）共享环境和资源池

用户所需的计算资源和存储资源集中汇聚在云端，根据用户需求对其进行差异化分配，通过多租户模式服务于多个消费者。在硬件方面，资源以分布的共享方式存在，但最终在逻辑上以单一的形式呈现给用户，最终实现在云上资源分享和可重复利用，形成资源池。

（6）低成本

传统信息技术中，在计算资源、存储资源、机房建设、运行环境保持、安全保障、运维成本等方面的资金和人力投入较大。通过云计算的方式获取计算资源，采用租赁的方式免去前期较大投入，资金使用曲线更加平稳，运维成本更低。

上文综合讲述了云计算的几个基本特征，而云计算在面向不同用户、不同业务和应用场景时也包含不同的部署模式，其部署模式共包括四种，即私有云、社区云、公有云、混合云。

（1）私有云

云端资源只供一个单位组织或授权的用户使用，这是私有云的核心特征。而云端的所有权、日程管理和操作的主体到底属于谁并没有严格的规定，可能是本单位，也可能是第三方机构，还可能是二者的联合。云端可能位于本单位内部，也可能托管在其他地方。

（2）社区云

云端资源专门供固定的几个单位内的用户使用，而这些单位对云端具有相同的诉求（如安全要求、云端使命、规章制度、合规性要求等）。云端的所有权、日常管理的操作主体可能是本社区内的一个或多个单位，也可能是社区外的第三方机构，还可能是二者的联合。云端可能部署在本地，也可能部署于他处。

（3）公有云

云端资源开发给社会公众使用。云端的所有权、日常管理和操作主体可以是一个商业组织、学术机构、政府部门，也可以是它们其中的几个联合。云端可能部署在本地，也可能部署于其他地方，如齐齐哈尔市民公有云的云端可能建在齐齐哈尔市，也可能建在哈尔滨市。

（4）混合云

混合云由两个或两个以上不同类型的云（私有云、社区云、公有云）组成，它们各自独立，但用规定的标准或专有的技术将它们组合起来，而这些技术能实现不同类型云之间的数据和应用程序的平滑流转与通信。由多个相同类型的云组合在一起，混合云属于多云的一种。私有云和公有云构成的混合云是目前最流行的——当私有云资源短暂性需求过大（称为云爆发，cloud bursting）时，自动租赁公有云资源来平抑私有云资源的需求峰值，如网店在节假日期间，如"双十一"期间点击量骤增，流量巨大，这时就会临时使用公有云资源作为应急资源，来弥补自身资源边界上限，在需求高峰回落后，释放临时资源，这样既节省了资金，又满足了不同网络流量下对资源的需求。

云计算可实现按需提供弹性 IT 资源，其表现形式通常为一系列服务的集合。结合当前云计算的应用与研究，其体系架构可分为核心服务、服务管理、用户访问接口，共 3 个层次，如图 3.1 所示。

核心服务层将传统硬件基础设施、基础运行环境、应用程序等抽象成云服务，这些服务具有高可靠性、高可用性、规模可动态伸缩等特点，能够满足用户在不同场景下的使用需求。服务管理作为核心服务的基础，为其提供支持，从而进一步确保核心服务的可靠性、可用性与安全性。用户访问接口实现终端到云的访问。

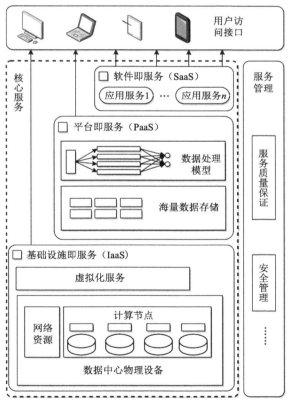

图 3.1　云计算的组成部分

云计算核心服务层通常可以分为 3 个子层：基础设施即服务层（infrastructure as a service，IaaS）、平台即服务层（platform as a service，PaaS）、软件即服务层（software as a service，SaaS）。IaaS 提供硬件基础设施部署服务，根据用户所提交的配置申请，为用户按需提供实体或虚拟的计算、存储和网络等资源。在使用 IaaS 或资源的过程中，用户需要评估自身资源使用体量，并向 IaaS 提供商提交基础设施的配置信息，运行于基础设施的程序代码以及相关的用户数据。由于数据中心是 IaaS 的基础，因此数据中心的管理和优化问题近年来成为研究热点。另外，为了优化硬件资源的分配，IaaS 引入了虚拟化技术。借助 KVM、VMware、Xen 等虚拟化工具可以提供可靠性高、可定制性强、规模可扩展的 IaaS。

PaaS 是云计算应用程序运行环境，提供应用程序部署与管理服务。通过 PaaS 的软件工具和开发语言，应用程序开发者只需上传程序代码和数据即可使用服务，而不必关注底层的网络、存储、操作系统的管理问题。由于目前互联网应用平台（如阿里、腾讯、字节跳动等）的数据量日趋庞大，PaaS 应对海量数据的存储与处理能力，以及利用有效的资源管理与调度策略提高处理效率，一直是各大互联网厂商关注的焦点。

SaaS 是基于云计算基础平台所开发的应用程序。企业可以通过租用 SaaS 解决企业信息化问题，如企业通过在线版的 OA 软件构建属于该企业的办公自动化管理体系。该软件服务托管于某国际软件集团的数据中心，企业不必考虑服务器的管理、维护问题。对于普通用户来讲，SaaS 将原来桌面应用程序迁移到互联网，扩展了软件的应用场景，在网络环境允许的情况下，可实现应用程序的泛在访问。

服务管理层为核心服务层的可用性、可靠性和安全性提供保障。服务管理包括服务质量（quality of service，QOS）保证和安全管理等。云计算需要提供高可靠、高可用、低成本的个性化服务。然而云计算平台规模庞大且结构复杂，很难完全满足用户的 QOS 需求。为此，云计算服务提供商需要和用户协商，并制定服务水平协议（service level agreement，SLA），使得双方对服务质量的需求达成一致。当服务提供商提供的服务未能达到 SLA 的要求时，用户将得到补偿。此外，数据的安全性一直是用户较为关心的问题。云计算数据中心采用的资源集中式管理方式使得云计算平台存在单点失效问题。保存在数据中心的关键数据会因为突发事件（如地震、断电）、病毒入侵、黑客攻击而丢失或泄露。根据云计算服务特点，研究云计算环境下的安全与隐私保护技术（如数据隔离、隐私保护、访问控制等）是保证云计算得以广泛应用的关键。除了 QOS 保证、安全管理外，服务管理层还包括计费管理、资源监控等管理内容，这些管理措施对云计算的稳定运行同样起到重要作用。

用户访问接口实现了云计算服务的泛在访问，通常包括命令行、Web 服务、Web 门户等形式。命令行和 Web 服务的访问模式既可为终端设备提供应用程序开发接口，又便于多种服务的组合。Web 门户是访问接口的另一种模式。通过 Web 门户，云计算将用户的桌面应用迁移到互联网，从而使用户随时随地通过浏览器就可以访问数据和程序，提高工作效率。虽然用户通过访问接口使用便利的云计算服务，但是不同云计算服务商提供的接口标准不一致，导致用户数据不能在不同服务商之间迁移。为此，云计算互操作论坛（cloud computing interoperability forum，CCIF）宣告成立，并致力于开发统一的云计算接口（unified cloud interface，UCI），以实现"全球环境下，不同企业之间可利用云计算服务无缝协同工作"的目标。

3.1.2　云计算的服务模式

业界普遍将云计算的服务模式按照应用层级分为 3 类，即基础设施层、平台层和应用层，与之相对应的分别为 IaaS、PaaS、SaaS，如图 3.2 所示。

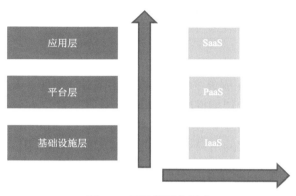

图 3.2　云计算服务层次

IaaS 层是云计算的基础。通过建设大规模数据中心和云计算中心为广大用户提供开箱即用的 IT 基础设施服务。IaaS 层为上层云计算服务提供海量硬件资源。同时，在虚拟化技术的支持下，IaaS 层可以实现硬件资源的按需配置，并提供个性化的基础设施服务。这种模式的云服务通过因特网、专网等传输基础设施服务，如虚拟服务器、存储空间等。目前在市场上，基于互联网的云服务供应商有阿里、腾讯、华为等。

PaaS 层的云服务是指将软件研发的平台作为一种服务，以 SaaS 的模式交付给用户使用，用户通常为研发人员。PaaS 层作为 3 层核心服务的中间层，既为上层应用提供简单、可靠的分布式编程框架和程序代码运行环境，又需要基于底层的资源信息调度作业、管理数据，屏蔽底层系统的复杂性。随着数据密集型应用的普及和数据规模的日益庞大，PaaS 层需要具备存储与处理海量数据的能力。

SaaS 层的云服务是一种通过因特网提供软件的模式，相比于传统软件使用方式，用户无须事先购买或自行研发软件，而是向软件服务供应商租用基于 Web 的软件服务来进行企业生产、经营等活动。SaaS 层面向的是云计算终端用户，提供基于互联网的软件应用服务。随着 Web 服务、HTML5、Ajax、Mashup 等技术的成熟与标准化，SaaS 应用近年来发展迅速。典型的 SaaS 应用包括 Google Apps、Salesforce CRM 等。Google Apps 包括 Google Docs、GMail 等一系列 SaaS 应用。Google 将传统的桌面应用程序（如文字处理软件、电子邮件服务等）迁移到互联网，并托管这些应用程序。用户通过 Web 浏览器便可随时随地访问 Google Apps，而不需要下载、安装或维护任何硬件或软件。Google Apps 为每个应用提供了编程接口，使各应用之间可以随意组合。Google Apps 的用户既可以是个人，也可以是服务提供商，如企业可向 Google 申请域名为@example.com 的邮件服务，满足企业内部收发电子邮件的需求。在此期间，企业只需对资源使用量付费，而不必考虑购置、维护邮件服务器、邮件管理系统的开销。Salesforce CRM 部署于

Force.com 云计算平台，为企业提供客户关系管理服务，包括销售云、服务云、数据云等部分。通过租用 CRM 的服务，企业可以拥有完整的企业管理系统，用以管理内部员工、生产销售、客户业务等。利用 CRM 预定义的服务组件，企业可以根据自身业务的特点定制工作流程。基于数据隔离模型，CRM 可以隔离不同企业的数据，为每个企业分别提供一份应用程序的副本。CRM 可根据企业的业务量为企业弹性分配资源。除此之外，CRM 为移动智能终端开发了应用程序，支持各种类型的客户端设备访问该服务，实现泛在接入。

虽然云计算具有三种服务模式，但是在使用过程中并不需要严格地对其进行区分。基础设施层和平台层、应用层服务之间的界限并不绝对。当前，云平台计算技术已进入全面爆发阶段，各大互联网公司均推出了各自的云计算平台，将各种 IT 能力资源化并共享，应用于广泛的业务中。在实际使用过程中，可以观察到这三种模式的服务并不是相互独立的。SaaS 层和 PaaS 层的用户可以既是 IaaS 云服务商的用户，也是最终端用户的服务提供者。同时，PaaS 层的用户同样也可能是 SaaS 层用户的服务提供者。这三个层次，不同层的用户或相互依赖或相互支持，在使用中扮演着多重角色，如在某互联网产品研发中，该产品 IaaS 层采用阿里云提供的云端计算和存储资源，PaaS 层采用金山云提供的文档在线编辑服务，而产品最终以 SaaS 模式对外进行服务。通过横向、纵向集成，缩短项目研发周期，节约开发成本，促进软件行业快速发展。

3.2　云平台数据响应服务

为了更好地提供软件服务，平台采用微服务架构，结合 PaaS 平台轻量级的 Docker 虚拟化技术，实现 IT 资源的调度分配和快速部署。

Docker 是一种虚拟化容器技术，相对于 VM 虚拟机更加轻量，作为容器云平台的核心技术，它具备很多优点。Docker 容器在宿主机上实际是以进程的形式存在的，分别采用 Linux 的 Namespace 和 Cgroups 来进行资源隔离和资源限制，可以为容器内的应用提供一个独立的软件运行环境。相对于虚拟机，Docker 容器只需为应用提供依赖的运行环境，不需要客户端操作系统，与宿主机共同使用同一个操作系统，大量地节省了磁盘空间和资源。Docker 容器之间是相互隔离、互不可见的。

使用 Docker 技术可以很好地实现微服务架构，那么什么是微服务？微服务是一种软架构，是一些协同工作的小而自治的服务。相对于传统单体应用，无论是传统的 Servlet +JSP 还是基于 SpringBoot 框架的应用，总体来说对其进行部署和维护时具有如下缺点。

（1）部署成本高。无论是修改 1 行代码，还是 10 行代码，发布包都要全量替换。

（2）改动影响大，风险高。不论代码改动多小，成本几乎一样。

（3）成本高，风险高。这导致部署频率低，无法快速交付、响应客户需求。

当然还有如无法满足快速扩容，弹性伸缩，无法适应云环境特性等问题，而通过微服务架构可以很好地解决上述问题。

微服务架构理念是敏捷开发、持续交付、虚拟化、DevOps 等技术理念快速发展推动下的产物。微服务的核心思想是将应用进行模块化,把目标应用分解成为一套微服务进行开发,从而快速构建适用于低耦合、易扩展、可伸缩应用系统。从平台建设的角度讲,系统的演进往往通过局部的新增、改进或替换来实现,而微服务架构服务间的变化周期客观上是不同步的,升级部署时只需局部更新过时的组件,从架构本身的属性上也形成了与实际系统渐进式演进规律相符合的特点。Docker 等容器技术的逐步成熟使得微服务架构的落地实施成为可能。

3.2.1　监测数据收集响应服务

数据采集是信息应用领域中不可缺少的一部分,其主要包括传感采集设备的接入及配置数据的传输、存储和处理。将数据采集链上各个环节功能进行封装以 Web 服务的形式供采集链上的其他部分调用,这样不仅在功能上进行了明确划分,也为数据的跨平台使用、提高数据的集成能力提供了丰富的应用接口,有利于解决信息孤岛问题。

目前水环境管理部门在流域部分关键断面处安装相关的传感器,传感器持续收集水环境监测数据,监测数据包含水环境监测所需要的关键指标。通常情况下,为了能够确定流域的主要污染因子和水质状况,根据《地表水环境质量标准》(GB 3838—2002)通常选取以下监测分析项目:水质五参数(水温、pH、电导率、DO、浊度)、高锰酸盐指数、氨氮、总氮、总磷、总铁、总铝、流量、水位。

水环境监测系统主要由采水单元、配水及预处理单元、辅助单元、控制单元(包括通信与数据采集,提供配套的现场监控组态软件及中心站软件,实现现场及远程的通信和控制功能)、分析单元和配套设施等部分组成。

1. 监测设备接入服务

终端设备通过网络与设备接入层连接。主要功能包括多协议接入、提供主流协议接入方式、海量设备接入、高响应速度。设备接入层主要解决高并发、高 QPS、快速响应、保证数据快速转存的问题。数据上行,即从终端到服务端:终端传感器通过 NB、4G/5G 等无线网络或有线网络接入平台,平台提供 TCP、UDP、LWm2m、MQTT 协议接入。终端接入到平台后,平台将终端设备的连接信息存入 redis。数据下行,即从服务端到终端:网关从 redis 读取终端命令信息,将命令下发至终端设备。

根据设备现场环境和项目实际需求,平台监测设备的接入采用 TCP/UDP 协议。TCP、UDP 协议的接入基于开源框架 Netty,遵循 TCP/UDP 协议。开发设备接入的服务端,允许终端通过 TCP/UDP 协议进行数据上报、命令下发功能,设备接入服务可根据实际接入量进行横向平滑扩展。平台与设备的交互包含以下几个过程:数据上报、命令下发以及设备休眠状态下的命令下发。

数据上报。终端将数据上报至 TCPServer,TCPServer 按指定协议头解析外层协议,获取 IMEI 信息,确认是否允许接入,如果允许,将终端信息写入 redis 缓存中,同时将上报数据进行封装，异步发送给 kafka 的 protocolBefore 中，并向终端返回数据上报结果，如图 3.3 所示。

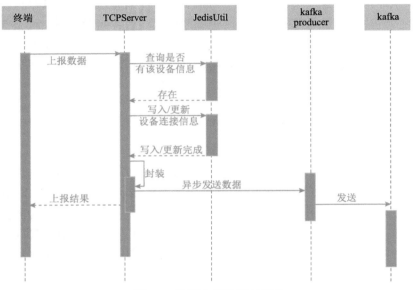

图 3.3　数据上报数据流程图

2. 命令下发

命令下发分为以下两种情况。

（1）当设备处于在线状态时，命令可直接下发。如果下发命令 3 次后依然失败，则判断为设备正处于休眠阶段，将命令缓存至 redis，key：COMMAND+IMEI，value：命令，等待终端下次上报数据时再下发命令，如图 3.4 所示。

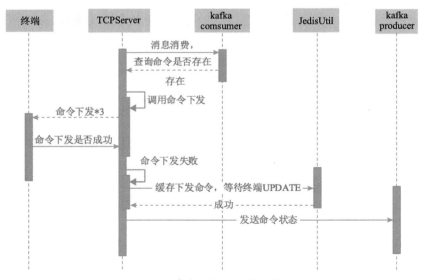

图 3.4　命令下发（设备在线）

从 kafka 的 commandBefore 中提取数据，如果有数据，调用命令下发，向终端写入命令，如返回失败，重试三次，如全部都失败则调用缓存下发命令，最后发送命令状态到 kafka 的 commandAfter 中。

（2）设备处于休眠状态，等待终端上报数据后，下发命令，如图 3.5 所示。

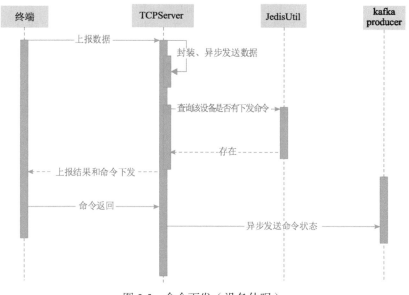

图 3.5　命令下发（设备休眠）

终端上报数据并成功，查询下发命令，如果存在，命令下发至终端，将命令返回结果通过 kafkaproducer 发送到 kafka 的 commandAfter 中，从 redis 中查询是否有该设备的下发命令。

3. 消息队列服务

消息队列是一种典型的发布订阅模式中间件，该模式可以更加灵活地对数据进行控制，生产者将实时产生的数据输入队列中，消费者可以灵活地获取数据进行再处理。消息队列常与在线数据分析技术相结合，实现数据的缓存功能，kafka、RabbitMQ 是两种常用的消息队列组件。kafka 是一个支持分区、多副本的分布式消息系统，它的设计初衷是一个日志系统，其队列中的数据能够持久化一段时间，因此消费者能够通过自定义偏移来获取之前的消息。

kafka 消息队列系统中有生产者（Producer）、消费者（Consumer）、主题（Topic）和代理（Broker）等角色。Kafka 集群包含一个或多个节点，这些节点称为 Broker。Producer 发布消息到对应的 Topic，Consumer 通过订阅 Topic 实时获取消息。另外，Kafka 集群可以存储消息，通过 Zookeeper 获取生产者和消费者的状态信息以及消息偏移量。Kafka 的特性如下。

（1）高吞吐量和低延迟：Kafka 每秒可以处理几十万条消息，它的延迟最低只有几毫秒；

（2）可扩展性：Kafka 集群支持热扩展；

（3）持久性和可靠性：消息被持久化到本地磁盘，并且支持数据备份防止数据丢失；

（4）容错性：允许集群中节点失败（若副本数量为 n，则允许 $n-1$ 个节点失败）；

（5）高并发：支持数千个客户端同时读写。

基于开源分布式消息系统 Kafka 搭建数据队列，根据数据状态（解析前、解析后）定义两个 Topic，各终端接入服务（Lwm2m、Tcp\Udp、MQTT 协议接入）将数据发送到解析前的 Topic（Topic 名：protocolBefore，partitions 数根据磁盘数量定义，replication-factor 定义为 1）。协议解析服务将从解析前 Topic 消费数据开始进行协议解析，将解析后的数据发送到解析后 Topic（Topic 名：protocolAfter，partitions 数根据磁盘数量定义，replication-factor 定义为 1）。规则引擎服务、数据推送服务通过日志插件分别将两种类型的日志发送到相应的 Topic。

3.2.2 空间数据关联存储响应服务

空间数据关联存储响应服务是时空信息与其他信息之间的桥梁，能够实现大数据在立方体模型上的精确定位，实现协同共享的关键。空间数据关联存储响应服务包括地理编码服务、地名地址关联服务、语义信息空间化等服务，具体功能包括正向地理编码、反向地理编码、地名地址精确关联、地名地址模糊关联、逆向地址关联、地名地址特征词库动态更新、语义信息空间化等。

其中，语义信息空间化是实现行业专题与时空信息对接，形成专题行业信息的重要支撑，可批量生成专题空间数据。

1. 关联预处理

地址关联前，根据用户输入的地址内容进行相关的预处理，包括繁体简体转换、半角全角转换、汉字和数字转化等，通过地名别名预处理、抗干扰预处理等，进一步提高地址匹配的准确率。

2. 正向匹配服务

输入地址，关联标准地址库，查找潜在的位置，根据与地址的接近程度为每个候选位置指定分值，最后用分值最高的来匹配这个地址，返回分值最高标准地址。用户可以输入多条地址数据，进行批量的地址匹配，返回相应的坐标位置；也可以输入单条地址数据进行匹配，返回匹配的坐标位置；或根据每条地址数据的匹配情况，按照规则和算法计算地址的正向匹配精度。

3. 逆向匹配服务

将坐标映射成地址，并在地图上展示。根据用户输入的 (x, y) 坐标值，实现逆向查询得到该坐标所在的标准地址信息。用户可以输入多条 (x, y) 坐标数据，进行批量的地址匹配，返回相应的标准地址。输入单条 (x, y) 坐标数据进行匹配，返回匹配的标准地址；根据每条（ x , y ）坐标数据的匹配情况，按照规则和算法计算地址的逆向匹配精度。

3.2.3   专题数据编辑制作响应服务

专题数据编辑制作响应服务可以帮助用户在不直接操作数据集的情况下，通过一系列服务接口，完成对专题数据属性信息和空间信息的编辑。这里的属性信息指描述地物性质、特征的数据，如名称、年限、归属等。空间信息指地物在某一空间参考下的形状和具体位置，如监测站点的位置、河流的位置和形状、农田的坐落和形状等。通过对专题数据的持续编辑和维护保证专题数据的现势性，为智慧水环境建设提供专题数据支撑。

专题数据编辑制作响应服务将专题数据维护业务分解成一组微服务，这组微服务的功能包括数据创建服务、数据更新服务、数据删除服务。

专题数据创建服务仅支持 POST 提交，客户端提交的数据形式采用 JSON 格式。JS对象简谱（JavaScript Object Notation，JSON）是一种轻量级的数据交换格式。简洁和清晰的层次结构使得 JSON 成为理想的数据交换语言，易于人阅读和编写，同时也易于机器解析和生成，并有效地提升网络传输效率。在数据创建成功后，服务将会返回一组 JSON 格式的结果对象，每一个结果对象包含创建后返回的要素和创建数据是否成功的标识。当编辑失败时，服务会返回错误代码和错误描述。

以名称为 DM01 的监测站点为例，根据该站点数据，进行从创建该站点开始时的服务请求，请求参数如下：

```
[
  {
    "attributes" : {
      "dm_id" : "508389",
      "dm_type" : "guokong",
      "dm_date" : "09\/19\/2019",
      "dm_time" : "18:44",
      "address" : "11TH ST and HARRISON ST",
      "x_coord" : "6008925.0",
      "y_coord" : "2108713.8",
      "district" : "6",
      "status" : 1
    },
    "geometry" : {
      "x" : -122.41247978999991,
      "y" : 37.770630098000083
    }
  }
]
```

数据编辑成功后，根据数据创建服务，相应的 JSON 数据如下：

```
{
  "addResults": [
   {
    "dm_id": 508389,
    "success": true
   }
  ]
}
```

如果数据编辑失败，则返回服务下的 JSON 数据。

```
{
  "addResults": [
   {
   "success": false,
   "error": {
    "code": -2147217395,
    "description": "Setting of Value for depth failed."
   }
  ]
}
```

专题数据更新服务。专题数据更新服务针对专题数据库中已有数据记录的属性信息和空间信息进行编辑和维护。专题数据编辑服务仅支持 POST 提交，客户端提交的数据形式采用 JSON 格式，值得注意的是服务端需要请求数据中包含 objectid，用以定位需要修改的要素。在编辑成功后，该服务将会返回一组 JSON 格式的结果对象，每一个结果对象包含编辑后返回的要素和数据编辑是否成功的标识。当编辑失败时，服务会返回错误代码和错误描述。

以名称为 DM01 的监测站点为例，对该站点数据进行编辑时的服务请求参数如下：

```
[
  {
    "attributes":{
    "objectid":1234567,
     "dm_id":"508389",
     "dm_nam":"DM01",
     "dm_date":"09\/19\/2019",
     "dm_time":"18:44",
     "address":"11TH ST and HARRISON ST",
     "x_coord":"6008925.0",
     "y_coord":"2108713.8",
```

```
        "district":"6",
        "status":2
    },
    "geometry":{
        "x":-122.41247978999991,
        "y":37.770630098000083
    }
    }
]
```

当数据编辑成功后，根据数据创建服务，相应的 JSON 数据如下：

```
{
  "updateResults":[
    {
      "objectId":<objectId1>,
      "globalId":<globalId1>,
      "success":<true | false>,
      "error":{ //仅当更新失败时显示
        "code":<code1>,
        "description":"<description1>",
      }
    },
    {
      "objectId":<objectId2>,
      "globalId":<globalId2>,
      "success":<true | false>,
      "error":{ //仅当更新失败时显示
        "code":<code2>,
        "description" : "<description2>",
      }
    }
  ]
}
```

3.3　云平台数据与服务发布机制

随着云计算、大数据、物联网等技术的兴起和信息化的快速发展，在生态环保领域，数据同样向着多样性、高体量、高速度方向发展,将监测设备采集的海量数据以及宝贵的历史数据安全、稳定、高效地共享出去为环保领域信息化的关键节点。虽然政府部门在网络基础设施、应用系统建设、信息中心和安全保障技术等方面都取得了显著进展。但是,在信息共享与交换、信息汇总和分析方面仍存在明显的不足。在十几年的信息化过程中,政府部门往往存在多种应用系统,但早期系统,由于体制、机制和技术等方面问题,没有统一的规划,这些应用烟囱式地发展,很难形成信息化数字合力。造成此现象的原因是,相关系统、数据体系建立的时代背景和采用的技术不同导致环保数据分布在各个应用系统中,数据的规格形态各异,既有关系型数据库中结构化的数据,又有存储于 XML、Excel 等文件中的半结构化的数据以及纸质资料等非结构化的数据,这样复杂的数据现状以及标准的不统一使得各系统间数据的共享和协同成为一大难题。传统的数据共享会带来如定时同步更新、由于没有统一的接口标准而需要开发和维护大量接口等各种各样的问题,这些方法可重复使用性差、工作量大,极有可能造成数据的混乱和不一致。因此,如何高效地解决跨系统数据共享,是政府部门在环保领域进行数据资源整合、共享和服务过程中面临的重大难题。

数据服务便是为解决这一问题而产生的。数据服务(图 3.6)就是通过信息化手段将数据提供给用户,通过一组既定规则对用户和业务系统所需的数据进行访问。在系统架构模型中数据服务位于底层数据源和上层应用系统之间,将用户和底层复杂的异构、分布式数据源相隔离。面向服务的体系结构(service-oriented architecture,SOA)是一种业务驱动的、粗粒度、松耦合的服务结构,适合对相互联系、可重复使用的服务进行整合。鉴于数据服务所要达到的目标,采用面向服务的架构来建立数据服务平台能够较好地支持数据服务和数据资源的灵活扩展。本平台以面向服务架构为指导思想,基于微服务架构建立一个数据服务发布机制,实现统一的数据管理和透明访问。通过建立服务及数据资源的接入机制,使得数据资源和服务可以动态扩展,从而屏蔽数据资源的形态、存储位置,为用户提供统一的数据管理服务和访问方式并保证安全可控的数据访问规则。同时,基于云计算、Docker 以及微服务架构充分保障数据服务的高可用性和针对海量数据并发访问的弹性伸缩,充分体现云计算平台的优势。

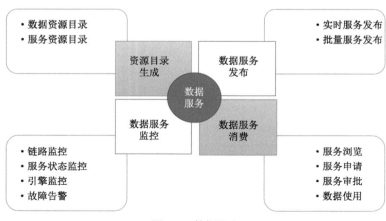

图 3.6 数据服务

　　围绕着数据服务，通常情况下的核心场景主要包括四个环节，资源目录生成、数据服务发布、数据服务消费、数据服务监控。资源目录生成：提供数据资源目录与服务资源目录两种视图，数据资源目录通过自动化采集方式生成，对各种数据源（数据库、文件、大数据）的元数据信息进行展示；通过数据服务发布快速生成服务资源目录。数据服务发布：基于数据资源目录可将共享区数据快速发布成实时服务（RESTful）和批量服务（File）。数据服务消费：定义了从服务浏览、申请、审批到数据使用的详细流程，消费方通过订阅或者拉取的方式使用数据。数据服务监控：对数据服务全生命周期管理与监控，对故障进行实时告警。

3.3.1　水质环保数据发布

　　水质环保数据是生态环保领域日常管理中重要的参考数据，我国自 1999 年以来，已在全国主要河流的省界断面、入海口、支流汇入口以及重要湖区和国界河流上建设了100 个水质自动监测站，初步形成了覆盖我国主要水体的水质自动监测网络，在地表水监测预警、跨界污染纠纷处理、省界水质目标考核、保障人民群众用水安全方面，水质自动监测站发挥了重要作用。

　　发布水质环保数据，充分发挥国家水质自动监测站在环境管理、水污染防治方面的实时监控与预警监视作用，落实重要监测节点目标责任制，满足人民群众的环境知情权，积极为环境保护优化经济发展和构建和谐社会提供基础性服务。水质环保数据的发布与数据采集服务相同，根据《地表水环境质量标准》（GB 3838—2002），水质环保数据通常包含以下参数，水质五参数（水温、pH、电导率、DO、浊度）、高锰酸盐指数、氨氮、总氮、总磷、总铁、总铝、流量、水位。由于水质物联网化监测是近些年才开展起来的，因此水质环保数据在总体上分为在线监测数据和历史数据。在线监测数据基于数据采集设备、数据传输网络，并通过数据收集响应服务将信息发送到数据中心，由于实时数据对数据分析的时延有一定的要求，因此数据中心在数据分析过程中，采用在线处理方式，即系统运行的同时得到实时分析结果。Spark-Streaming 和 Storm 是常用的在线数据分析工具。Storm 是一套分布式的、可靠的、可容错的处理流式数据的系统，其处理工作会被委派给不同类型的组件，每个组件负责一项简单特定的处理任务。利用Storm 能够可靠地处理无限的数据流，像 Hadoop 批量处理大数据一样，Storm 可以实时处理数据。 Storm 实现了数据流模型，在模型中数据持续、不断地流经由很多转换实体构成的网络。一个数据流的抽象叫作流（Stream），流是无限的元组（Tuple）序列，每个流用唯一的 ID 来标示。

　　在数据分析过程中，如果对于数据的分析时延没有严格的要求，可以采用离线处理的方式。随着系统收集的数据越来越多，当超过一定的量级时，单机系统无法完成其分析任务，需要大数据离线分析技术，MapReduce 和 Spark 是常用的离线数据分析工具。

　　发布数据前，平台通过前期的数据整合工作形成综合基础资源库，数据的来源多样化，不仅是单纯的结构化数据（存储于数据库系统中的数据），而且有许多是半结构化和非结构化的数据（如 XML、网页、各种文档、邮件、表格等），因此在数据入库前，平台通过一定的技术手段实施数据统一管理和访问，从而解决数据的异构性、分布性和如何实现对数据的透明访问等关键问题。

平台对水质环保数据提供两种类型的服务发布：实时服务发布、批量服务发布。实时服务发布：将 DB、HBase、File 数据发布成实时服务，以 RESTful 方式提供。批量服务发布：将 DB、Hive 数据发布成批量服务，以文件方式提供。

实时服务引擎是基于 SpringBoot 框架实现的微服务架构引擎，支持分布式部署，线性扩展。其具有扩展能力，封装内部技术实现细节，提供扩展接口实现对特殊需求的服务发布。实时服务引擎支持数据源服务：基于数据资源目录将整个数据源发布成服务；单表服务：基于数据资源目录将选定的单表及字段发布成服务；结果集服务：基于数据资源目录将选定的多张表及字段组装，形成新的结果集，按自定义的结果集发布成服务。

实时服务的发布过程主要分为以下几个步骤：①选择所要发布的资源；②填写所发布服务的基本信息；③实时服务引擎根据预先定义的vm模板，动态生成API、controller、service、dao、Model 等层的 Java 代码，编译后发布为 RESTful 服务，提供 Swagger 服务描述。

批量服务发布引擎基于数据流的异步处理模型，可将 DB、Hive 资源快速生成指定的文件类型服务，主要提供 Excel、Csv、Xml 三种文件类型。平台对于批量服务提供三种访问方式，即①sftp：将文件推送到 ftpserver，通过 sftp 的方式进行下载；②https：通过 https 方式下载文件；③P2P：借助普元文件传输工具实现点对点的可靠文件传输。

当水质数据服务出现异常时，平台通过事件的方式按照定义规则进行检查，当满足规则时进行告警，支持以站内信息、邮件、短信方式进行通知。服务引擎告警：对服务引擎 CPU、内存指标进行检测，当达到阈值时进行告警；服务状态告警：实时探测服务状态，当服务停止运行时，及时进行告警通知；服务质量告警：对服务的访问异常、响应时间进行监控，当访问出现异常或者响应时间达到配置阈值时自动进行告警。

为了最大限度地确保水质环保数据的可靠性和安全性，平台在数据发布的过程中引入了数据质量检核、数据服务监控、服务访问控制、数据加密及脱敏、基于安全协议进行数据传输等多项机制。

数据服务共享发布是企业数据资源"纵向贯通""横向互联"的共享通道，从数据准备、数据质量、数据发布、数据共享、数据安全等多个环节去详细考虑，它将向着服务自助化、智能化的方向发展，帮助企业更加有效、可靠地管理和使用数据。

3.3.2 地理信息空间数据发布

地理信息空间数据发布是基于地理信息服务平台软件将地理信息空间数据发布成满足开放式地理信息系统协会（OGC）标准的地理信息空间数据服务的过程。当前的地理信息空间数据服务大多基于 SOA、微服务架构，由分布式节点组成。各节点按照一致的技术体系与标注规范，基于地理信息数据资源，通过服务聚合的方式实现整体协同服务，并实现服务整体认证、注册、状态监控、流量统计、服务代理等。

OGC 是一个非营利的国际标准组织，它制定了数据和服务的一系列标准，GIS 服务提供者按照这个标准进行开发可保证空间数据的互操作，如网络地图服务规范（WMS、

WMS-T）、网络要素服务规范（WFS、WFS-G）等。上述规范既可以作为 Web 服务的空间数据服务规范，又可以以实现空间数据的相互操作。这样，其他 GIS 软件就可以通过标准规范的接口得到所需要的数据，从而实现地理信息数据共享和异构 GIS 系统的集成。

　　服务发布平台软件。平台软件选型需要考虑数据运维人员的使用习惯和平台对 GIS 平台功能的需求。研发该项目软件并充分调研了目前市场上较为流行的 GIS 服务平台，如 ArcGIS、超图、金拓维等，且分析各平台优势和缺点后，为了具有更好的兼容性，最终确定新一代国产 GIS 平台产品 GeoSence。该软件以云计算为架构，并融合各类最新 IT 技术，具有强大的地图制作、空间数据管理、大数据与人工智能挖掘分析、空间信息可视化以及整合、发布与共享的能力。同时在用户体验、软硬件兼容适配、安全可控等方面有着独特的优势。

　　地理信息空间数据内容。为满足智慧水环境对地理信息空间数据精度的需求，平台选用 1：10000 比例尺基础地理信息空间数据作为基础地理信息空间数据。

1. 数据格式

1：10000 比例尺地形图数据格式为*.gdb。

2. 坐标系统

平面坐标系：2000 国家大地坐标系（CGCS2000）。
高程系统：1985 国家高程基准。

3. 数据内容介绍

1：10000 比例尺基础地理信息数据包含 38 个图层，具体分层情况如表 3.1 所示，共计包含 3400568 条数据记录。

表 3.1　1：10000 比例尺基础地理信息数据统计

序号	图层名称	序号	图层名称	序号	图层名称
1	水系点	14	管线	27	区域界线面
2	水系线	15	铁路线	28	植被与土质点
3	水系面	16	铁路面	29	植被与土质线
4	水系附属设施点	17	道路线	30	植被与土质面
5	水系附属设施线	18	道路面	31	居民地名点
6	水系附属设施面	19	交通附属设施点	32	自然地名点
7	居民地点	20	交通附属设施线	33	街区面
8	居民地线	21	交通附属设施面	34	等高线
9	居民地面	22	行政境界点	35	高程点
10	居民的附属设施点	23	行政境界线	36	地貌面
11	居民的附属设施线	24	行政境界面	37	地貌线
12	居民的附属设施面	25	区域界线点	38	地貌点
13	管线点	26	区域界线线		

1）数据缓存

在智慧水环境平台，地理信息空间数据通常作为背景数据，反映流域、监测点等与周围地物的关系，因此平台对于地理信息空间数据更新频率和现势性要求不高。基于此特点，可采用瓦片地图缓存机制，提高地理信息空间地图数据访问和响应速度，降低服务器资源消耗，增强用户体验。

瓦片地图即预先将地图按照缩放级别进行切割，再将切图存储到服务器上，根据请求调用、加载到本地的缓存中，最终在客户端显现，如图 3.7 所示。这种瓦片式地图服务模式可以在很大程度上提高请求数量和访问速度，是主流的 WebGIS 应用模式。

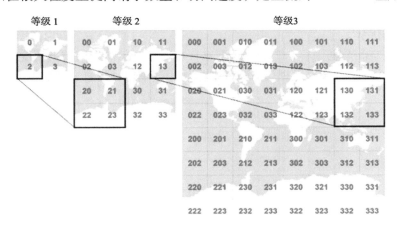

图 3.7　地图瓦片层级关系

每一级瓦片数量：Math.pow(Math.pow(2, n), 2)　　n 表示当前地图级数。

2）地图瓦片层级关系

地图瓦片模型是一种层级模型。瓦片地图金字塔模型是一种多分辨率层次模型，从瓦片金字塔的底层到顶层，分辨率越来越低，但表示的地理范围不变。地图瓦片的分块起始点从地图左上角开始，向东向南行列递增。瓦片分块大小通常为 256 像素 × 256 像素，采用 PNG 或 JPG 格式。地图瓦片文件数据按树状结构进行组织和命名。

3.3.3　水环境专题数据发布

水环境专题数据是突出水环境相关专题要素的数据，包括水质、污染源、污水处理厂等。除了可见的、能测量的数据外，还包括人们看不见和推算的各种专题数据，如水环境容量、污染物扩散趋势等。水环境专题数据不仅显示水环境相关要素的空间分布，也反映这些要素的特征以及它们之间的联系及发展。

水环境专题数据主要包括两个方面的内容，一个是水环境专题空间数据，另一个是专题非空间数据（包含专题属性数据、专题统计数据和多媒体数据等），这两类数据全部汇聚在专题地理目标上。因此，专题数据的表达也需要从两个方面考虑，即专题空间数据的表达和专题非空间数据的表达。前者是基于空间数据，在电子点图上表达专题目标的空间位置，有助于用户了解专题要素的空间分布规律；后者以专题属性的表达为核心，通多对专题属性信息在空间分布上的直观表达，有助于进行精细化管理和科学决策。

水环境专题空间数据的发布与 3.3.2 中地理信息空间数据发布原理相同，均采用符合 OGC 标准的地理信息空间数据服务将专题数据进行对外发布。为确保数据空间参考的一致性，水环境专题空间数据同样采用 CGCS2000 坐标系作为空间参考。

水环境专题非空间数据的发布主要通过服务接口将数据库中的机构化数据转换为 JSON 形式，并对外部应用提供服务。JSON 数据包中通常包括若干个 JSON 数据对象，每个数据对象包含着水环境专题要素的属性，如 pH、溶解氧等。外部程序通过解析这些 JSON 数据包，取得水环境专题非空间数据，并通过饼状图、柱状图、表格等手段，将这些数据转换为直观的图形、图像，使得"枯燥"的数据变得生动起来，易于理解。

3.3.4　水环境应用基础功能模块发布

在介绍水环境应用基础功能模块发布机制之前，首先介绍 Kubernetes，水环境平台正是基于 Dockers 和 Kubernetes 技术进行功能模块的管理和发布的。

Kubernetes 是一个基于 Docker 虚拟化技术的集群管理系统，简称 k8s。Kubernetes 只需要开发人员关注应用开发本身，而不用关注如何提高资源利用率等问题，这些问题都交由 Kubernetes 来处理。Kubernetes 能够对跨主机的 Docker 容器进行管理，对容器提供了服务发现、弹性伸缩、负载均衡。Kubernetes 具有自我修复机制，可以对应用状态进行监控，当诊断出应用状态不正常时，可以对应用进行重启、停止等操作。Kubernetes 同样拥有资源调度的能力，其会根据集群各节点资源使用情况，将应用运行在相应的节点上，实现应用的负载均衡，从而达到提高资源利用率的目的。Kubernetes 能够监控当前应用占用资源的情况，如果 CPU 或 Memory 达到某个阈值，可以对其进行弹性伸缩操作。Kubernetes 还具有对集群进行监控的能力，可以监控当前集群中所有节点的状态以及 CPU 和内存的使用情况等信息，当集群负载较重时，Kubernetes 可以对其进行扩容操作，添加新的节点来减轻集群压力，反之，如果有较多资源没有被使用，将会采用缩容的方式来减少资源的浪费。

随着互联网的快速发展，基于互联网应用访问流量呈几何形态增长，传统软件架构和应用模式已经无法满足当前网络流量下的应用需求。在传统方式中，互联网软件需要在服务器上搭建应用运行所需要的环境，并由专业的人员进行运维管理。随着应用的不断迭代升级和新功能上线，部署应用的工作内容变得更加复杂。因此需要大量的运维人员去保障软件的可用性和可靠性，还需要人为地对服务器资源的使用进行合理规划，从而减少资源浪费和计算资源不足的情况发生，因此有效解决企业应用持续交付、上线困难以及资源利用率不高等问题是当前应用运维工作中的关键。

在传统开发方式中，软件开发人员会将所有功能模块和外部依赖的资源进行整体打包。但是，随着系统功能的不断扩展和新需求的不断开发，代码维护难度不断提高，对代码进行一个细小的调整都需要重新对应用进行打包、发布。由于每次重新发布的成本和代价较高，通常情况下，同一个软件的两个版本间均有一定的时间跨度，这局限了系统的更新迭代的次数，从而导致对需求不能马上响应。而微服务的目的就是将开发的功能业务有效地拆分，多个独立的服务组合成一个完整的系统，独立开发，独立维护，实现敏捷开发。该平台就是基于微服务思想，从应用级别对水环境系统功能进行划分的，开发人员根据自己的需求将整个系统划分出多个服务模块，每个服务以进程的形式运行，服务进程之间互不影响，开发者维护起来比较方便。

这种方式在一定程度上解决了应用部署困难的问题，用户无须登录到环境中搭建运行环境，而是将应用以 Docker 容器的形式运行起来，并使用 Kubernetes 应用编排工具对应用进行监控管理，用户只需要登录到平台对应用环境进行配置即可。容器云平台的出现能够大大减少企业运维人员的压力，解决应用部署困难、资源利用率低等问题。

平台基于微服务架构设计理念将应用进行模块化，把水环境应用分解成一套微服务来开发，这些微服务能够独自运行，采用轻量级机制 HTTP API 的方式进行通信。系统中的各个微服务之间保持着松耦合性，可以被独立部署，每个微服务只关注如何很好地完成一件或一类任务，微服务的每个任务代表着容器云平台的一种业务能力。结合微服务架构设计理念，平台的水环境业务层被拆分为 View、Uim、Cas、Data、Query、Model、Statics 七个微服务，每个微服务都能够独立运行，并能够提供具体的业务服务，相互之间通过 HTTP API 通信，共同支撑着容器云平台的后台业务功能，如表 3.2 所示。

表 3.2　容器云平台微服务功能表

名称	功能
View 服务	平台的前台界面，实现前后端分析
Uim 服务	用户管理模块，负责管理用户、角色等基础信息
Cas 服务	用户登录验证模块、用于实现单点登录
Data 服务	数据模块用于维护数据
Query 服务	用户数据查询
Statics 服务	用于水环境数据统计和分析
Model 服务	水环境模型管理模块，负责管理水环境模型

用户登录容器云平台时，首先通过 Cas 服务进行验证，Cas 服务将用户信息发送给 Uim 服务，由 Uim 服务去数据库核对登录用户信息，验证结束后 Uim 会将验证结果返回给 Cas。如果 Uim 服务存在该用户且密码正确，Cas 服务会重新定向到 View 的主界面，否则重新定向到 View 的登录界面。平台基于 Docker 和 K8s 等技术，对承载的微服务粒度的功能模块进行管理，包括自动部署、弹性伸缩、故障自愈、灰度发布、全链路监控等功能。

本章首先介绍了云计算的基本概念以及其组成部分和服务模型，并基于智慧水环境平台的技术架构阐述了几种关键技术，如微服务、Docker、K8s 等。平台正是基于这些技术对水环境数据构建智慧水环境平台技术服务体系，并对基础数据、专题数据、水质环保数据等进行管理、发布和共享，从而实现水环境监管的信息化和智慧化。

第4章 水环境在线监测深度感知系统研究

4.1 系统研究概况

水环境的在线监测是水环境管理的重要基础，能进一步提高水污染治理能力和水环境管理水平，更加快速、准确地获取水质在线监测数据，也为环保部门科学决策提供有力的数据依据。

本章主要研究和分析国内外水质自动在线监测方法及数据传输存储手段，充分借鉴前人的研究经验。通过对哈尔滨市生态环境局下属环境监测站的调研，明确松花江流域哈尔滨辖区段流域的各种监测设备及数据传输协议。结合实际情况确定市水环境的在线监测分发数据库结构，实现在线监测数据多库融合，为监测数据的应用和污染物追溯分析做好重要基础。

通过对水环境空间数据与业务数据的研究，根据相关水环境空间数据归纳节点和弧段构建水环境网络数据模型，在此基础上探讨了GIS网络分析技术用于污染物追溯的应用方法，并通过对算法的研究构建污染物空间追溯响应关系模型。

以哈尔滨市水环境数据库和污染物追溯响应关系模型为基础，将哈尔滨市空间信息数据与环境信息数据相结合，建立水环境在线监测深度感知系统，实现海量在线监测数据的显示、查询和统计分析，在GIS地图中对水环境专题信息进行可视化表达、在线监测设备异常报警、监测数据超标报警、地表水污染物追溯响应、水环境空间分析等功能。本章以松花江流域哈尔滨市辖区优控单元为基本研究对象，以哈尔滨市生态环境局为试点单位，围绕动态水质信息监测的核心业务、综合利用各类数据资源来构建水环境在线监测深度感知系统。

本章以松花江流域哈尔滨市控制单元为主要研究区域，研究水环境在线监测深度感知系统的建设方法，重点研究在线监测设备数据采集传输、在线监测分发数据库、水环境网络数据模型、污染物追溯响应算法，同时结合浮漂式、便携式监测终端进行水环境业务专题挖掘与管理，可实现对污水偷排区域的锁定、对超标排放企业的追踪、对污水处理厂进出水平衡的量算以及对突发事件造成异常排放的预测与模拟，最终研制水环境在线监测深度感知系统。

4.1.1　控制单元概况

哈尔滨市优先控制单元范围包括道里区、道外区、南岗区、香坊区、平房区和阿城区六个区。地表水系主要有一江、一河、三沟，即松花江（市区的主干水系）、一级支流阿什河，以及马家沟、何家沟和信义沟（简称市内三沟）。本控制单元共有 26 个排污口，其中直接入松花江的排污口有 8 个，阿什河排污口有 18 个。

4.1.2　水环境在线监测深度感知系统设计

本章主要从以下几个方面设计水环境在线监测深度感知系统。

（1）基于地理信息和一张图的概念进行系统的空间数据库与在线监测分发数据库的设计建设，实现在线监测数据与水环境水质的可视化表达的应用。建立水质参数数据库，并将其与 GIS 结合，建立污染物参数指标空间信息专题图。

（2）以水环境网络数据为基础，利用加入流向的连通性分析方法建立污染物空间追溯响应关系模型。

（3）依托水环境在线监测分发数据库和水环境网络数据，以污染物追溯响应算法为基础，根据环保部门的管理职能和业务需求，构建水环境在线监测深度感知系统，将其用于水环境资源日常管理、统计分析、应急指挥。

4.1.3　研究方法

为了实现对软件的技术要求，需要对哈尔滨市生态环境局环境监测中心进行调研，获取和确定现有的水环境在线监测系统及其数据字典，对多套在线监测系统和数据字典进行分析，设计出能够囊括现有的多套在线监测系统数据的在线监测分发数据库。

针对污染物追溯响应的复杂特性，先收集大量水环境业务数据与空间数据，选取黑箱模型（马乐和张琳娜，2008；Wijnbladh et al.，2006）建模，通过归纳和总结，分析出水环境空间数据之间的关联关系并建立水环境网络数据。基于连通性算法，在水环境网络数据的基础上，利用在线监测数据对污染物追溯响应模型不断进行优化，并不断地进行分析测试，直到污染物追溯响应模型达到要求为止。

通过快速原型法（詹胜和李明亮，2008；郭峰，2005；刘钊等，2008）进行软件设计开发，借鉴敏捷开发的思想，首先根据用户的需求开发出一个简单的原型系统，通过该原型系统进一步挖掘用户需求并完善该原型系统功能，在运行过程中修改 bug、提升用户交互体验、提高软件稳定性，直到达到用户需求为止。总体思路与技术路线具体见图 4.1。

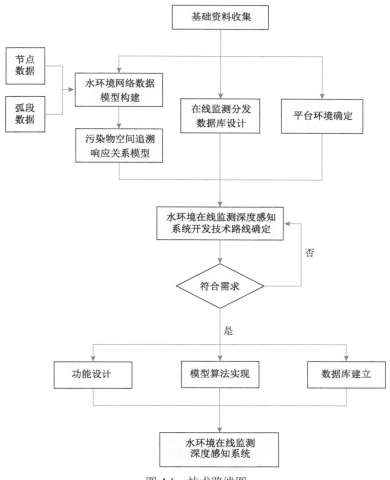

图 4.1   技术路线图

4.2   在线监测分发数据库设计

4.2.1   水环境在线监测现状

水环境在线监测系统从整体结构上分为硬件信息采集系统、数据通信系统及水环境在线监测平台。硬件信息采集系统由采集探头、信息采集传感器、供电电源构成，同时为了进行数据传输，在信息采集节点上增加通信模块用于与服务之间的通信。根据不同的传感器探头，能够实现对水质的 pH、电导率、浊度、溶解氧等水质信息参数的实时采集。通信系统通过 GPRS 将数据实时、准确地传输到远程服务上。水环境在线监测平台用于接收在线监测数据，并对其进行处理、验证、转换、存储入库。

哈尔滨市已建立了以国、省控废水环境重点污染企业为监测对象的基本环境在线监测网络，通过数据传输系统将排污企业、污水处理厂、监控断面的水质监测数据传回在线监控平台，通过实行在线监控保证水质安全；实现了国控污染源环境监测数据向中华人民共和国生态环境部、黑龙江省生态环境厅的上传。哈尔滨市目前属于国控废水监测的企业有 33 家，通过实地位置采集制作了哈尔滨国控废水监测企业分布图。

1. 水质在线监测数据现状

哈尔滨市目前的水质在线监测设备为由不同公司开发的软硬件，水质数据分别采用不同的数据库进行数据存储。不同的研发公司采用不同的数据采集方式和数据库标准，导致监测数据相互独立形成信息孤岛，无法对几家数据进行综合分析应用，因此需要依据中华人民共和国生态环境部的标准开发环保监测在线数据分发数据库。研发公司的数据库存储可以涉及以下结构，见表 4.1，通过该表可以看出数据库设计并没有采用面向对象的数据库设计方法进行，并将同一类型数据进行分表存储，因此，该库只是做到了数据存储，无法用于大量监测数据的分析应用。

表 4.1　数据存储结构

字段名	字段类型	字段长度	主键	缺省值/描述
id	int	4	M	自增序列号
qn	Varchar2	20	O	请求编号，精确到毫秒的时间戳：QN=YYYYMMDDHHMMSSZZZ，用来唯一标识一个命令请求，用于请求命令或通知命令
pnum	Varchar2	4	O	PNUM 指示本次通信包数
pno	Varchar2	4	O	当前数据包的包号
ST	Varchar2	5	M	系统编号，如 21：地表水监测 22：空气质量监测 23：区域环境噪声监测
CN	Varchar2	7	M	命令编号，如 2011：上传污染物实时数据
PW	Varchar2	6	M	访问密码
MN	Varchar2	14	M	设备唯一标识。MN 是监测点编号,该编号具有唯一性，与硬件采集设备内部的编号相对应，用于身份识别。编码规则：前 7 位是设备制造商
cpDataTime	Varchar2	8	M	YYYYMMDDHHMMSS。数据时间，时间精确到分钟，且以整分钟为单位
cp	Varchar2	960	M	CP=&&数据区&&

2. 水环境数据采集传输设备

水环境监测指标信息获取方式为人工采集和在线采集两种方式，数据采集传输设备解决在线监测数据的自动获取，通过网络将在线状态及监控数据传输至服务器端，并通过程序自动接收、整理、入库将数据存储到数据库中，工作流如图 4.2 所示。数据采集传输设备还具有在线控制监测设备的能力，根据命令通过网络对监测设备的各项指标进行远程设置。

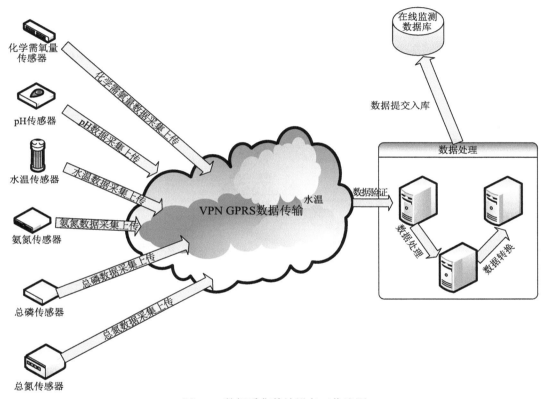

图 4.2　数据采集传输设备工作流图

数据采集传输设备通信方法主要有以下三种。

（1）无线传输方式。通过 GPRS、CDMA 等无线方式与上位机通信，数据采集传输设备应能通过串口与任何标准透明传输的无线模块连接。

（2）以太网方式。直接通过局域网或 Internet 与上位机通信。

（3）有线方式。通过电话线、ISDN 或 ASDL 方式与上位机通信。

4.2.2　在线监测分发数据库构建

通过建设在线监测分发数据库，实现多平台在线监测数据的融合及异常数据的技术修约和管理修约功能，面向监控中心、监察支队、监测中心站、信息中心以及排污企业、运维公司的有效性数据审核协同工作系统。确保环境在线监测数据的有效性及可用性，为环境管理、排污收费和环境执法提供企业达标排放时段、超标排放时长及对应排放量、排放浓度的日考核数据，提供企业月排污量、减排量的统计数据，为财政部门、水务部门、环保部门提供核拨城镇污水处理厂污水处理费的水质水量计量考核数据。在线监测分发数据库工作流程如图 4.3 所示。

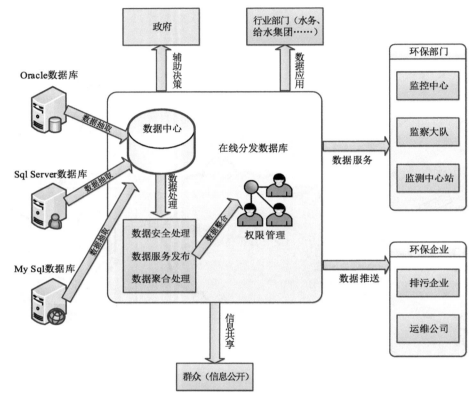

图 4.3　在线监测分发数据库工作流程

1. 数据库逻辑结构

数据库逻辑结构设计就是把概念结构设计阶段设计好的基本 E-R 图转换为与选用的 DBMS 产品所支持的数据模型相符合的逻辑结构。数据库共设计监测、监测数据、监测仪器、测站测量项目、监测项目、比对监测分析方法、A² /O 工艺主要工况参数表、国家重点监控企业污染源自动监测设备现场核查表、国控企业污染源自动监控系统基本情况表，共 6 张表。数据逻辑结构如图 4.4 所示。

2. 数据库物理结构

因为 I/O 较频繁，所以每个表空间 DATA、INDEXES、SYSTEM、RBS 都单独存放在一个磁盘上，避免 I/O 争用导致系统性能降低。

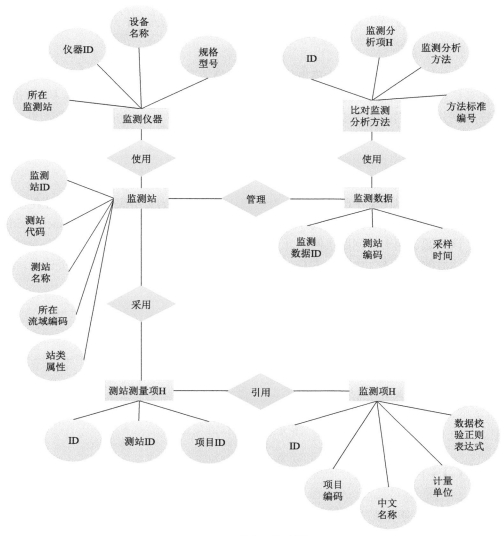

图 4.4　数据逻辑结构

　　增加的数据库文件与上述四个表空间分开存放。

　　联机重做日志文件与数据文件分开（不存储在同一磁盘上）存放，避免 DBWR 与 LGWR 后台进程的冲突。

　　控制文件做三个拷贝，分别存储在三个驱动器中。归档重做日志文件的放置规则同联机重做日志文件相同，不应与 DATA、INDEXES、SYSTEM、RBS 表空间存放在同一个设备中。

　　基于角色的访问控制体系，即用户在访问设置了权限控制的服务时，系统需要提供用户名密码，将找到其对应的角色，验证该角色是否对服务资源具备访问权限。从服务管理角度将用户分为三个级别，分别为 User（用户）、Publisher（服务发布者）、Administrator（管理员），用户适用于服务使用者，后两者适用于运维管理人员。

4.3 水污染物追溯响应算法研究

水污染物追溯响应是对水污染事件造成的污染情况进行反向模拟，并追踪污染物的相关来源信息，以便及时确定污染物的来源位置，及时制止继续污染。本章利用 GIS 的网络连通性分析技术，实现水环境污染物的追溯响应，找到排放污染物的可能污染源。

4.3.1 图论中的网络模型

GIS 网络模型以图论中的网络拓扑为基础。该图论是为了解决一些具体网络分析问题而产生的模型，1736 年数学家欧拉解决了一个叫作柯尼斯堡桥（the Konigsberg bridge）的问题，该问题也叫七桥问题（陶增元，2001）。图 4.5 显示了柯尼斯堡桥的一个抽象为数学表达后的线路图。欧拉论述了，由于柯尼斯堡七桥问题中存在 4 个奇顶点，它无法实现符合题意的遍历。柯尼斯堡桥中二维线路如图 4.5 所示。

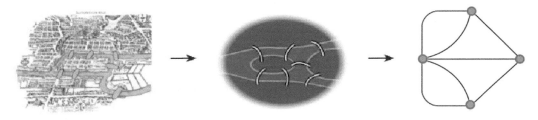

图 4.5　柯尼斯堡桥中二维线路图

4.3.2 GIS 网络模型

在 GIS 网络分析系统中，GIS 网络数据模型是网络分析的重要基础。基本的 GIS 网络模型包括三部分，即基本要素、拓扑关系以及网络图层。

1. 基本要素

节点和弧段是网络数据模型中的基本要素，包含简单要素（点和线）和转弯要素的具有连通性的源要素。网络要素涵盖节点和弧段的共同特征，也就是说可以对真实世界的地理网络要素抽取节点和弧段。其中，节点表示网络模型中点状地理要素；弧段表示网络模型中线状地理要素（毕飞超，2014）。

2. 拓扑关系

GIS 网络模型拓扑关系的表达方式主要有以下几种。

（1）节点和弧段的几何关联。这种关联产生的拓扑关系基于 GIS 空间位置，与图论中的网络模型原理相似。

（2）节点和弧段的有效性信息。节点和弧段不能作为一个单独的要素存在于网络中，否则会导致这类要素无法参与网络计算。

（3）转向。转向也是拓扑关系的一种，如果某一算法分析中含有转向属性，并且某两个邻接弧段不存在转向，则这两个弧段之间不连通。

（4）权值属性。在某些特定分析算法中，如果节点、弧段或转向对应的权值属性字段的值为负，则被视为无效要素（隋敏，2012；张琳琳，2010）。

3. 网络图层

网络图层作为网络模型中的重要组成部分，涵盖网络所有的连接节点、弧段、权值属性数据和转向属性数据，形成了一个完整的网络数据集合。网络图层可以看成是一种逻辑结构，通过 GIS 网络拓扑关系把来自不同图层的几何数据组织在一起。现有的网络分析算法都是基于单个网络图层来计算的（张林广，2006）。

4.3.3　水环境网络数据模型构建

在 GIS 中用点、线、面来表示水环境中的排污企业、污水处理厂、排污管道、水域等实体，每个实体都带有包括空间位置信息在内的相关属性，通过建立点、线、面各实体间的拓扑关系，可得到 GIS 拓扑网络结构。由于地表水系在空间上比较复杂，基于GIS 建立水环境网络数据模型来解决污染物追溯响应问题是一种较好的方式。水环境网络数据如图 4.6 所示。

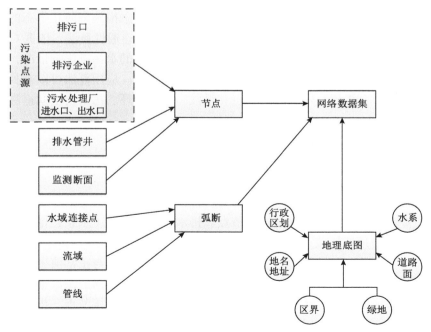

图 4.6　水环境网络数据图

水环境网络数据模型是以空间网络模型（姚文琳等，2008）为基础，以空间基础数据（任健和黄全义，2003；黄加旺等，2004；李宗华等，2004）为底图，组织水环境空间数据进行模型构建。水环境网络数据模型通过对排污企业、污水处理厂、排水管井、监测断面、水域连接点、排污口、流域、排水管线八类数据进行处理后构建网络数据集。对每类要素数据进行空间表达后要显示其相关属性信息，还需要河道和其他水环境影响因子（徐军亮，2006）的信息，用于分析网络的权重。

在基础地形图上提取流域的空间特征信息用以构建研究区域内的水系流域专题图，进行大量实地调查并收集相关水文资料，通过统计分析将成果用于补充流域的属性信息。河道的属性主要包括河流名称、河床高程、河段长度、河流宽度、河岸物质、河底物质、河槽类型、等级、比降、粗糙系数、流速、水力半径、水深、污染物降解系数、河道断面形状、不同典型保证率下的流量、湿周、纵向离散系数等（韩天博，2013；彭盛华等，2002）。污水处理厂的属性主要包括企业代码、详细名称、监测年、经度、纬度、地址、行政区代码、省级行政区、市级行政区、季度、次数、监测月、监测日、受纳水体代码、受纳水体、监测项目名称、进口污染物浓度、进口水量、进口污染物量、出口污染物浓度、排放上限、排放下限、排放单位、超标倍数、出口水量、出口污染物排放量、出口在线监测浓度、出口在线监测排放量、排水去向、水质类别。

4.3.4 构建污染物空间追溯响应关系模型

1. 模型计算流程

当发生突发事故时，流域水环境管理部门需要采取应急措施来防止事态的蔓延。结合水质模拟技术（任杰，2012；谷照升等，2004），采用连通性算法，依据 GIS 的空间数据分析、集成和网络分析功能，模拟由突发性事故造成的水污染影响情况，快速定位物源物来源位置并采取相应措施对污染事件进行应急处理。应用算法可以查找所有与给定节点连通的节点和弧段、不连通的节点和弧段、连通的环。污染物空间追溯响应流程如图 4.7 所示。

构建污染物空间追溯响应关系模型时应当遵循以下步骤。

（1）通过在线监测数据感知河流中某监测点水质参数发生异常时，把水质监测异常点或人工录入点归纳到水环境网络中。

（2）将该点作为起始点，通过连通性分析查找到与该点相连通的所有网络数据中的点（排污企业、污水处理厂、水系连接节点、排水管井）和线（水系、排水管线）。

（3）根据流向过滤掉该点下游的点和线。

（4）将排污企业、污水处理厂和监测断面的在线监测数据与正常值进行比对，如果数据表明水质情况正常，则确定该点为断点，过滤该点及其单向上游数据。

（5）确定最终的连接点（排污企业、污水处理厂、水系连接节点、排水管井）和线（水系、排水管线），根据其属性信息确定是否为污染源，线状为可能偷排区域。

（6）对污染源点和线进行排序，最终确定污染追溯结果。

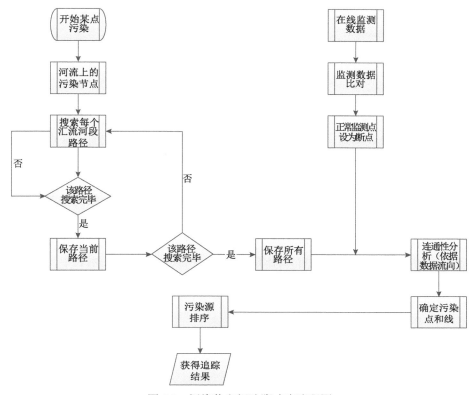

图 4.7　污染物空间追溯响应流程图

2. 模型算法

1）节点搜索方法

首先，将节点定义为对象，并在节点对像中定义两个属性，一个是与这一节点相连通的节点组合，另一个是与这一节点相关联的线对象。通过循环查询方法确定一个新的节点 ID 是否与该节点相连。

2）连通性计算

首先确定源起点，根据源起点查找到与该节点相关联的节点组合与线组合，并将源起点和查找到的节点组合放入一个新的集合——Collection，循环节点查找新的关联节点和线，直到没有新的关联节点为止。

3. 空间追溯响应算法优化

空间追溯响应算法基于 GIS 网络连通分析算法实现，采用椭圆限制搜索区域减少算法遍历的节点；利用节点之间的拓扑关联关系快速查找连接节点，提高算法效率。一方面通过特定的信息对空间追溯响应算法进行优化，另一方面也需要不断改进 GIS 网络连通分析算法本身实现过程的方法。本章采用的优化方法是通过对算法进行代码分析和测试，找出重复调用、运行速度慢的过程，通过增加缓存的方式，向运行速度快的过程进行优化。优化方法具有一般性，可以与算法逻辑优化的方式共同使用。在带有转向权值的网络分析算法中，需要从流向表中查询流向记录。一条流向记录是由起始节点、弧段和终止节点三个参数来决定的。流向表中也包含这三个字段。建立流向表的索引缓存有两种方式：①流向表本身具备索引。这样在实现流向表其他操作时，需要考虑索引缓存的更新。这种方式的优点是，可以对流向记录的所有权值建立索引，同时用于各种算法；缺点是，当查询到流向记录后，还需要根据算法的流向权值属性二次查询具体的值。②在空间追溯响应算法中建立针对本算法所要用到的权值字段索引。这种方式的好处是，当前算法权值的获取效率高，只需要通过当前索引缓存就可获得权值；缺点是每执行一次算法就要重新建立一次流向表的索引。本章实现的算法使用了第一种方式。

索引表的结构也可以采用两种结构：①关联表结构；②哈希表结构。第一种查询的效率低一些；第二种使用的内存空间多一些。由于转向表的记录个数比较多，建立哈希表结构会浪费较大空间，本章采用第一种方式。为关系表建立索引是数据库加快表查询的重要方法，本章采用与之类似的做法，只不过索引是以内存缓存的形式提供给算法使用的。建立索引缓存的方式不仅可以用于转向表，在其他形式的关系表中，如果存在查询某字段效率较低的情况，也可以建立内存中的索引缓存提高速度。这种方式也广泛应用在各种数据库系统中。有关算法调用过程的修改与前节介绍的类似。

4.3.5 构建三级响应管理模型

在流域水环境资源管理过程中，污染企业、污水处理厂、流域断面作为三个层面的主要监控对象，在监控布置合理情况下，通过对三者水质监控可以判断整个流域的水质情况。污染企业作为一级管理对象，污水处理厂作为二级管理对象，流域断面作为三级管理对象，三者之间因空间位置而相互连通且具有流向从属关系，因此三个级别的管理对象的水质污染物具有一定的贡献关系，即污染物由排污企业流向污水处理厂，再流向流域断面。排污企业与污水处理厂是多对一的关系，即在排除违法偷排的前提下，一个污水处理厂的污染物受到多个排污企业的污染物贡献，这是一级污染响应关系；污水处理厂与流域断面之间是多对一的关系，即一个流域断面的污染物受到多个污水处理厂的污染物贡献，这是二级污染响应关系；流域断面之间的一对一关系即一个流域断面的污染物受到另一个流域断面的污染物贡献，这是三级污染响应关系，如图4.8所示。

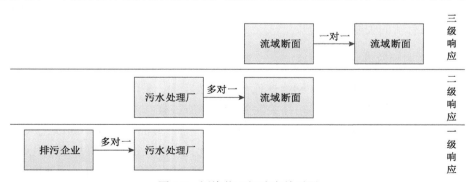

图 4.8　污染物三级响应关系图

　　水污染源管理是指对影响水体质量的污染源采取的防治措施。根据控制单元的实际情况提出了相应的污染源管理办法，建立三级响应模型实现前端设备反控补录以及异常数据的技术修约和管理修约功能，面向监控中心、监察支队、监测中心站、信息中心的有效性数据审核、协同管理工作。根据前端设备返回的监测数据进行自动比对，通过 GIS 的网络分析和拓扑关系分析，进行污染源异常排放管网的拆解，结合手持监测终端设备对排水管井的监测，实现对污染源异常排放区域的锁定。响应流程如图 4.9 所示。

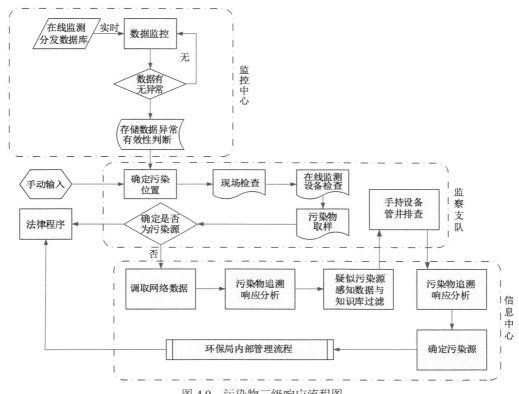

图 4.9　污染物三级响应流程图

（1）连接在线监测分发数据库，进行实时数据监控；
（2）判断有无数据异常，如果没有执行流程（1）；
（3）发现异常数据进行有效性判断；
（4）确定异常数据污染位置，监察支队去现场进行执法；
（5）执法内容包括现场检查、在线监测设备检查、污染物取样；
（6）监察支队确定执法现场是否是污染源，如果是则走执法程序；
（7）信息中心调取网络数据；
（8）利用网络数据进行污染物追溯响应分析，得到疑似污染源；
（9）使用知识库和在线监测数据对疑似污染源进行过滤；
（10）监察支队使用水质检查手持设备进行管井排查；
（11）再次利用网络数据进行污染物追溯响应分析，得到疑似污染源；

（12）确定污染源，进行环保局内部管理流程；

（13）确定污染源，走法律程序。

4.4 水环境在线监测深度感知系统设计与实现

4.4.1 系统需求分析

水环境在线监测深度感知系统是依托水环境在线监测分发数据库和水环境网络数据，以污染物追溯响应算法为基础，根据环保部门管理职能和业务需求，构建水环境在线监测深度感知系统，用于水环境资源日常管理、统计分析、应急指挥。其功能需求包括以下内容。

1. 基础功能

基础功能提供平移、放大、缩小、底图切换、图层控制等功能，包括基础浏览工具、底图切换、比例尺控制、图层控制等基础地图操作功能。

2. 水环境资源管理功能

水环境资源包括排污企业、污水处理厂、排水管井、监测断面、水域连接点、排污口、流域、排水管线（孟雪靖，2007），通过系统实现对这八类数据资源增加、删除、修改、查询。

3. 在线监测数据可视化

以地理信息为基础平台，在地图上以不同的符号显示监测点信息。可以通过鼠标点击某一要素点查询该点水质的 pH、电导率、浊度、溶解氧等水质信息参数。通过选择多监测点实现多监测点水质监测信息的比对显示。

4. 信息查询

信息查询包括基础查询、水环境资源查询、地图点击查询三种查询方式：基础查询是指提供基于道路、地名等地理要素的空间定位查询，支持模糊查询；水环境资源查询指通过信息条件查询水环境资源信息，并在地图上显示查询结果，支持模糊查询；地图点击查询是指用户在地图上任意位置点击，可显示点击处或周边范围内的水资源信息，并可分类进行显示。

5. 污染物追溯三级响应

通过编程实现污染物追溯响应算法。以监测数据为基础，当发生污染事件时可通过系统快速查询到相关的可能污染源，并在地图上进行定位。

6. 信息交换

将在线监测数据与水环境数据以服务的方式实现环保局内部及与其他委办局间的信息共享通道，系统提供两个层级的信息交换共享，即提供共享专题地图与信息共享接口。

4.4.2 系统建设思路

通过借鉴国内环保信息化建设先进经验，参照电子政务建设成功经验，提出水环境在线监测深度感知系统的建设思路。

1. 标准规范先行

项目实施应遵循国家已颁布的法律、国家、行业规范与标准，并根据实际工作需要，制定相关的技术规程与管理规定，建立覆盖数据生产、建库、维护、管理、归档等全生命周期的标准规范体系。标准规范的核心为《中华人民共和国环境保护法》与《中华人民共和国测绘法》，建立由法律、法规、部门规章及规范性文件、技术标准组成的标准规范体系。

2. 以数据为核心

水环境管理工作涉及的数据量大、业务多、时间跨度长、数据类型多，数据的准确程度、完善程度直接决定水环境管理工作的成效。水环境在线监测深度感知系统首要解决的问题就是数据的有序管理、高效应用，数据是水环境在线监测深度感知系统的核心，是水环境管理工作开展的基础。

3. 以效能提升为目标

该项目通过整合资源、规范流程，实现规划管理工作公平、公正、透明，适度减少自由裁量权，提升规划管理效率，建设服务型的水环境管理模式。

4. 以业务需求为导向

该项目的服务对象为环保局工作人员、管理人员及社会公众，通过信息技术手段提高业务办理效率、规范业务处理流程、健全监督审核机制。因此，系统设计和建设必须满足服务对象的业务需求，使之适用于各个环节和层次，使业务运行更加准确、全面、及时。

5. 以面向服务为手段

从技术架构上采用面向服务（SOA）（付更丽和曹宝香，2010）的架构体系，保障系统具备良好的拓展性和灵活性，能够根据业务需求或项目边界扩大动态扩展，使系统具备持续更新的能力，在较长时间内满足水环境管理工作的需求。

6. 以资源共享为基础

资源共享是水环境在线监测深度感知系统建设的基础支撑，部门通过资源共享平台实现信息共享、优势互补。

4.4.3 系统总体设计

水环境在线监测深度感知系统采用面向服务的架构，业务应用采用 C/S 模式，开发语言采用 C#，GIS 开发平台选用 ArcEngine，总体框架从下到上分为基础设施层、数据资源层、应用支撑层、业务应用层、应用门户层、用户访问层，总体框架如图 4.10 所示。

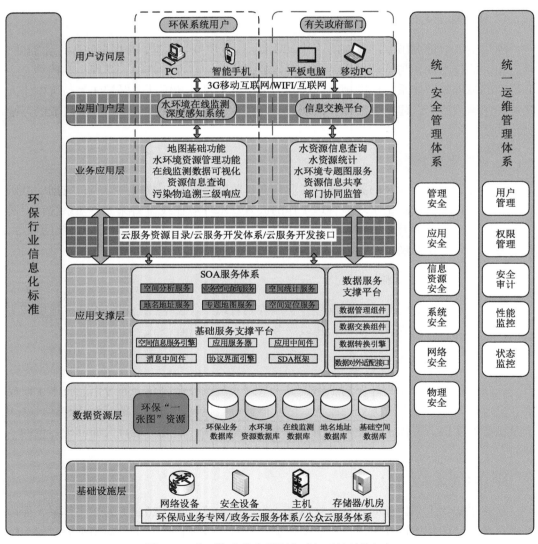

图 4.10　水环境在线监测深度感知系统总体框架

1. 基础设施层

基础设施层承载本项目数据以及系统运行所需的存储、计算和网络环境。对政务外网,采用云环境(王永贵和韩瑞莲,2011)架构,依托公司 B 提供的集群、虚拟化硬件基础设施提供弹性、可定制基础设施;对内网用户,依托哈尔滨市生态环境局已构建的业务专网构建。除硬件设施外,软件基础设施包括商用软件平台和数据库软件环境搭建。

2. 数据资源层

基础设施层之上为信息资源层,为上层的应用系统提供各种数据服务及信息资源。数据资源层包括环保"一张图"(潘禹等,2014)资源、环保业务数据库、水环境资源数据库、在线监测数据库、地名地址数据库和基础空间数据库。其中,"一张图"资源由哈尔滨市生态环境局的环保"一张图"项目提供,提供矢量地图、影像地图;地名地址数据库和基础空间数据库已建成,必须向本平台开放相关数据访问接口;水环境资源数据库和在线监测数据库为建设内容。

3. 应用支撑层

应用支撑层是一个开放性基础设施,它有着与数据库无关、与网络无关、与应用无关的特点。应用支撑层依托多种通用性平台来实现不同应用层与基础设施层之间的相互沟通。其中应用支撑层由下述三个部分组成。

1)基础服务支撑平台

基础服务支撑平台是指采用应用服务器来分割业务逻辑、后端数据服务和用户接口,构建出基于多层结构的方便维护、修改的应用系统。其他支撑环境将遵循并沿用已有的业务系统架构,新增空间信息服务引擎,提供与地图发布、空间分析、空间查询等与空间位置相关的服务支撑。

2)数据服务支撑平台

数据服务支撑平台针对非结构化数据资源、专题数据资源、业务数据资源提供数据转换引擎,为各应用系统之间的数据交换提供支持,通过统一标准的数据适配接口提供对外数据共享服务,由数据管理组件统一管理数据转换、数据交换、数据对外适配接口发布。

3)SOA 服务体系

依托基础服务支撑平台和数据服务支撑平台,在原有 Web Service 基础上,新增基于OGC(Open Geospatial Consortium)标准的空间信息服务体系,提供地名地址匹配、空间分析、空间统计、专题地图等相关服务内容,支撑业务平台和公众门户开发与功能实现。

4. 业务应用层

业务应用层根据业务应用需求,依托应用支撑层提供服务体系与开发接口,开发面向业务应用需求的应用功能,分别包括水环境在线监测深度感知系统和信息交换平台。

5. 应用门户层

门户层是各类用户获得所需服务的交互界面和主要入口，是各类应用系统对接最终用户的统一入口。

6. 用户访问层

用户访问层基于应用门户，为哈尔滨市生态环境局内部用户、政府部门用户提供多种途径的访问机制，用户可通过个人电脑、平板电脑等介质访问由应用门户支撑的水环境在线监测深度感知系统。

4.4.4 系统功能设计

结合水环境在线监测信息化所涉及的各个业务，水环境在线监测深度感知系统建设包括地图展示功能模块、地理信息编辑模块、数据在线监测模块、地图操作模块、感知分析模型模块。其功能组成如图 4.11 所示。

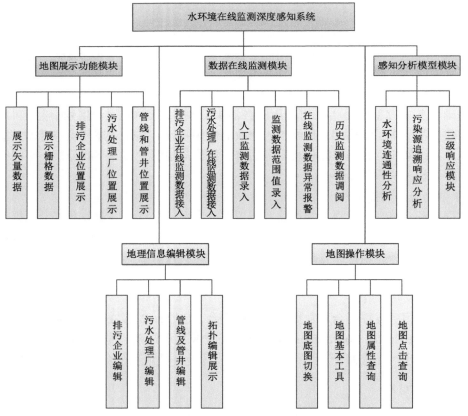

图 4.11 水环境在线监测深度感知系统功能设计

1. 地图操作模块

地图操作模块提供地图底图切换、地图基本工具（全图、平移、放大、缩小、量距等）、地图属性查询、地图点击查询等基础功能。

2. 地图展示功能模块

地图展示功能模块提供展示矢量数据、展示栅格数据、排污企业位置展示、污水处理厂位置展示、管线和管井位置展示等基础功能，详细功能如下。

（1）展示矢量数据（优先级为高）的需求功能如下。①功能描述：直接调取数据库中的矢量数据或地图服务，进行模块化地图显示；②目标用户：所有用户；③输入：用户地图操作；④输出：根据用户操作来进行地图矢量数据显示内容、比例尺的变更。

（2）展示栅格数据（优先级为高）的需求功能如下。①功能描述：提供地图直接调取数据库中栅格数据或地图服务，进行模块化地图显示；②目标用户：所有用户；③输入：用户地图操作；④输出：根据用户操作进行地图栅格数据显示内容、比例尺的变更。

（3）排污企业位置展示（优先级为高）的需求功能如下。①功能描述：提供地图直接调取数据库中排污企业位置数据，进行模块化地图显示；②目标用户：所有用户；③输入：用户地图操作；④输出：根据用户操作进行地图排污企业位置数据显示内容、比例尺的变更。

（4）污水处理厂位置展示（优先级为高）的需求功能如下。①功能描述：提供地图直接调取数据库中污水处理厂位置数据，进行模块化地图显示；②目标用户：所有用户；③输入：用户地图操作；④输出：根据用户操作进行地图污水处理厂位置数据显示内容、比例尺的变更。

（5）管线和管井位置展示（优先级为高）的需求功能如下。①功能描述：提供地图直接调取数据库中管线和管井位置数据，进行模块化地图显示；②目标用户：所有用户；③输入：用户地图操作；④输出：根据用户操作进行地图管线和管井位置数据显示内容、比例尺的变更。

3. 地理信息编辑模块

地理信息编辑模块提供排污企业编辑、污水处理厂编辑、管线及管井编辑、拓扑编辑展示等基础功能，用于对水环境资源的信息管理维护，其详细功能如下。

（1）排污企业编辑（优先级为高）的需求功能如下。①功能描述：通过用户输入实现排污企业空间数据和属性数据的增加、删除、修改；②目标用户：具有编辑权限的用户；③输入：用户地图点击结合菜单、表单操作；④输出：根据用户操作进行地图排污企业数据显示内容、比例尺的变更。

（2）污水处理厂编辑（优先级为高）的需求功能如下。①功能描述：通过用户输入实现污水处理厂空间数据和属性数据的增加、删除、修改；②目标用户：具有编辑权限的用户；③输入：用户地图点击结合菜单、表单操作；④输出：根据用户操作进行污水处理厂数据显示内容、比例尺的变更。

（3）管线及管井编辑（优先级为高）的需求功能如下。①功能描述：通过用户输入实现管线及管井编辑空间数据和属性数据的增加、删除、修改；②目标用户：具有编辑权限的用户；③输入：用户地图点击结合菜单、表单操作；④输出：根据用户操作进行地图管线及管井数据显示内容、比例尺的变更。

（4）拓扑编辑展示（优先级为高）的需求功能如下。①功能描述：通过用户输入实现拓扑结构的增加、删除、修改；②目标用户：具有编辑权限的用户；③输入：用户地图点击结合菜单操作；④输出：根据用户操作进行地图拓扑结构数据显示内容、比例尺的变更。

4. 数据在线监测模块

数据在线监测模块提供排污企业在线监测数据接入、污水处理厂在线监测数据接入、人工监测数据录入、监测数据范围值录入、在线监测数据异常报警、历史监测数据调阅等功能，详细功能如下。

（1）排污企业在线监测数据接入（优先级为高）的需求功能如下。①功能描述：在地图中直接接入排污企业在线监测数据，对监测数据进行图形化表达；②目标用户：所有用户；③输入：用户地图点击结合菜单操作；④输出：根据用户操作实现排污企业在线监测数据的显示。

（2）污水处理厂在线监测数据接入（优先级为高）的需求功能如下。①功能描述：在地图中直接输入污水处理厂在线监测数据，对监测数据进行图形化表达；②目标用户：所有用户；③输入：用户地图点击结合菜单操作；④输出：根据用户操作实现污水处理厂在线监测数据的显示。

（3）人工监测数据录入（优先级为高）的需求功能如下。①功能描述：通过软件填写表单，实现人工监测数据的录入；②目标用户：具有权限的用户；③输入：用户录入表单操作；④输出：根据用户操作实现人工监测数据的显示。

（4）监测数据范围值录入（优先级为高）的需求功能如下。①功能描述：通过软件填写表单，实现监测数据范围的录入；②目标用户：权限用户；③输入：用户录入表单操作；④输出：根据用户操作实现监测数据范围的显示。

5. 感知分析模型模块

感知分析模型模块提供水环境连通性分析、污染源追溯响应分析、三级响应模块等功能，详细功能如下。

（1）水环境连通性分析（优先级为高）的需求功能如下。①功能描述：在地图中确定位置数据，通过网络分析得出与该点连接的点和线；②目标用户：所有用户；③输入：用户地图点击结合菜单操作；④输出：根据用户操作实现连通分析结果数据的显示。

（2）污染源追溯响应分析（优先级为高）的需求功能如下。①功能描述：通过在线监测异常数据确定污染事件，通过污染物追溯响应分析查找到可能的污染源；②目标用户：具有权限的用户；③输入：用户地图点击结合菜单操作；④输出：根据用户操作查找到可能的污染源。

（3）三级响应模块（优先级为高）的需求功能如下。①功能描述：通过在线监数据和水环境网络数据实现排污企业、污水处理厂、监测断面三者之间的响应关系；②目标用户：具有权限的用户；③输入：用户地图点击结合菜单操作；④输出：根据用户操作实现排污企业、污水处理厂、监测断面响应关系。

4.4.5　系统展示

1. 平台框架开发

平台框架提供了程序的主体骨架，是插件、控件和组件的底层容器。网络平台框架提供的容器包括地图窗口、工具菜单窗口、属性窗口及其他弹出窗口。系统总体界面如图 4.12 所示。

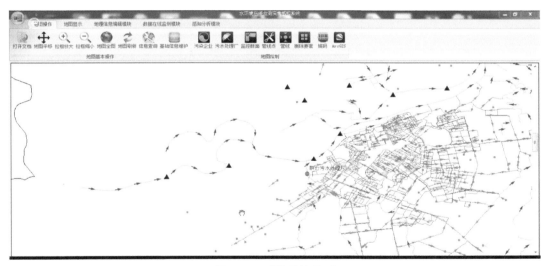

图 4.12　系统总体界面

2. 信息查询

信息查询是地理信息系统的基本功能之一，可以应用该工具通过地图点击的方式查询地理要素的属性信息，并以列表的形式表现。

3. 在线监测信息

可以应用该工具通过地图点击的方式获取监测点的在线监测信息。

4. 感知分析

系统通过网络读取水质在线监测设备数据以确定水质异常数据，通过系统中提供的水环境连通性分析、污染源追溯响应分析、三级响应模块在水环境网络数据的基础上进行分析，通过系统查找出污染源的相关信息。感知分析模块如图 4.13 所示。

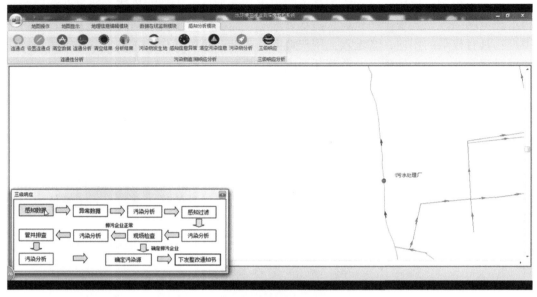

图 4.13　感知分析模块

通过对水环境在线监测深度感知系统的研究分析，得到的主要结论如下。

（1）研究设计在线监测分发数据库实现了对多个在线监测系统的数据融合，并于哈尔滨市生态环境局实施，通过在线服务方式为其他部门和软件提供数据服务。通过对在线监测分发数据库的应用可以看出这种设计理念符合哈尔滨市生态环境局现状，也符合我国的信息化建设国情。

（2）依托水环境网络数据研究设计了基于 GIS 网络分析技术的污染物空间追溯响应关系模型，该模型可以实现水质污染物追溯，找到可能的污染源，达到应用需求，从而提高水质污染源的管理水平。

（3）以 GIS 技术为支撑所设计的水环境在线监测深度感知系统应用效果好、操作简单、应用直观、功能齐全、运行稳定、安全可靠，实现了对海量在线监测数据中环境空间信息的查询、分析和管理，在 GIS 地图中对环境信息进行丰富的可视化展示。

研究需要进一步加强和改善，主要表现在以下几个方面。①历史监测数据集成问题，由于历史原因哈尔滨市水环境监测数据有部分非结构化数据，这类数据多数以 Word 形式存在，并且内容格式不统一。无法采用批处理的方式进行数据入库。未来应该将这部分数据补充到在线监测分发数据库中，用于系统应用。②本章研究的污染物空间追溯响应关系模型是基于空间关系的，由于水质污染物扩散情况复杂，将水文信息、气象信息考虑到模型计算中需要进一步研究。③与现有系统融合问题，多年以来，随着信息化建设速度加快，用户单位目前已建设了多套应用平台，如何与现有的软件平台进行权限共用、数据共享，需要未来进行深入研究。

第5章 基于Skyline的河流水污染突发事件模拟

5.1 研究区概况

突发性水污染事故的应急响应工作是一个十分复杂的过程，为了更好地在事故发生后做出及时、有效的应急响应，各有关部门一般需要制定严谨的预案并对预案进行科学的模拟推演工作。突发性水污染事故发生时所涉及的地理尺度往往比较大，决策者往往需要快速且尽可能多地了解事故的全部信息，这就需要 GIS 的支撑。随着计算机技术和 GIS 技术的发展，基于传统二维 GIS 应对突发性水污染事件的模拟方式逐渐突显出其局限性，二维可视化没有三维直观，脱离地形地貌环境、缺少空间高程信息不能给决策者更真实的视觉体验，无法让决策者很快意识到事故的严重性和紧迫性，从而应急处理事件滞后。本章研究将三维 GIS 与虚拟现实技术结合应用到水污染突发事件中，模拟突发事件的发生、发展过程。三维动态模拟突发性水污染事件中污染物扩散、污染浓度分布变化、污染趋势，必然会给决策者更加真实、丰富的信息，使其如同身临其境。本研究是在突发性水污染事件发生后，很快搜集污染物和污染地点水文参数等相关信息，在三维环境中快速模拟出突发污染物的扩散路径、范围、浓度、污染发展趋势等相关信息，为应急决策提供依据，为应急措施实施提供技术支持，并且对于拓宽 GIS 技术的应用领域具有重要意义。下面以阿什河为例进行案例模拟。

5.1.1 研究区地理位置概况

阿什河是松花江右岸主要支流，发源于尚志市帽儿山镇大青山东坡尖石砬子沟，流经尚志市、五常市以及哈尔滨市阿城区、香坊区、道外区，在哈尔滨水泥厂附近汇入松花江。阿什河全长 213km，流域面积 3581km^2。

5.1.2 研究区流域水文特征

阿什河总落差 324m，比降为 1/410，河面宽 40～80m。2016 年阿什河水质总体状况为轻度污染，主要超标因子为氨氮。阿什河上有 7 个水质监测断面（表 5.1），7 个监测断面的水质，Ⅲ类为 28.6%，Ⅳ类为 28.6%，Ⅴ类为 28.6%，劣Ⅴ类为 14.2%。与 2015 年相比，劣Ⅴ类断面减少一个。其中，尚志市出境断面双河十二组为Ⅲ类水质；哈尔滨市阿城区出境断面伏尔加桥为Ⅳ类水质；香坊区出境断面信义沟口上为Ⅴ类水质；道外区出境断面阿什河口内断面为劣Ⅴ类水质。

表 5.1　阿什河监测断面情况表

断面名称	水质标准	2016 年现状
阿什河口内	Ⅳ	劣Ⅴ
信义沟口下	Ⅳ	Ⅳ
信义沟口上	Ⅳ	Ⅴ
伏尔加桥	Ⅳ	Ⅳ
阿城镇下	Ⅳ	Ⅴ
马鞍山水文站	Ⅱ	Ⅲ
双河十二组	Ⅱ	Ⅲ

阿什河道外段有 2 沟、7 口、2 个点，共 10 个排放口（表 5.2）。两条沟，即两条支流，一是发源于城区东南部的支流信义沟，由西南向东北注入阿什河，其流域内小部分属于道外区，大部分归属香坊区管辖；二是发源于东部郊区的东风沟（百菜大沟），长约 13.8km，与哈同公路基本平行，自东向西注入阿什河，主要流域范围在道外区团结镇境内。另外，还有 C 厂排放口、团结镇联胜村镇中心排放口、F 公司无组织排放口等。

表 5.2　排污口情况表

入河排污口名称	监测断面	水体名称
C 厂排放口	阿什河口下	松花江哈尔滨江段
D 厂污水排放口 1	阿什河口下	松花江哈尔滨江段
D 厂污水排放口 2	阿什河口下	松花江哈尔滨江段
阿什河	阿什河口下	松花江哈尔滨江段
E 排放口	信义沟口上	阿什河
信义沟	信义沟口下	阿什河
东风沟	阿什河口内	阿什河
团结镇联胜村镇中心排放口	阿什河口内	阿什河
F 公司无组织排放口	阿什河口内	阿什河
G 排放口	阿什河口内	阿什河

5.1.3　水环境风险源

研究范围及前文的地理概况分析结果表明，阿什河流域水环境重大风险企业以石油化工企业为主，且分布比较集中。在水环境风险源初步识别的基础上，依据风险源突发事故分类方法（黄牧涛和田勇，2014），可以把控制单元水环境突发事故分为 4 类（图 5.1）。对于水环境突发事故的分类首先考虑可能对水体产生影响的事故类型，主要事故类型可分为溢油污染事故、爆炸事故、泄漏扩散事故、非正常排放事故，再通过事故类型分析哪些物质会产生这些事故，应重点考虑的物质有油类物质、易燃和易爆物质、有毒化学物质、重金属、常规废水。

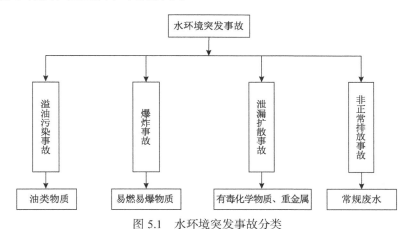

图 5.1　水环境突发事故分类

5.2　基于 Skyline 平台建立流域三维水环境

Skyline 软件是一款优秀的三维全产业链软件平台，它涵盖倾斜摄影三维建模、三维地形加工制作、三维场景制作以及三维地理信息分析等功能。Skyline 平台不仅对于三维大场景、水面特效、粒子模拟具有很好的表现能力，而且可以结合应用 ArcGIS 软件的二维矢量服务、遥感卫星影像服务以及 Sketchup 等三维建模工具所创建的精致三维模型创建逼真的虚拟场景。同时 Skyline 还提供了组件式开发模块，可以为专业领域提供订制化的服务。

本节将地形数据、河流数据以及各种复杂的地物数据在 Skyline 平台上进行表达，以建立流域三维水环境，并对其进行编辑和分析。

5.2.1　地形的三维表达

传统的地形多以等高线和 DEM 栅格图形表现，通过等高线标注高程数字或者 DEM 图形分层设色法来区别地势的高低起伏，它们是建立流域水环境三维空间重要的基础数据。在 Skyline 软件中，三维地形以 mpt 格式文件存在，它是建立在 DEM 和遥感正射影像图基础上的金字塔模型文件，可以对大场景的三维地形快速浏览，制作过程如图 5.2 所示。

图 5.2　地形生成技术流程图

5.2.2　河流数据的表达

对于线状河流，首先需要将其转换成面状河流，然后导入 Skyline 软件中的 TerraExplorer Pro 中进行拉伸处理，这样就形成了比较粗糙的三维河流模型，如果有河流深度数据，可以把深度信息关联到 shapefile 格式文件中，在 TerraExplorer Pro 中把拉伸高度设置为河流深度信息。将已经处理好的河流模型数据进行层结构转换，然后选择属性信息中的贴图并将贴图文件设置为$$WATER$$，保存并重新启动软件，然后进入贴图系统设置贴图动态效果。Skyline 动态贴图系统是以模块形式存在的，模块有大量参数需要设置，通过选择不同的参数设置不同的渲染色彩，这样就达到了动态河流的渲染效果，具体流程如图 5.3 所示。

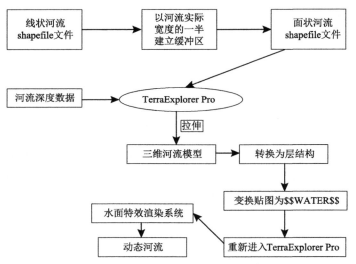

图 5.3　Skyline 平台生成水面特效技术流程图

5.2.3　多源三维模型数据

1. 三维激光雷达扫描数据

由于不同的激光雷达数据存储格式可能不同，以华南城居民点 LAS 数据为主论述创建三维居民点过程。LAS 数据主要以点云形式存在，点云中点集的数量影响三维模型的质量，点越多表达的数据越清晰，反之则越不清晰。在应用三维雷达扫描目标建筑物时，通过机载雷达和车载雷达配合，从不同的侧面进行扫描，不然会造成点云分布不均的现象，进而会影响三维模型的效果。LAS 数据首先要转换为 XPL 格式数据才能被 TerraExplorer Pro 识别，这个过程需要通过 MakeXPL 工具处理，MakeXPL 工具是 Skyline 软件提供的转换格式工具，它可以将不同格式的三维数据转换为 XPL 格式数据。转换后的数据可以关联到 shapefile 文件中，这样就将信息关联到了三维模型中，流程如图 5.4 所示。

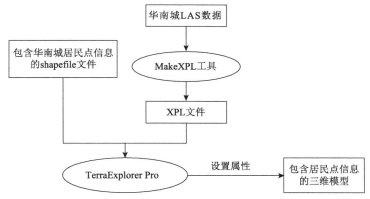

图 5.4 Skyline 平台接入雷达 LAS 数据流程图

2. 精细三维模型

以某石化公司为例论述模型建立并导入 TerraExplorer Pro 中建立三维模型，流程如图 5.5 所示。

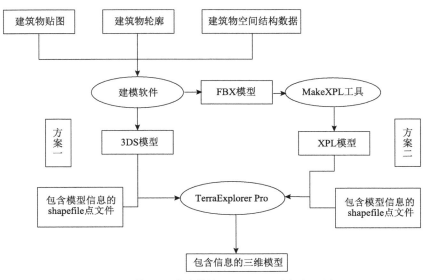

图 5.5 精细三维建模接入 Skyline 平台流程图

三维建模过程中所需的贴图和空间结构数据需要野外实地测量得到，这个工作也可以应用航空摄影测量技术，将这些数据导入建模软件中进行三维建模、渲染，然后导出为 3DS 格式和 FBX 格式，模型和贴图以文件夹形式保存，对于模型贴图，注意路径不要过于复杂，贴图文件命名不能有中文，TerraExplorer Pro 可以直接导入 3DS 文件，但需要将 FBX 文件转换为 XPL 文件，最后将模型信息文件进行关联，这样就形成了包含信息的三维模型。

5.3 水质模型与 Skyline 平台的耦合

5.3.1 水质模型

1. 水质模型概述

一维水动力及水质模型是以一维连续、运动方程及水质扩散方程为基础，离散水动力方程组时采用普列斯曼四点隐式差分格式，离散水质方程时采用隐式迎风差分格式，利用三级联解法求解水动力方程和水质方程。平面二维河流水动力及水质模型建立在曲线坐标下，运用守恒性较好的控制体积法对方程进行离散，采用 SIMPLEC 程式求解离散的方程。三维河流水动力及水质模型建立在曲线坐标系下，自由表面的模拟采用压力 Poison 方法，该方法基于二维运动量方程，采用 $\kappa\text{-}\varepsilon$ 双方程湍流模型封闭雷诺应力项，应用全坐标的坐标变换，划分完全的三维曲线网格，采用控制体积法离散方程，应用 SIMPLEC 程式求解离散方程。依据阿什河实际水文信息，由于阿什河的纵向长度、侧向长度远远大于垂向长度，模型的水力学部分采用二维水力学模型计算，而不是采用更为复杂的三维水力学模型，降低了数学计算难度和计算机运算的复杂性。

2. 基本方程

有水流瞬时点源模型方程为

$$\begin{cases} \dfrac{\partial C}{\partial t} = D_x \dfrac{\partial^2 C}{\partial x^2} + D_y \dfrac{\partial^2 C}{\partial y^2} - u_x \dfrac{\partial C}{\partial x} - u_y \dfrac{\partial C}{\partial y} - KC \quad (x>0, t>0) \\[2mm] \text{初始条件：} C(x,y,t)\big|_{t=0} = \dfrac{M}{Au_x}\delta(x)\delta(y) \qquad (x>0, y>0) \\[2mm] \text{边界条件：} \lim_{x\to\infty} C(x,y,t)=0 \quad (t>0) \end{cases} \tag{5.1}$$

式中，x 为直角坐标系水平方向位置；y 为直角坐标系竖直方向位置；D_x 为 x 方向的扩散系数；u_x 为 x 方向的扩散速度；D_y 为 y 方向的扩散系数；u_y 为 y 方向的扩散速度；t 为时间；K 为污染物降解速率常数；A 为河流断面面积；M 为点源的点质量；C 为点源污染物浓度；$\delta(x)$ 和 $\delta(y)$ 为狄克拉 δ 函数。

二维水质模型只有在稳态等特殊情况下才有解析解，在大多数情况下需要通过数值方法求解二维水质模型的数值解。对于二维水质模型可以利用有限差分法、有限体积法和有限元法进行求解，由于应用有限元法对河流自然边界进行拟合能够反映真实而复杂的河流边界，所以本章采用有限元法对水质模型进行求解。上述污染物迁移扩散方程没有考虑河流边界，导致污染物无边界扩散，对这种扩散效应需要进行河流边界的修正，在水路边界上流速为 0，该模型的解析解为

$$C(x,y,t) = \frac{M}{4\pi h t \sqrt{D_x D_y}} \exp\left[-\frac{(x-u_x t)^2}{4D_x t} - \frac{(y-u_y t)^2}{4D_y t}\right] \exp(-Kt) \qquad (5.2)$$

式（5.2）仅描述了污染物扩散达到稳定时的情况（完全混合段），在连续稳态点源释放后，在初始位置污染物浓度为 C_0，然后持续不断以该浓度向下游扩散、推流，当 t 达到足够大时，达到稳定浓度。因此虽然污染源连续稳定排放，但在非完全混合段，污染物随时空在变化。该问题实际上针对的是瞬时源连续不断释放的情况，因此对式（5.2）在时间上积分即可：

$$C(x,y,t) = \frac{C_0 Q}{4\pi h \sqrt{D_x D_y}} \int_0^t \frac{1}{t} \exp\left[-\frac{(x-u_x t)^2}{4D_x t} - \frac{(y-u_y t)^2}{4D_y t}\right] \exp(-Kt) \mathrm{d}t \qquad (5.3)$$

进行水污染事故模拟时，要在添加事故点源边界条件的同时，将模型范围内污染物浓度本底值设为 0，这样计算得到的是一次事故过程对河流造成的污染物浓度增量。此时，衰减系数和扩散系数的设定是准确模拟污染物浓度的关键，可参考以往研究成果和课题经验或者通过对历史水质数据的率定和示踪试验来确定。

3. 坐标转换

上述模型的位置参数是以平面直角坐标系为基础的，而三维 GIS 所表达的地理信息往往是以球面坐标系为基础的，并且具有很高的精度。水污染突发事件模拟的地理尺度通常比较大，需要完成球面坐标与直角坐标转换。

假设目标地理坐标系经纬度为 λ、ψ，某地直角坐标系原点的地理坐标为（λ_0、ψ_0），该平面直角坐标系为坐标（λ_0、ψ_0）处的切平面，正北为 X 轴，正东为 Y 轴。本章三维水环境构建选取的是高斯-克吕格投影，也就是已知 λ、ψ，求解 x、y，高斯-克吕格投影公式如下：

$$\begin{aligned} x = \Delta S &+ \frac{N}{2}\sin\psi\cos\psi\lambda^2 + \frac{N}{24}\sin\psi\cos^3\psi(5 - g^2 + 9\eta^2 + 4\eta^4)\lambda^4 \\ &+ \frac{N}{720}\sin\psi\cos^5\psi(61 - 58g^2 + g^4)\lambda^6 \end{aligned} \qquad (5.4)$$

$$\begin{aligned} y = N\cos\psi\lambda &+ \frac{N}{6}\cos^3\psi(1 - g^2 + \eta^2)\lambda^3 \\ &+ \frac{N}{120}\cos^5\psi(5 - 18g^2 + g^4 + 14\eta^2 - 58g^2\eta^2)\lambda^5 \end{aligned} \qquad (5.5)$$

式中，ψ 为地理坐标系经度（0°，90°）；λ 为地理坐标系纬度（0°，90°）；$N = \dfrac{a}{\sqrt{1-e^2\sin^2\psi}}$；$a = 6378245\text{m}$，为地球长半轴；$e^2 = 0.006693$，为地球扁率；$\eta = \dfrac{e}{1-e^2}\cos\psi$；$\Delta S = S(\psi) - S(\psi_0)$，其中，

$$S(\psi) = a(1-e^2)(\frac{A}{\rho} - \frac{B}{2}\sin 2\psi + \frac{C}{4}\sin 4\psi) \tag{5.6}$$

将式（5.3）～式（5.6）联立，就能得到 $(x, y) \rightarrow (\lambda、\psi)$ 的转换关系。值得注意的是，这里的经纬度参数 ψ、λ 代表的是多少度，而不是度、分、秒这种表达，在实际应用中如有可能还需要进一步转换。

5.3.2 水质模型与 Skyline 平台的耦合

对于水质模型结果输出的连续污染物浓度场，可以利用网格剖分技术对其进行离散化，以离散的网格点作为连续空间的控制点，从而将污染物浓度场和地理空间一一对应起来，这是水质模型和 Skyline 平台耦合的基础。

1. 河流的离散化

采用不规则网格来对河流进行离散，基于 MATLAB 软件中的 PDE 工具箱可以对偏微分方程进行有限元求解，也能够对不规则区域进行三角剖分。因为河流边界是由一系列节点组成的线段，所以利用 MATLAB 剖分函数[p, e, t]=initmesh，对河流进行离散化剖分，函数中 p 表示剖分的三角形坐标信息，矩阵 e 表示剖分后的三角形边信息，initmesh 表示需要进行剖分的几何体，矩阵 t 表示剖分后的三角形信息。

将三角剖分的三角形节点坐标信息和浓度信息（表 5.3）保存到数据库中，就可以在 Skyline 平台中进行可视化表达。

表 5.3　三角剖分数据表

字段	名称	类型
GRIDID	节点编码	Number
PeakcoorX	X 坐标	Number
PeakcoorY	Y 坐标	Number
Concentrate	浓度	Number

2. 水面特效可视化系统

从宏观的角度来看，污染物在水体中的迁移转化都表现在水面的光影变化上。Skyline 软件中的水面特效的基本属性见表 5.4。

表 5.4　**Skyline 平台水面特效系统参数表**

属性名	含义
Opacity	透明度
Bump Scale	规模
Texture Repate	重复纹理
Bump Speed	速度
Fresnel	反射
Deep Color	深层色
Shallow Color	浅层色
Reflection Tint	反射色

可以利用水面特效系统对污染物迁移过程中的浓度场进行可视化渲染，所以需要建立污染物浓度场和水面特效系统间的函数关系，即

$$C(x, y, t_{污}) \rightarrow P(x, y, O, BS, TR, BPS, F, DC, SC, RT) \qquad (5.7)$$

式中，$C(x, y, t_{污})$ 为 $t_{污}$ 时刻在坐标 (x, y) 处的浓度值；$P(x, y, O, BS, TR, BPS, F, DC, SC, RT)$ 为 (x, y) 位置的水面特效渲染结果。

污染物浓度可视化构建以污染点坐标、浓度、事件段为基础数据，通过色彩变换函数，构建特定计算时间段污染物浓度，进而结合三维软件特效技术进行渲染，每个时间段的计算结果对应一次渲染过程。

3. 污染物浓度色带

经多次测试实验，水面特效渲染系统中深层色（SC）对水面特效的色彩可视化效果影响大，所以针对 SC 设计了浓度色彩变换函数。值得指出的是，由于不同污染物的浓度危害区间不同，所以本章设计的污染物浓度色带不具有普适性。SC 变换函数为式（5.8）~式（5.10）。

当 $0 < C \leqslant 40$ 时，有

$$\begin{cases} r = 210 \\ g = 80 + 4.625h \\ b = 85 \end{cases} \qquad (5.8)$$

当 $40 < C \leqslant 80$ 时，有

$$\begin{cases} r = 210 - 4.625(h - 40) \\ g = 230 \\ b = 80 + 4.625(h - 80) \end{cases} \qquad (5.9)$$

当 80<C<100 时，有

$$\begin{cases} r = 85 \\ g = 230 \\ b = 80 + 4.625(h-80) \end{cases} \tag{5.10}$$

式中，C 为浓度值（mg/L）；r 为 SC 中红的灰度值；g 为 SC 中绿的灰度值；b 为 SC 中蓝的灰度值。

污染物浓度可视化色带如图 5.6 所示。

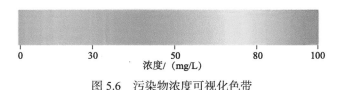

图 5.6　污染物浓度可视化色带

5.4　河流水污染突发事件模拟系统的设计

5.4.1　系统需求分析

阿什河一直都是哈尔滨市政府治理的重要水体之一，阿什河香坊区出境断面信义沟口上为 V 类水质，道外区出境断面阿什河口内断面为劣 V 类水质，是臭名昭著的黑臭水体。2013 年以来，实施阿什河流域河段长考核，定期通报各行政区界出境断面水质情况。2016 年哈尔滨市政府成立了阿什河综合执法整治工作领导小组，启动了对曹家沟、东风沟黑臭水体的整治。而阿什河沿岸存在着大量的石油化工企业，依然严重地威胁着阿什河流域的水体环境。

2016 年，哈尔滨市生态环境局建立了哈尔滨市环境会商系统，通过各部门会商可以及时地了解哈尔滨市的环境状态，并可及时作出应急指挥部署工作，另外，多屏拼接的电子大屏显示环境状态，具有很好的可视化效果，这也对环境状态显示技术提出了更高的要求。利用三维 GIS 技术、水质模型模拟技术、数据库技术构建一个集水环境风险源管理功能、事故模拟功能、应急指挥功能于一体的系统，可以全面提升环境应急管理效能。同时，环保应急部门开展以检验预案为目的的环境应急演练经常耗费大量的人力物力，河流水污染突发事件模拟系统能够参与桌面推演，以三维 GIS 技术为基础演示突发事件情景再现，检验应急预案的合理性。

5.4.2　系统设计原则

1. 系统稳定性

要求系统软硬件整体及其功能模块具有稳定性，在各种不利情况下，系统仍能保障运行。

2. 系统可靠性

要求系统数据维护、查询、分析、计算的正确性和准确性。

3. 易于维护性

要求系统的数据、业务以及涉及电子地图的维护方便、快捷。

4. 数据精确度

系统涉及不同类型的数据，数据从采集、检验、录入、上报到入库，会经过多种工序，要保证数据精度需要。在数据处理过程中，系统对地形数据、模型运算等的精度有一定要求，如地形数据在采集过程中的精度，以及模型输入、输出数据精度等。

5.4.3　系统总体设计

系统在逻辑结构上表现为四层：数据库系统层、应用服务中间件、功能层、表现层。其中数据库系统层涵盖软件设计的所有业务数据、空间信息数据、三维模型数据。应用服务中间件定义了不同软件之间的数据接口，不同软件之间的互操作、不同格式数据间的链接需要这个中间层。功能层包含系统所有功能的设计。表现层是系统的最终结果展现平台，所有污染事故模拟结果在表现层表达，如图 5.7 所示。

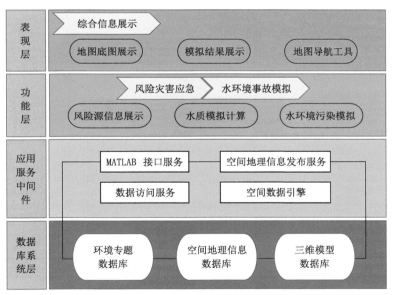

图 5.7　系统总体结构

本系统采用多平台耦合方式开发，即 Skyline、MATLAB、MySQL、VS.NET 平台结合的方式。Skyline 平台能够建立虚拟现实场景并提供一些模拟自然天气的功能，通过粒子系统也可以模拟出污染物喷射的效果，然而这些模拟往往不具有科学性，这些软件也不提供科学化的数学模型，水质模拟的数学模型多含有偏微分方程，模型十分复杂，用传统的高级编程语言来求解十分复杂，要解决这些问题需要在三维软件的基础上结合科学化的数字软件 MATLAB 进行进一步的联合开发工作。Skyline 软件提供了许多 COM 组件，利用这些组件结合 VS.NET 平台可以开发定制化的三维系统，MATLAB 软件计算模型也可以通过命令转换为组件形式，这样就可以将水质模型和 Skyline 软件平台进行耦合。

5.4.4 数据库设计

基础地理信息数据为数字线划地图（DLG）和卫星遥感影像，能够表达水环境的空间位置和结构信息，也可以关联一些属性信息（图 5.8）。节点数据集有居民点（市、县级市、地区和县等）、风险源企业、污水处理厂（进水口）、基础站点（水文站等）、排污口等。弧段数据集有交通（国道、省道、铁路和高速公路）、地形等高线。弧面数据集有行政区（省界、地市界、县界和县级行政区）、河流（一级河流、二级河流、三级河流、四级河流）、湖泊、水库、水利设施（河流监测断面）、排水管线等（表 5.5），这些数据通常采用 shp 格式存储，Skyline 软件中的 TerraGate 可以对这些数据进行网络发布。

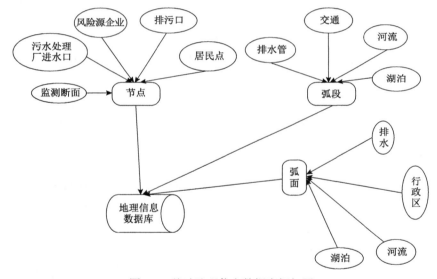

图 5.8 基础地理信息数据库框架图

表 5.5 部分地理信息表

序号	数据层内容	图层内容	图层名称	类型
1	居民点	副省级市	FSJS	Point
		县及县级市	XJXJS	Point
		地区	DQ	Point
2	基础站点	水文站点	SWZD	Point
3	水源地	水源地	SYD	Point
4	排污口	污水排放口	PWK	Point

续表

序号	数据层内容	图层内容	图层名称	类型
5	风险源企业	风险源企业	FXYQY	Point
6	交通	国道	GD	Polyline
		省道	SD	Polyline
		铁路	TL	Polyline
7	地形	等高线	DGX	Polyline
8	行政区界	省界	SJ	Polygon
		地市界	DSJ	Polygon
		县界	XJ	Polygon
		县级行政区	XJXZQ	Polygon
9	河流	干流河流	YJHL	Polygon
		支流河流	EJHL	Polygon
10	水库	水库	SK	Polygon

环境专题属性数据库包括社会经济数据、水文数据、风险源信息数据、危险物品数据，采用关系型数据库对这些数据进行存储，数据库系统软件选择 MySQL 5.5，建立 E-R 模型对数据库逻辑结构进行设计，环境专题属性数据库总体架构如图 5.9 所示。

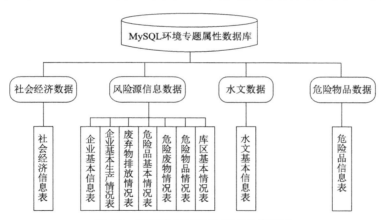

图 5.9　环境专题属性数据库总体架构

社会经济信息数据：对水系流经区域行政区名称、地理坐标、人口数、脆弱人口数、地图、GDP 等信息进行录入维护。社会经济数据见表 5.6。

表 5.6　社会经济数据表

序号	字段名称	字段代码	字段类型	字段长度	约束条件
1	行政编码	CODE_REGION	VARCHAR2	10	O
2	行政区名称	RGIONNAME	VARCHAR2	20	M
3	地理经度	RGIONLONGITUD	NUMBER	10.2	M

续表

序号	字段名称	字段代码	字段类型	字段长度	约束条件
4	地理纬度	REGIONLATITUD	NUMBER	10.2	M
5	人口数	POPULATION	NUMBER	8.2	M
6	组织机构代码	ENTER_CODE	VARCHAR2	20	M
7	行政区生产总值	GDP	NUMBER	8.2	M

水文数据：对水系流经区域的断面名称、长度、宽度、河底粗糙度等信息进行录入维护。建立完善的水文数据库主要为数值模拟系统所调用。水文数据结构见表5.7。

表 5.7 水文数据表

序号	字段名称	字段代码	字段类型	字段长度	约束条件
1	断面名称	NAME	VARCHAR2	20	O
2	控制城市	CITY	VARCHAR2	20	M
3	长	RLONG	NUMBER	8.2	M
4	宽	RWIDE	NUMBER	8.2	M
5	水深	DEPTH	NUMBER	8.2	M
6	坡降	SLOPE	NUMBER	8.2	M
7	底部粗糙度	BOTTOMROUGHNESS	NUMBER	8.2	M
8	有机体的浓度	ORGSOCONCENTRATIO	NUMBER	8.2	M

风险源信息数据：主要对企业基本信息、企业基本生产情况、库区基本情况、企业危险品使用情况、废弃物排放情况等进行录入维护。风险源信息库数据结构及其表关系如图5.10所示。

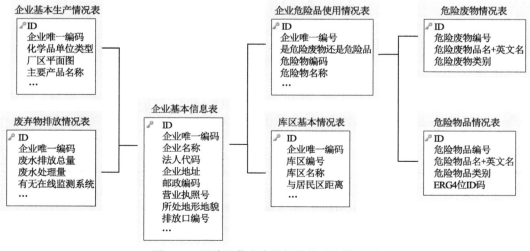

图 5.10 风险源信息库数据结构及表关系图

企业基本信息表（表 5.8）：该表主要是对企业名称、地理位置、行业类别等信息进行录入维护。

表 5.8　企业基本信息表

序号	字段名称	字段代码	字段类型	字段长度	约束条件
1	企业组织机构代码	ENTERCODE	VARCHAR2	20	O
2	企业名称	ENTERNAME	VARCHAR2	60	M
3	中心经度	LONGITUDE	NUMBER	6.2	M
4	中心纬度	LATITUDE	NUMBER	10.2	M
5	排放口编号	OUTCODE	VARCHAR2	10	M

企业基本生产情况表（表 5.9）：该表只要对企业的主要生产产品、辅助原材料和生产废物等信息进行录入维护。

表 5.9　企业基本生产情况表

序号	字段名称	字段代码	字段类型	字段长度	约束条件
1	组织机构代码	ENTERCODE	VARCHAR2	20	O
2	企业名称	ENTERNAME	VARCHAR2	60	M
3	年生产能力	ANNUALPROCAP	NUMBER	16.2	M
4	生产产品	ENTERPRODUCTION	VARCHAR2	200	O
5	辅助原材料	MATERIAL	VARCHAR2	200	O
6	生产废物	WASTE	VARCHAR2	200	O

企业危险品使用情况表（表 5.10）：该表主要对企业的危险品使用情况进行录入维护。

表 5.10　企业危险品使用情况表

序号	字段名称	字段代码	字段类型	字段长度	约束条件
1	企业组织机构代码	ENTERCODE	VARCHAR2	20	O
2	企业名称	ENTERNAME	VARCHAR2	60	M
3	是危险物品还是危险废物（0 是危险物品；1 是危险废物）	ISHAZARDOUSGOR	VARCHAR2	1	M
4	危险物编码	HAZARDOUSCODE	VARCHAR2	20	O
5	危险物名称	HAZARDOUSNAME	VARCHAR2	20	M

废弃物排放情况表（表 5.11）：该表主要对企业废物名称、浓度、性质等信息进行录入维护。

表 5.11　废弃物排放情况表

序号	字段名称	字段代码	字段类型	字段长度	约束条件
1	企业组织机构代码	ENTERODE	VARCHAR2	20	O
2	废水排放总量（单位：吨/年）	EFFLUENTDISQUA	NUMBER	8.2	M
3	排污口经度	OUTLONGITUDE	NUMBER	10.2	M
4	排污口纬度	OUTLATITUDE	NUMBER	10.2	M
5	企业废物名称	ENTERWASTE	VARCHAR2	20	O
6	浓度	CONCENTRATION	NUMBER	8.2	M
7	性质	NATURE	VARCHAR2	20	O

库区基本情况表（表 5.12）：该表主要对库区位置、容量、所存物质等信息进行录入维护。

表 5.12　库区基本情况表

序号	字段名称	字段代码	字段类型	字段长度	约束条件
1	企业组织机构代码	ENTERCODE	VARCHAR2	20	O
2	经度	STLONGITUDE	VARCHAR2	10.2	M
3	纬度	STLATITUDE	NUMBER	10.2	M
4	与居民区距离	SRDISTANCE	NUMBER	10.2	M
5	库区占地面积	STAREA	NUMBER	10.2	M
6	库房个数（单位：个）	STORENUM	NUMBER		M
7	所存物质	STORAGE	VARCHAR2	20	O

危险物品情况表（表 5.13）：主要按国标对危险物品名称和品名编号等信息进行录入维护，为本子库提供危险物品基本信息。

表 5.13　危险物品情况表

序号	字段名称	字段代码	字段类型	字段长度	约束条件
1	危险物品编号	HAZARDOUSG_COD	VARCHAR2	5	O
2	危险物品名+英文名	HAZARDOUSGNAM	VARCHAR2	20	M
3	危险物品类别	HAZARDOUSGTYPE	VARCHAR2	5	M
4	ERG4 位 ID 码	ERG4ID	VARCHAR2	5	M

危险废物情况表（表 5.14）：主要按国标对危险废物名称和品名编号等信息进行录入维护，为本子库提供危险废物基本信息。

表 5.14　危险废物情况表

序号	字段名称	字段代码	字段类型	字段长度	约束条件
1	危险废物编号	HAZARDOUSW_CODE	VARCHAR2	5	O
2	危险废物品名+英文名	HAZARDOUSWNAME	VARCHAR2	20	M
3	危险废物类别	HAZARDOUSWTYPE	VARCHAR2	5	M

危险物品属性表是按国标危险物品储存通则，对常用危险物品的出入库、储存临界量及养护情况进行录入维护。建立完善的危险物品库主要为数值模拟系统所调用。常见危险物品储存结构见表 5.15。

表 5.15　常见危险物品储存表

序号	字段名称	字段代码	字段类型	字段长度	约束条件
1	危险物品编号	CN	VARCHAR2	5	O
2	危险物品名称	HAZARDOUSGNAME	VARCHAR2	60	M
3	化学式	FORMULA	VARCHAR2	60	M
4	分子量	WEIGHT	NUMBER	8.2	M
5	危险特性	FEATURES	VARCHAR2	60	M
6	包装	PACKAGING	VARCHAR2	60	M
7	储存条件	STORECONDITIONS	VARCHAR2	60	M
8	保管期限（年）	RETENTIONPERIOD	VARCHAR2	16	M
9	注意事项	NOTES	VARCHAR2	60	M
10	危险物质临界量	THRESHOLDQUANTIT	NUMBER	8.2	O

建立三维水环境必然涉及大量的三维模型数据，这些数据一部分来自地理信息二维数据的拉伸表达，如二维面状河流拉伸为三维河流，另一部分需要进行专业三维建模（表 5.16），如风险源企业、污水处理厂、排污口，还可以通过 Skyline 软件自动生成，如排水管线。这些数据通常需要经过 Skyline 软件中的转换工具变为 XPL 格式数据，XPL 格式数据可以增加数据的显示效率，对于大尺度的三维场景显示有较好的优化作用，这些数据存储在文件中，可以通过 Skyline 软件平台的 TerraGate 进行网络发布。

表 5.16 部分三维模型数据表

数据层内容	数据层名	数据内容	类型
风险源企业模型	FXYQYMX	三维结构，贴图等	XPL
污水处理厂模型	WSCLCMX	三维结构，贴图等	XPL
排污口模型	PWKMX	三维结构，贴图等	XPL
排水管网模型	PSGWMX	三维结构，贴图等	XPL

5.4.5 系统功能设计

综合水环境突发事件模拟系统所涉及的各个环节，系统设计功能主要包括三维场景漫游功能、图层控制功能、空间查询和定位功能、突发事故模拟推演功能、水质模拟功能，如图 5.11 所示。

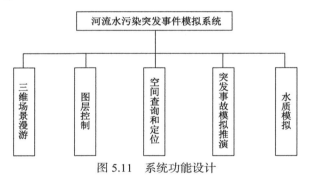

图 5.11 系统功能设计

1. 三维场景漫游功能

该功能包含流域三维场景的浏览、比例缩放、漫游以及地上地下模式切换，供所有用户使用。

用户通过鼠标和键盘方向键控制地图的浏览、缩放、漫游等。系统显示不同比例、不同位置的地图供用户查看。

可通过拉动鼠标实现场景的任意角度旋转，也可以绕屏幕或模型本身的 X、Y、Z 方向进行旋转。可开启地下模式浏览地下排水管线的分布情况，如图 5.12 所示。

图 5.12 地下功能模式

2. 图层控制功能

选择显示管网、道路、水系等不同图层。设置系统图层可见性、图层的符号样式等内容。

用户可以使用鼠标选择显示管网地图的不同图层。系统按照用户选择的图层显示管网地图的一个或多个图层，如管网、附属物、街道、标志物等。

3. 空间查询和定位功能

系统提供了多种方式的水环境信息查询方式：按名称查询、按地址查询、按关键字查询、按区域查询、组合查询等。对各种查询结果系统采用统一的处理方式，查询结果单一，对象的图形能够定位。

4. 突发事故模拟推演功能

该功能对水环境突发事故进行情景推演展示，配合桌面推演达到检验应急预案的目的。当用户单击鼠标左键时触发该功能，记录用户制作的突发事件情景和用户在三维场景中的运动路线，设置完毕后再次单击该功能按钮即可将预设好的水污染突发事件情景展示出来，如图 5.13 所示。

图 5.13　突发事故模拟推演功能

5. 水质模拟功能

水质模拟功能采用系统化设计方法将污染模拟的各个过程分解，同时需要考虑较好的人机交互性。其主要包括设置排污点、选择水质模型、输入相关参数、模拟计算、结果展示五个过程，如图 5.14 所示。

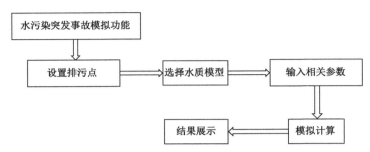

图 5.14　水污染突发事故模拟功能流程

　　首先应该设置排污点，输入经纬度，坐标会被记录起来，并以坐标为原点，以 10m 为半径搜索附近的河流情况，将搜索到的河流边界和坐标点数据传到水质模型中，然后选择污染模式，污染模式分瞬时排放污染源和持续排放污染源，持续排放污染源会有排放时间，分别带入相关的计算模型进行计算，计算模型采用 MATLAB 开发，计算结果将以数值矩阵存在，将结果传入 Skyline 软件中，并调用水面特效系统模块进行三维渲染，渲染结果将以时间为单位存储在图层界面中，如有需要可以调用 Skyline 软件中的时间模块进行动态展示，如图 5.15 所示。

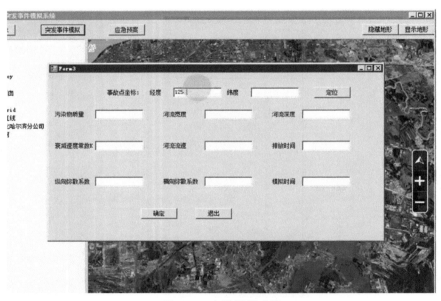

图 5.15　水质模拟功能

　　MATLAB 软件编程水质模型，将编程好的水质模型以.M 格式的文件存储，然后在 MATLAB 软件命令窗口中输入 deploy 命令，进入 MATLAB 模块。这样基于 MATLAB 开发的水质模型就会以组件的形式导入.NET 平台中。Skyline 软件的 COM 组件在安装时就会被添加到.NET 平台中，由于前期的坐标转换工作已经完成，所以水质模型的计算结果是以数值矩阵形式存在的，这些计算结果也会带有空间坐标，在.NET 平台中调用 Skyline 组件中的 CreateEffect 接口创建粒子系统特效进行模拟，这样就实现了 Skyline

软件和 MATLAB 软件的联合编程工作。

5.5　情　景　模　拟

5.5.1　事故模拟

本章选择某石化分公司为对象，模拟储油罐起火泄漏了一定质量的苯污染物，排放时间为 30min，该污染物通过公司污水排水管进入河流并对河流造成了污染。苯密度小于水且难溶于水，应漂浮在河流上，不易水解，但具有挥发性。充分考虑阿什河河段气象条件和温度情况，将常数 K 设定为 2.4/d。现场监测发现在入河排污口处形成的污染物初始浓度为 $C_0=100g/L$，该污染物是重毒性污染物质，空气中该污染物浓度含量大于一定数值时就会对人类健康造成威胁，河流的纵向流速为 1.5m/s，横向流速为 0.5m/s，纵向扩散系数为 $5m^2/s$，横向扩散系数为 $1m^2/s$，河流平均宽度为 40m，水深为 4m，河流流量为 $25m^3/s$。模拟时段为 1h，水质模型计算频率为 10min 一次。利用基于 Skyline 平台开发的河流突发事件模拟系统对上述水污染突发事件全过程进行了模拟,在事故点某石化公司罐体处设置粒子效果模拟火灾，如图 5.16 所示；监测发现排污口污染物排放异常，需要启动地下模式查询该公司排污管线，发现该公司排污管线直通向受体河流，在排污口处设置粒子效果模拟污染物喷射过程，如图 5.17 所示；污染物进入河流中随水流迁移，启动水质模拟模块对污染物迁移转化扩散进行模拟，如图 5.18～图 5.21 所示。

本次污染模拟共历经 60min，污染最长距离为 1.605km。如图 5.21 所示，60min 后河流中污染物降解完毕，河流恢复初始状态；如图 5.18～图 5.19 所示，在模拟 30min 内，污染物连续不间断地排入河流，造成河流污染物累积，河流中的污染物浓度最高达到 100g/L，污染物随水流向下游迁移，河流污染段距离延长，高污染河段也持续增长；如图 5.20 所示，30min 后污染物停止排入河流，河流中的污染物浓度迅速下降，污染物继续迁移，污染河段继续增长，40min 时，污染物已到达信义沟口下监测断面，此时河流中该污染物浓度最高达到 60g/L。

图 5.16　起火过程模拟

图 5.17　排污过程模拟

图 5.18   10min 时浓度分布

图 5.19   30min 时浓度分布

图 5.20   40min 时浓度分布

图 5.21   60min 时浓度分布

5.5.2   事故风险分析

急性暴露指导水平（AEGLs）由美国环保局（EPA）制定，美国国家研究理事会（National Research Council）提供了最终评估（郭劲松等，2002）。AEGLs 代表普通公众的暴露阈值，分为 3 种水平，每种水平给出 5 个暴露周期（10 min、30 min、1 h、4 h、

8 h）的指导浓度，如表 5.17 所示。

AEGL-1：空气中物质的浓度达到这一水平，普通人群（包括敏感个体）出现明显的不适、刺激，或者某些无症状、无感官影响，但是影响不会导致失能，只是暂时性的，停止暴露后可以恢复。

AEGL-2：空气中物质的浓度达到这一水平，普通人群（包括敏感个体）出现不可逆的或其他严重、长时间的不良健康影响或者削弱了逃生能力。

AEGL-3：空气中物质的浓度达到这一水平，普通人群（包括敏感个体）生命受到威胁或者死亡。

AEGL 适用于一般公众，包括婴儿、儿童、老年人、气喘病人和其他病人等敏感人群。截至目前，具有 AEGLs 阈值标准的有 50 种物质（2009 年 5 月 4 日数据），另外 33 种物质有委员会的推荐值，还没有最终确认。

表 5.17　苯污染物的急性暴露指导水平　　　（单位：mg/L）

污染物名称	急性暴露指导水平	10min	30min	60min	4h	8h
	AEGL-1	130	73	52	18	9
苯(benzene)	AEGL-2	2000	1100	800	400	200
	AEGL-3	—	5600	4000	2000	990

注：—表示没有数据。

由于苯污染物具有挥发性，所以存留在河流中的苯污染物会对沿岸的居民产生较大影响，本章将空气中的污染物浓度设定为该时段河流中污染物浓度的千分之一，并对受污染河流河段以 250m 为半径进行缓冲区分析，将结果与该区域受体数据进行叠加，可以粗略预测此次事故的危害，见表 5.18。

表 5.18　企业受苯污染物挥发影响分析结果

企业名称	与河流最短距离/m	受影响时间/min	最高浓度/(mg/L)	急性暴露指导水平
H公司	215	50	100	AEGL-1
I公司	180	30	60	—
J公司	170	40	80	AEGL-1
K公司	215	20	40	—

注：—表示没有数据。

由上述分析可知，此次苯污染物泄漏事故可能会造成沿岸企业受到苯污染物的影响。其中 H 公司和 J 公司员工能够达到急性暴露指导水平中的 AEGL-1 标准，即敏感个体出现明显的不适、刺激，或者某些无症状、无感官影响，但是影响不会导致失能，只是暂时性的，停止暴露后可以恢复，I 公司和 K 公司员工受到的影响不会有那么严重，但是也会受到污染物泄漏事故的影响。

结合三维 GIS 技术对事故进行研究具有很强的针对性，并能够达到较好的可视化效果，在前人研究成果的基础上，应用最新的三维 GIS Skyline 平台对河流突发水污染事故进行了模拟，主要结论如下。

河流流域尺度很大，建立流域三维水环境时应充分搜集河流流域范围内各种空间数据和水环境数据，在模拟流域内河流污染物污染时还要考虑气象数据，这些数据体量巨大且十分复杂，需要建立不同的数据库进行存储。

污染物的二维迁移转化方程的位置信息基于平面直角坐标系，在进行大尺度的流域三维模拟时需要利用投影转换方法对方程进行坐标修正。水质模型与 Skyline 平台的耦合需要对河流进行离散化处理，应用水面特效可视化系统对河流污染情况进行渲染时需要设计污染物可视化色带。

开发的水环境三维模拟系统涉及很多平台，这些平台的耦合需要在软件开发平台的支持下以 COM 组件化的方法进行链接。

在对污染事故进行模拟推演时，需要充分考虑事故的发生、发展和结果。污染物在河流中迁移扩散，应科学计算得出受污染河流河段污染物的时空分布，可以利用 GIS 对事故风险进行评估。

在本章研究中，随着研究的深入，发现许多不足，主要集中在以下几个方面。

本章的模型参数采用经验公式计算所得，不同类型的污染物在不同河流中的迁移过程不同，所适应的数学模型也不同，应针对不同的污染物类型和河流情况设计迁移数学模型。所设计开发的数学模型由 MATLAB 平台实现，降低了系统的耦合性，以后的研究应尝试独立开发数学模型。

污染浓度可视化过程中所应用的 Skyline 平台水面特效系统参数有很多，本章只是讨论了数学模型与水面特效系统中深层色的转换关系。以后的研究应继续讨论其他参数的转换关系。

第6章　基于WebGIS的松花江哈尔滨段水质监测与评价系统

6.1　概　　述

《2014 年黑龙江省环境状况公报》显示，松花江水质状况为轻度污染，主要污染指标为化学需氧量、高锰酸盐指数、总磷和氨氮。目前哈尔滨市环境管理行政部门没有基于空间数据结合监测数据对松花江哈尔滨段流域进行信息化管理的专门软件，针对松花江水质的监测仍采用定期现场采样、实验室分析的人工方法，没有形成持续、完整的水质信息数据库，这种人工抽查式的监测方法虽然可以精确地测出每一个监测断面的水质各项参数，但数据整合困难、人工分析耗时长，不能及时、准确获得水质分析评价结果（Li，2015），也不能给出水质评价指标在空间和时间上的分布状况，所以不能达到我国环境监测与评价的发展要求。本章建立了一个基于 WebGIS、运行于 Internet 的水质监测与评价系统，该系统可极大地方便用户应用地理信息服务方式解决时空化快速查询流域及水质相关信息问题，并能够在线快速获得断面水质评价结果，将该结果同遥感卫星手段水质监测相结合服务于科研人员、政府部门和公众（郭华东，2002），为松花江哈尔滨段水环境科学规划提供评价数据，为区域环评、工农业项目审批提供智能化管理与决策支持。

6.2　系　统　技　术

6.2.1　WebGIS 技术

本系统基础平台采用 L 公司自主研发的 MAPZONE 地理信息基础软件产品，分别采用 MAPZONE Server 地图服务引擎和 MySQL 数据库提供地图服务和数据服务。在软件开发中采用 JavaScript 作为前端开发语言，通过引用地图服务并采用 OpenLayers 开源框架（脚本语言为 JavaScript）实现地图的展现与查询交互。软件系统的水质评价模型算法内嵌在系统中，应用 WebService 技术可在客户端提交请求给 Web 服务器，通过在服务器调用模型算法提供水质评价服务，这样客户端不需要安装其他插件就可以获得大型服务器才能提供的水质评价服务。

6.2.2　水质评价方法

本系统采用的水质评价算法为水污染指数法，水污染指数法就是对各污染指标分指数经过不同方法的数字运算得到一个综合指数，以此来对河流水污染状况进行综合评述（张莹等，2015）。该方法基于单因子评价法的评价原则，依据水质类别与 WPI 值对应表（表 6.1），用内插方法计算得出某一断面每个参加水质评价项目的 WPI 值，取最高 WPI 值作为该断面的 WPI 值。

表 6.1　水质类别与 WPI 值对应表

项目	I 类	II 类	III 类	IV 类	V 类	劣 V 类
WPI 范围	0<WPI≤20	20<WPI≤40	40<WPI≤60	60<WPI≤80	80<WPI≤100	WPI > 100

未超过V类水限值时指标 WPI 值的计算公式为

$$WPI(i) = WPIl(i) + \frac{WPIh(i) - WPIl(i)}{Ch(i) - Cl(i)} \times (C(i) - Cl(i)) \quad Cl(i) \prec C(i) \leqslant Ch(i) \quad （6.1）$$

式中，$C(i)$ 为第 i 个水质的监测浓度值；$Cl(i)$ 为第 i 个水质所在类别标准的下限浓度值；$Ch(i)$ 为第 i 个水质所在类别标准的上限浓度值；$WPIl(i)$ 为第 i 个水质所在类别标准下限浓度值所对应的指数值；$WPIh(i)$ 为第 i 个水质所在类别标准上限浓度值所对应的指数值；$WPI(i)$ 为第 i 个水质所对应的指数值。

此外，根据《地表水环境质量标准》（GB 3838—2002），两个水质等级的标准值相同时，则按低分数值区间插值计算（陈仁杰等，2009）。

超过V类水限值的指标 WPI 值的计算公式为

$$WPI(i) = 100 + \frac{C(i) - C5(i)}{C5(I)} \times 40 \quad （6.2）$$

式中，$C5(i)$ 为第 i 个水质项目中V类标准浓度限值。

6.3　数据库系统

基于 WebGIS 的松花江哈尔滨段水质监测与评价系统的数据库包括空间地理数据库和业务属性数据库（吕超寅，2006）。数据存储在 MySQL 数据库中，采用 MAPZONE

平台配套的数据引擎工具 MZGSQL FOR Mysql 作为 GIS 通道进行数据的导入。通过平台数据层 Hibernate 框架实现数据的交互。在整体数据中空间地理数据库包含哈尔滨市建成区高清遥感影像数据、矢量地图数据、国控监测断面监测数据、断面空间数据。业务属性数据库包含哈尔滨市环境状况信息、水文信息、监测点信息以及全市水环境相关的工业企业信息（马欢，2006）。数据库结构见图 6.1。

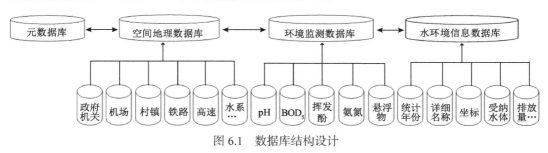

图 6.1　数据库结构设计

6.4　系 统 构 建

6.4.1　系统功能需求

水质预测与评价软件系统包括地图服务部分、Web 软件工程部分、业务及管理数据库部分。核心功能如下。

1. 专题图层展示功能

该系统不仅可以展示基础地图，还可以通过图层控制的方式显示专题地图数据，包括国控断面、污水处理厂、主要高速公路等。

2. 水质信息查询功能

该功能将水质信息进行存储并通过列表进行展示，并可对信息进行新增、修改、删除、导出。

3. 水质预测功能

该功能在给定流域内各排污口 COD 或者 NH₃-N 排污负荷变化额度的前提下，预测控制单元内各国控断面该污染物的浓度。预测结果可结合地理信息直接展示或者业务化输出。

4. 水质评价结果展示功能

该功能将水质评价结果同地理信息相结合，通过对流域水质进行分级渲染展示水质评价结果，加载绘制的功能图后进行展示。

6.4.2　系统设计

　　基于 WebGIS 的松花江哈尔滨段水质监测与评价系统解决了根据松花江哈尔滨段水质监测数据不能快速进行分析评价及多样化、图形界面化展示的问题。系统开发了基于多源数据的地理信息展示平台，实现了项目研究范围内不同来源、不同范围、不同数据格式空间及业务属性数据的统一存储与管理应用（孙钰等，2014）。

　　为了系统能够通过统一的水质评价方法快速地对监测水质数据进行分析评价，以及实现系统能够通过多种数据图层展示监测水质评价结果的可视化表达，多源数据的标准划分为空间数据标准化和非空间数据标准化两个方面：一是通过统一多源空间数据的参考坐标系统，使各种数据能够在统一的空间参考下使用和分析；二是制定统一、完整的多源非空间数据结构，建立数据出入数据库接口标准。在此基础上支撑系统软件功能的业务化应用。对算法模型整合，通过软件系统统一以功能的形式对外提供水质评价算法服务，系统将针对水质评价模拟计算的水污染指数法进行编程并同系统结合，调取水质监测数据通过模型在线计算评价结果，并可通过 WebGIS 技术依据水质评价结果渲染河段，获得评价结果展示图（张洪吉，2008）。以此服务方式可为科研人员、政府部门提供科学的水质评价结果服务。结合系统提供的水质监测点监测数据和水质评价标准实现控制单元内水质的快速评价与展示功能（图 6.2）。

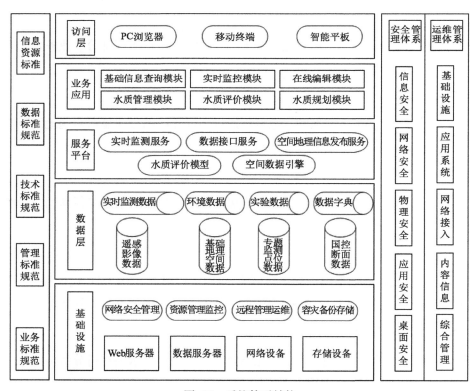

图 6.2　系统体系结构

6.4.3　系统服务与导航

软件平台加载并显示地图服务引擎发布的各种地图图层，并提供影像政区服务的切换、图层的控制、地图的导航、专题图层信息的双向查询功能。数据的查询实现了多种查询方式，包括在地图上进行点选查询、输入查询条件或关键字查询。查询的反馈结果能够展示地物要素的空间位置、编码、名称、属性信息等。通过对以上功能的设计，系统中空间地理数据、环境监测数据、水环境信息数据可以以多种展现方式为用户提供查询结果，从而实现用户对水环境信息及基础空间数据获取认知（耿天召，2006）。地图服务与导航展示图如图 6.3 所示。

图 6.3　地图服务与导航展示图

6.4.4　水质监测

监测数据能够反映国控不同监测断面长时间持续性水质变化情况。其中大顶子山断面水质明显优于松花江其他支流水质，支流水质总体上呈现出季节性规律变化，春夏季水质较好、冬季水质较差。图 6.4 和图 6.5 展示了水环境监测数据查询结果。

图 6.4　水环境监测数据查询结果展示（一）

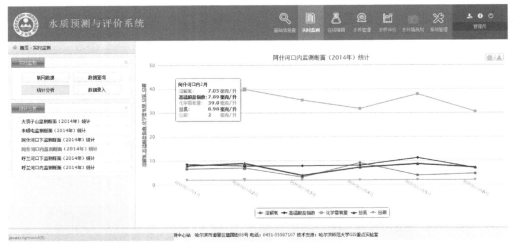

图 6.5　水环境监测数据查询结果展示（二）

6.4.5　水质评价

　　系统结合水质评价结果、流域空间数据、主要地物信息对水质进行分级，并用不同颜色渲染，生成水质评价结果专题示意图。本系统以松花江哈尔滨段 5 个国控断面的水质监测数据为依据，根据连续 6 年的监测统计数据，结合这一河段的主要污染源分析，选取 6 项污染因子（COD_{Mn}、COD_{Cr}、BOD_5、NH_3-N、TP、石油类）作为评价指标（薛巧英和刘建明，2004）。以呼兰河口下断面的监测数据为例，运用系统进行评价，评价结果展示如图 6.6 和图 6.7 所示。通过系统评价结果及评价示意图可知，松花江流域哈尔滨段干流及支流整体水质逐年向好，同年期比较，冬季水质较差，夏季水质较好，松花江主要支流呼兰河、阿什河水质堪忧，是水质保护与治理的重点。

图 6.6　呼兰河口下断面水质评价结果图

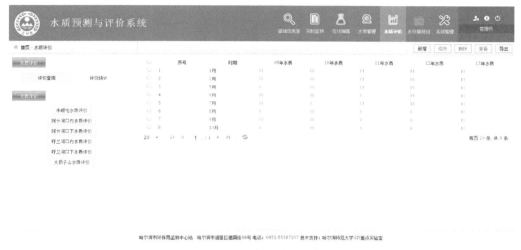

图 6.7　呼兰河口下断面水质按年度评价图

6.5　小　　结

　　基于 WebGIS 的松花江哈尔滨段水质监测与评价系统实现了对松花江哈尔滨段流域水质业务属性数据和空间地理基础数据的管理、展示、查询、分析评价、可视化，方便科研及环保产业中水环境相关业务人员使用。同时，该系统对水质评价算法模型进行了系统的嵌入式整合应用，通过系统存储的水质相关数据并调取水质评价算法服务实现国控断面的水质快速评价与展示，系统在水质评价的准确性上依赖于基础数据和评价算法参数的设置。因此在系统评价算法的嵌入式整合应用及系统功能优化上还有进一步的提升空间。

第7章 水环境污染物总量优化分配方法及业务化应用研究

7.1 概 况

本章以松花江哈尔滨段流域为研究对象,定量地计算出目标年该河段污染物的水环境容量和点源与非点源污染物污染负荷。基于水污染物总量分配方法,合理确定出此江段污染物总量分配方案,构建基于 B/S 和 C/S 混合结构的污染物总量控制业务化运行平台,制订相应减排方案,以实现对松花江哈尔滨段污染源排放的科学管理。为松花江哈尔滨段水污染综合整治取得满意效果提供科学保障。

7.1.1 研究区自然环境概况

1. 地理位置

哈尔滨市地处黑龙江省南部,即位于 125°42′E~130°10′E 和 44°04′N~46°40′N,全市总面积为 5.31 万 km²,分为 9 个市辖区、7 个县及代管的 2 个县级市,本节主要包含其中 8 个市辖区,分别是南岗区、道里区、道外区、香坊区、平房区、阿城区、呼兰区和松北区。

2. 地形

哈尔滨市区地形地貌受松花江影响,地势东高西低,形成了三级阶地。西部地区包括松北区、呼兰区、道里区、道外区,为一级阶地,地势平坦低洼,海拔在 132~140m;中部地区包括南岗区、香坊区,为二级阶地,由于有松花江通过,长期流水侵蚀,平原广阔,土壤肥沃,海拔在 145~175m;东部地区包括平房区和阿城区,为三级阶地,多丘陵山地,地势较高,海拔在 180~200m(李丽,2011)。

3. 水文情况

研究区受气候影响,松花江哈尔滨段径流量呈季节性变化,其中,降水是影响松花江哈尔滨段径流量变化的主要因素。降水量最大的丰水期(6~9 月)径流量最大,占全年的 60%～80%；冰封期（12 月～次年 3 月）受气温影响，河流流速和流量减少，径流量最小；融雪期（4～5 月）和平水期（10～11 月）分别受融雪径流和少量降水的影响，径流量较为平稳。具体流量变化见表 7.1。

表 7.1　2006～2014 年流量变化

年份	年平均流量/（m³/s）	年最大流量/（m³/s）	年最小流量/（m³/s）	年最高水位/m	年最低水位/m
2006	777	2780	291	115.83	111.19
2007	540	1043	227	114.85	112.09
2008	485	1380	245	115.38	113.75
2009	841	2050	255	116.30	115.29
2010	1290	4240	328	116.85	114.84
2011	916	2380	432	116.57	115.38
2012	833	2520	275	116.61	115.35
2013	2065	6400	423	117.84	115.61
2014	956	2420	353	116.74	115.51

4. 气象气候

哈尔滨市处于中温带大陆性季风气候带内，温带湿润、半湿润大陆性季风起主导作用（赵济和陈传康，2008）。春季、秋季短暂且气温变化无常，伴随着大风天气，气温骤降和骤升现象显著；夏季炎热湿润多雨，降水期主要集中在 7 月、8 月和 9 月，占全年降水量的 80%，最高温度出现在 7 月，平均气温为 22.8℃；冬季漫长，寒冷多雪，降雪期主要集中在 11 月、12 月和次年 1 月，最低温度出现在 1 月，平均温度−19.4℃。

7.1.2　研究区水质概况

1. 松花江哈尔滨段水资源概况

哈尔滨市地表水系众多，且均属于松花江水系，哈尔滨市境内松花江干流全长 477km（李兰等，2011）。本节研究的流域范围为哈尔滨市区内的松花江段，地表水系主要包括松花江干流水系（朱顺屯—大顶子山），从朱顺屯断面起至大顶子山，由西向东流经哈尔滨市，全长约 66km，江宽约为 337m，平均水深约为 4.45m，一级支流为阿什河，较小的沟谷有马家沟、何家沟和信义沟。

2. 松花江哈尔滨段水功能区划

本章研究区范围为松花江哈尔滨段，朱顺屯控制断面为起始断面，大顶子山控制断面为终止断面。松花江哈尔滨段水功能区划如下：①朱顺屯—阿什河口上为 Ⅲ

类水体；②阿什河口上—呼兰河口上为Ⅲ类水体；③阿什河口内—阿城镇上为Ⅳ类水体；④阿城镇下为Ⅱ类水体；⑤呼兰河为Ⅲ类水体；⑥呼兰河口下—大顶子山为Ⅲ类水体。

其中，Ⅱ类水体主要适用于集中式生活饮用水地表水源地一级保护区、珍稀水生生物栖息地、鱼虾类产卵场、仔稚幼鱼的索饵场等；Ⅲ类水体主要适用于集中式生活饮用水地表水源地二级保护区、鱼虾类越冬场、洄游通道、水产养殖区等渔业水域及游泳区；Ⅳ类水体主要适用于一般工业用水区及人体非直接接触的娱乐用水区。具体水质标准见表7.2。

表7.2　Ⅱ类、Ⅲ类、Ⅳ类水体水质目标　　　（单位：mg/L）

水质目标	pH	DO	COD（高锰酸盐）	COD	BOD$_5$	NH$_3$-N	TP	氟化物
Ⅱ类	6~9	≥6	≤4	≤15	≤3	≤0.5	≤0.1	≤1.0
Ⅲ类	6~9	≥5	≤6	≤20	≤4	≤1.0	≤0.2	≤1.0
Ⅳ类	6~9	≥3	≤10	≤30	≤6	≤1.5	≤0.3	≤1.5

7.2　污染物总量优化分配方法研究

7.2.1　水环境容量的计算

1. 计算模型

根据所采用的水质数学模型维数的不同，水环境容量计算模型可分为零维模型、一维模型和二维模型（陈明，2015）。其中零维模型主要适用于污染物均匀混合的小型河流及河网流域；一维模型主要适用于河道宽深比不大，在较短时间内污染物质能在横断面上均匀混合的中小型河流；二维模型主要适用于河道宽度较大，河流横向距离显著大于垂直距离，在横断面上污染物分布不均匀的河流，或者宽度虽然不大，但是存在如鱼类的洄游通道等特殊功能需求的河流（董飞等，2014）。

本章水环境容量计算对象为松花江哈尔滨市辖区控制单元，而非单一河段。松花江主干流虽有大型河段的特点，但对于整个研究区域而言，从计算精度讲，其仍符合一维河道的特点，因此容量计算采用一维水环境容量计算模型（逢勇，2010）。

单排污口一维水环境容量模型：

$$w = 86.4\left[(Q_0 + q)C_s \exp\left[\frac{Kx}{86400u}\right] - C_0 Q_0\right] \tag{7.1}$$

式中，w 为水环境容量，kg/d；Q_0 为河道上游来水流量，即各个河段起始点的流量，m³/s；q 为河道内排污流量，m³/s；C_s 为污染物控制标准浓度，mg/L；K 为污染物综合降解系数，1/d；x 为河段长度，km；u 为河段内河水平均流速，m/s；C_0 为污染物的环境本底值，mg/L。

因为考虑了污染物排入河流后产生的混合区，更加贴近河流实际的水环境容量，因而该模型应用更为普遍。

2. 河流概化

松花江哈尔滨段水文和水质条件实际情况较为复杂，为了简单、有效地获取松花江哈尔滨段水环境容量变化规律，从而进一步对容量进行削减或分配，本章需要对研究区内的松花江哈尔滨段进行河流概化。

假设条件：采用一维水质模型，假定划分的研究断面上污染物是均匀混合的；假定研究河道为平直的河道，忽略流速分量；假定水体纵向扩散的影响远远小于推流影响。

概化原则：分段处通常为干流和支流交汇处、排污口排入河流处，以及监测断面、水文站、大型桥梁所在处（金梦，2011）。

依据上述概化条件及原则，对研究区河段进行概化。本章将研究区域内从朱顺屯到大顶子山共分 6 个河段：朱顺屯—阿什河口上（河段 1），阿什河口上—呼兰河口上（河段 2），阿什河口内—阿城镇上（河段 3），阿城镇下（河段 4），呼兰河（河段 5），呼兰河口下—大顶子山（河段 6），如图 7.1 所示。

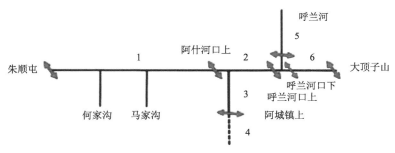

图 7.1　松花江哈尔滨段流域概化示意图

3. 水质目标及污染物控制浓度

根据上述河流概化，研究区内划分的六个河段的水质目标要求如下：朱顺屯断面为研究区域的入水起始断面，其入水水质应达到Ⅲ类水质标准；阿什河口上、呼兰河口上及大顶子山断面都为Ⅲ类水质标准；阿城镇下节点应达到Ⅱ类水质标准，阿什河入松花江水质至少达到Ⅳ类水质，入松花江后超出干流水环境容量，在适当提高标准。依据《地表水环境质量标准》（GB 3838—2002），得到相应水质目标下的 COD 和 NH₃-N 的控制浓度（表 7.3）。

表 7.3　松花江哈尔滨段水质目标及污染物控制浓度

序号	起始断面	控制断面	终止断面	水质目标	COD 控制浓度/（mg/L）	NH₃-N 控制浓度/（mg/L）
1	朱顺屯	朱顺屯	阿什河口上	III	≤20	≤1
2	阿什河口上	阿什河口上	呼兰河口上	III	≤20	≤1
3	阿什河口内	阿什河口内	阿城镇上	IV	≤30	≤1.5
4	—	阿城镇下	阿城镇下	II	≤15	≤0.5
5	—	呼兰河口内	呼兰河	III	≤20	≤1
6	呼兰河口上	大顶子山	大顶子山	III	≤20	≤1

4. 设计水文条件

根据松花江干流及主要支流水文站日径流量监测数据，计算得到松花江哈尔滨段各水功能区不同水期（冰封期 12～3 月，融水期 4～5 月，丰水期 6～9 月，平水期 10～11 月）的流量（表 7.4）及平均流速（表 7.5）。

表 7.4　松花江哈尔滨市辖区控制单元各河段不同水期的设计流量　（单位：m³/s）

水期	2010 年	2011 年	2012 年	2013 年
丰水期	2242.75	1627.25	1257.75	3827.5
平水期	1120	625	1270	2970
融水期	889	732	632	2020
冰封期	347.5	441	300	443

表 7.5　松花江哈尔滨市辖区控制单元各河段不同水期的平均流速　（单位：m/s）

水期	朱顺屯	阿什河口	呼兰河口	大顶子山	何家沟	马家沟
丰水期	0.59984	0.6673	0.4726	0.6321	0.3262	0.2188
平水期	0.48064	0.52272	0.36558	0.49097	0.26299	0.17252
融水期	0.53488	0.58687	0.41442	0.55777	0.29183	0.19313
冰封期	0.2927	0.30255	0.2082	0.27929	0.16204	0.10126

基于本章对水环境容量的认识，采用多种水期的设计水文条件进行各个河段的水环境容量的计算，以为水环境管理部门提供多种选择。

5. 污染物综合降解系数值的选取

污染物综合降解系数（K）反映生物降解、沉降和其他物化污染物的过程。在水体中，K 值随着不同物理、化学和生物条件的改变而发生变化。不同水体的 K 值不同；同一水体不同河段 K 值的差别也很大。影响 K 值变化的因素有很多，其中最主要的因素是温度、水文条件、河道信息、污染物浓度等（郭儒等，2008）。

　　河水温度的高低决定着水中微生物对污染物的化学反应及降解作用的速度。水温较高时，微生物对污染物降解作用加快，微生物活性提高，K 值变大；反之，水温较低时，微生物降解作用减慢，K 值变小。同一河段，温度高时该水域的 K 值要比温度低时高。

　　河流的水文条件信息包括河流基础信息，如流量、流速、含沙量等。当河流流速较快、流量较大时，河流中的污染物混合稀释反应快；当河流中泥沙较多时，由于泥沙对污染物有一定的吸附作用，有利于污染物的混合稀释。同一河段，流速快、流量大、含沙量较高的部分 K 值更大。

　　一般来说，河道信息也对污染物降解有一定影响。弯曲河道、宽浅游荡性河道有利于污染物的混合稀释，K 值也相对较大。

　　污染物浓度对 K 值有一定影响。污染物浓度较大时，河流中物理、化学、生物作用增强，降解过程增大，相应的 K 值也较大。

　　综上所述，不同水体、不同河段 K 值不同，计算水环境容量时，要对该水体的 K 值进行确定。确定方法有以下几种（刘洪燕和代巍，2014；中国环境规划院，2003）。

　　1）分析借用法

　　研究区域以往研究中的有关资料经分析后可以采用。缺乏资料时，可以借用水文条件、水力特性污染状况以及地理、气象条件相似的邻近区域的资料。

　　2）现场实测法

　　选取一段河道顺直、水流稳定，且无支流汇入、无排污口或取水口的河段，分别在其上下游布设采样点，测定水流流速、河段长度和污染物浓度值，按式（7.2）计算 K 值：

$$K = \frac{86400U}{L} \times \ln \frac{C_u}{C_d} \qquad (7.2)$$

式中，K 为污染物综合降解系数，L/d；C_u 为河流上断面实测污染物浓度，mg/L；C_d 为河流下断面实测污染物浓度，mg/L；U 为河段平均流速，m/s；L 为河段长度，m。

　　采用现场实测法测定 K 值时，应测多组数据取平均值。

　　3）实验测定法

　　将水样带至实验室，利用实验室仪器设备测定 K 值。

　　4）数学模型率定法

　　利用已经建立的水质模型，不断调整 K 值使模型计算值逐步接近实测值，当两者的接近程度达到事先给定的精度时，则认为此时所取的 K 值合理。

　　本节结合松花江哈尔滨段研究区实际情况，选择数学模型率定法[式（7.2）]计算 K 值，计算结果 K_{COD} 为 0.07，$K_{NH_3\text{-}N}$ 为 0.05。

6. 污染物环境本底值

　　污染物环境本底值即各个河段起始点的污染物水质监测数据。对于本章中水环境容量计算中所用的初始水污染物浓度值，以 2009～2015 年各个水期内每个月水质监测的平均值作为各水期的均值，进行水环境容量计算，具体见表 7.6、表 7.7、图 7.2、图 7.3。

表 7.6　污染物各水期环境本底值（NH₃-N）　　（单位：mg/L）

水期	阿什河口内	阿什河口下	大顶子山	呼兰河口内	呼兰河口下	朱顺屯
丰水期	4.2925	0.47	0.56	0.78225	0.4935	0.4538
平水期	5.775	0.39	0.36	0.69	0.43	0.355
融水期	4.735	0.96	0.77	1.535	0.99	0.635
冰封期	7.835	1.425	1.25	3.0737	1.5	0.75

表 7.7　污染物各水期环境本底值（COD）　　（单位：mg/L）

水期	阿什河口内	阿什河口下	大顶子山	呼兰河口内	呼兰河口下	朱顺屯
丰水期	37.7	17.5575	16.3575	26.3475	18.985	16.1725
平水期	32.15	18.13	16.92	23.79	17.06	15.745
融水期	45.75	16.05	17.14	22.84	18.86	15.805
冰封期	35.2	17.63	17.21	25.415	19.05	16.7075

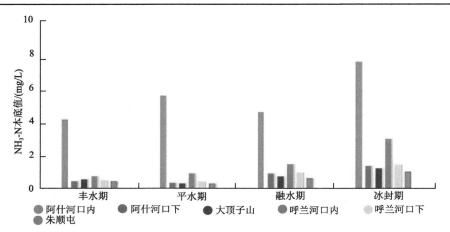

图 7.2　污染物各水期 NH₃-N 本底值图

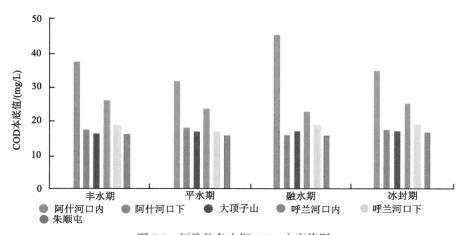

图 7.3　污染物各水期 COD 本底值图

7. 理想水环境容量计算

理想水环境容量即将各个江段视为独立的江段，不考虑上下游水体对水环境容量的影响，也不考虑支流和排污口的影响。虽然理想的水环境容量不能直接应用于实际，但是对于松花江哈尔滨段水环境容量的利用和规划还是具有指导性意义的。根据设计参数，并考虑过渡段的存在，利用一维水环境容量模型对水环境容量进行计算。将模型公式及各参数信息输入 MATLAB 中计算，计算结果见表 7.8、表 7.9、图 7.4、图 7.5。

表 7.8　松花江哈尔滨段 COD 水环境容量　（单位：t/a）

水期	朱顺屯—阿什河口上	阿什河口上—呼兰河口上	阿什河口内—阿城镇上	阿城镇下	呼兰河	呼兰河口下—大顶子山	合计
丰水期	45199.78	19766.44	6370.65	6423.3	4114.816	4582.32	86457.306
平水期	17589.96	2891.4	2461.96	2461.96	3949.75	1273.38	30628.41
融水期	12010.29	2575.42	3883.26	3883.26	2322.27	818.86	25493.36
冰封期	6655	2232.6	618.92	619.04	3845.38	564.59	14535.53
年容量	81455.03	27465.86	13334.79	13387.56	14232.216	7239.15	157114.606

表 7.9　松花江哈尔滨段 NH$_3$-N 水环境容量　（单位：t/a）

水期	朱顺屯—阿什河口上	阿什河口上—呼兰河口上	阿什河口内—阿城镇上	阿城镇下	呼兰河	呼兰河口下—大顶子山	合计
丰水期	6489.9	6844.2	1383.64	1395.07	2074	519.23	18706.04
平水期	2665.7	1859.89	802.76	802.76	1159.61	264.56	7555.28
融水期	1044.93	1085.8	524.6	526.43	204.35	130.56	3516.67
冰封期	939	302.5	550.55	559.37	200.4	109.59	2661.41
年容量	11139.53	10092.39	3261.55	3283.63	3638.36	1023.94	32439.4

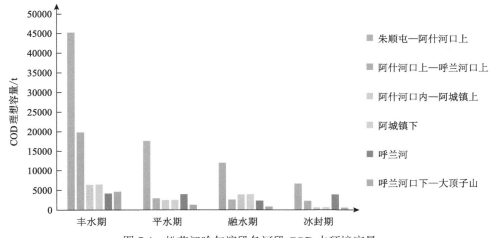

图 7.4　松花江哈尔滨段各河段 COD 水环境容量

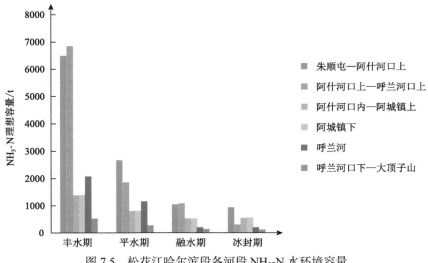

图 7.5 松花江哈尔滨段各河段 NH_3-N 水环境容量

从计算结果看，根据研究区不同水期、不同河段的 COD 和 NH_3-N 水环境容量对计算结果进行分析，得出研究区内水环境容量时空变化规律，具体内容如下：①从时间上看，不同水期 COD 和 NH_3-N 的水环境容量值差异显著，呈现出丰水期>平水期>融水期>冰封期的规律。其中丰水期最高 COD 容量值出现在朱顺屯—阿什河口上（河段 1），达到 45199.78t；丰水期最高 NH_3-N 容量值出现在阿什河口上—呼兰河口上（河段 1），达到 6844.2t；主要是由于丰水期受季节性气候影响，降水量大，河流流量大；而冰封期 COD 容量和 NH_3-N 容量均为四个水期中的最小值，因为冬季河流冰冻，流量减小，相应容量值也减小。总的来说，当河流流量较大、流速较快时，COD 容量和 NH_3-N 容量相应较大，当河流流量较小、流速较慢时，COD 容量和 NH_3-N 容量相应较小。②从空间上看，不同河段 COD 和 NH_3-N 水环境容量差异显著，本章将松花江哈尔滨段分为 6 个河段，根据计算结果，COD 和 NH_3-N 水环境容量差异较显著，均呈现出朱顺屯—阿什河口上（河段 1）>阿什河口上—呼兰河口上（河段 2）>呼兰河（河段 5）>阿城镇下（河段 4）>阿什河口内—阿城镇上（河段 3）>呼兰河口下—大顶子山（河段 6）的规律。朱顺屯—阿什河口上（河段 1）为松花江哈尔滨段上游河段，其 COD 和 NH_3-N 水环境容量较大，呼兰河口下—大顶子山（河段 6）为下游河段，其 COD 和 NH_3-N 水环境容量较小。

7.2.2 污染物核算

1. 松花江哈尔滨段污染源分析

目前单纯针对点源污染进行的监测、管理、治理等管理方式不能实现对整个流域的总量管理，必须将非点源污染的治理工作也纳入常规的水环境管理中（刘庄等，2015）。掌握流域污染特点，进行大量的实地调查和资料搜集是目前进行水环境管理的首要任务。

针对松花江哈尔滨段的水环境污染特点开展污染源的调查分析，确定不同污染源（点源：工业源、城市生活源；非点源：农业源、农村居住地生活源、畜禽养殖源、融雪径流）产生的污染负荷量，并建立污染源与河段、辖区的空间位置关系，建立污染源在不同水文期的时间联系。

2. 点源污染负荷计算

1）城市生活污染源

由于哈尔滨市市区的排水管网均为工业废水和生活污水混排，无法单独监测城市生活污水的排放量及其 COD、NH_3-N 排放量。因此城市生活污水的排水量及 COD、NH_3-N 排放量采用环境统计中的估算法。

a. 城市人口数量

在城市生活污染源中，仅统计城市人口的数量，即研究区内所属的非农业人口数量，不考虑农业人口的数据。根据《哈尔滨市统计年鉴》，统计结果为哈尔滨市 2012 年、2013 年、2014 年总人口数分别为 4713574 人、4736326 人、4737636 人，其中非农业人口数分别为 3404887 人、3423536 人、3441947 人。根据这三年的数据计算人口年均变化率，计算结果为 0.25%。2014 年非农业人口中，南岗区 970515 人；道里区 618389 人；道外区 560867 人；香坊区 673552 人；平房区 137400 人；阿城区 232210 人；呼兰区 177737人；松北区 71277 人。

b. 城市生活污染负荷

利用产物系数核算法计算城市居民污水和污染物的产生量和排放量（第一次全国污染源普查资料编纂委员会，2011），污水及污染物产生量用式（7.3）计算，污染物排放量用式（7.4）计算。

$$G_c = 3650 N F_c \tag{7.3}$$

$$G_p = 3650 N F_p \tag{7.4}$$

式中，G_c、G_p 分别为城镇居民生活污水或污染物年产生量和排放量，其中污水量单位为 t/a，污染物量单位为 kg/a；N 为城镇居民常住人口，万人；F_c、F_p 分别为城镇居民生活污水或污染物产生系数和排放系数，其中污水量系数单位为 L/（d·人），污染物系数单位为 g/（d·人）。

国务院发布的《第一次全国污染源普查城镇生活源产排污系数手册》将全国（不包括台湾、香港和澳门）划分为五个区域，把同一区域的城市按居民人均消费水平划分为五个等级，每个区域形成五类城市。经查表，哈尔滨市属于一区二类城市，应根据一区二类城市的标准计算污水量和污染物量，具体系数见表 7.10。

将 2014 年哈尔滨市各个区非农业人口数量、产生系数和排放系数代入公式中，计算结果见表 7.11。

表 7.10 哈尔滨市居民生活污水产生和排放系统

污染物指标	单位	产生系数	排放系数
生活污水量	L/（人·d）	145	145
COD	g/（人·d）	69	56
NH₃-N	g/（人·d）	8.8	8.5

表 7.11 哈尔滨市居民生活污水产生量和排放量

行政区	非农业人口数/万人	生活污水量/（万 t/a）	COD/（t/a）		NH₃-N/（t/a）	
			产生量	排污量	产生量	排污量
南岗区	97.0515	5136.4	24454.635	19847.24	3118.852	3012.528
道里区	61.8389	3272.8	15564.33	12631.92	1985.016	1939.902
道外区	56.0867	2969.1	14128.785	11466.84	1801.932	1760.979
香坊区	67.3552	3561.9	16949.505	13776.56	2164.888	2115.686
平房区	13.7400	725.1	3450.345	2800.28	440.044	430.043
阿城区	23.2210	1227.86	5842.92	4742.08	745.184	728.248
呼兰区	17.7737	940.67	4476.31	3632.94	570.89	551.43
松北区	7.1277	377.23	1795.11	1456.9	228.94	221.14
合计	344.1947	18211.06	86661.94	70354.76	11055.746	10759.956

2）工业污染源

a. 污水处理厂

根据哈尔滨市水务局提供的哈尔滨市区污水处理厂信息，哈尔滨市共有呼兰污水处理厂、利民污水处理厂、松浦污水处理厂、群力污水处理厂、太平（文昌）污水处理厂、信义污水处理厂、平房污水处理厂，共计 7 家，承担部分工业企业污水和全部生活污水的处理任务。2014 年哈尔滨市整体污水处理能力达到 86.7%，超过国标 1.7 个百分点。按照所属地区主要土地利用类型的不同，污水处理厂收纳、处理的污水不同，如平房污水处理厂位置主要为城市居民区，所以接纳的全部为生活污水；信义污水处理厂周边多为化工企业，所以接纳部分化工污水。各个污水处理厂接纳的污染物不同，经处理后排入水体的污染物种类、污染物浓度差别比较大。

b. 排污口

松花江哈尔滨段的主要排污口有 10 个，还有部分规模较小企业的直排排污口分布在松花江、阿什河沿岸。除此之外，哈尔滨市还有 3 条排污沟，分别是何家沟、马家沟、信义沟，三者沿岸分布的工业企业较多，这些企业中的多数将污水直接排入污水沟中，污水由污水沟流至沟口处的污水处理厂中，经处理后排入下游水体。

c. 工业污水排放量统计

根据哈尔滨市环境统计数据资料对哈尔滨市研究区内重点排污企业进行调查,共调查 194 家企业,对其进行统计分析,调查内容包括企业名称、行政区划名称、空间位置信息、排水去向类型、排入污水处理厂名称、受纳水体、工业废水排放量、直排量、排入污水处理厂量、COD 排放量、NH_3-N 排放量。统计结果:①196 家企业中,道里区 24 家,南岗区 29 家,道外区 23 家,香坊区 36 家,平房区 10 家,阿城区 33 家,呼兰区 37 家,松北区 4 家。②196 家企业污水排放量共计 34368641.7t/a。其中直接排入河道的企业有 21 家,排入河道中的污水量约为 38.72 万 t/a;污水排入污水处理厂的企业有 91 家,总排放量 32349830t/a;污水排入下水道、蒸发或其他去处的企业有 82 家,总排放量约为 163.16 万 t/a。③196 家企业 COD 总排放量为 3067.6299t/a,NH_3-N 总排放量为 606.8791t/a。具体统计结果见表 7.12。

表 7.12　工业企业污水排放表

行政区	企业数量/个	企业排污去处/(t/a)			排污量/(t/a)		
		排入污水处理厂	直排	其他	排污总量	COD	NH_3-N
南岗区	29	7055731.7	36210	2540	7094481	1180	191.37
道里区	24	730643.3	—	368844	1099487.3	99.2675	3.12
道外区	23	12253141	39705	—	12292846	166.85	273.023
香坊区	36	3742576	—	—	3742576	335.4754	26.9808
平房区	10	3765020	—	—	3765020	159.233	38.4938
阿城区	33	1626721	307615.3	21000	1955336.3	235.729	19.7495
呼兰区	37	3175997	1239250.4	—	4415247.4	889.325	54.137
松北区	4	—	3648	—	3648	1.75	0.005
合计	196	32349830	1626428.7	392384	34368641.7	3067.6299	606.8791

d. 主要污染企业情况

哈尔滨市区主要的工业企业有 196 家,其中 80 家企业工业污水排放量>10 万 t/a,140 家企业工业污水排放量>1 万 t/a。污水排放量大的企业主要是一些大型国有企业、医药制造业、食品加工业等。

3)点源数据汇总分析

a. 点源排放量分析

研究区内点源污染排放的污水分为两种,一种是生活污水排放,另一种是工业企业污水排放。根据 7.2.2 小节的统计计算,哈尔滨市研究区内年排污水 21647.92 万 t,其中生活污水 18211.06 万 t,占排水总量的 84%,工业企业污水 3436.86 万 t,占排水总量的 16%;年排放量为 COD 73422.39t,其中生活污水排放 COD 70354.76t,占 COD 总排放量的 96%,工业污水排放量为 COD 3067.6299t,占 COD 总排放量的 4%;年 NH_3-N 排放量 11366.836t，其中生活污水排放 NH$_3$-N 10759.956t，占 NH$_3$-N 总排放量的 95%，工业污水排放 NH$_3$-N 606.88t，占 NH$_3$-N 总排放量的 5%。

b. 点源入河系数

污染物的入河系数是指污染物进入水域（河湖海）的数量，入河系数取决于企业排放口和城市污水处理设施排放口到入河排污口的距离（L）远近：$L \leqslant 1$km，入河系数取 1.0；$1 < L \leqslant 10$km，入河系数取 0.9；$10 < L \leqslant 20$km，入河系数取 0.8；$20 < L \leqslant 40$km，入河系数取 0.7；$L > 40$km，入河系数取 0.6。另外，污染物入河量也同渠道衬砌、温度等参数有一定关系。本研究区内，由于大部分点源污水是通过入河排污口排入松花江的，所以需确定入河系数。

通过调查，哈尔滨市企业排污口到入河排污口之间的距离基本都在 1~20km，而且考虑我市地处北方寒冷地区，在设计流量时期污染物入河前降解较小，污水管网多为衬砌暗管，排放损失较小等因素并结合实测确定各排污口点源排放污染物的入河系数仅取 0.8 和 0.9 两个值。

c. 点源入河量

根据生活污染源排放污染物总量及其入河系数，计算得到各区生活污染源污染物入河量。松花江哈尔滨段研究区内生活污染废水入河量为 13514.528 万 t/a，COD 入河量为 52211.94t/a，NH$_3$-N 入河量为 7989.909t/a。

根据工业企业污染源排放污染物总量及其入河系数，计算得到各区工业企业污染源污染物入河量。松花江哈尔滨段研究区内工业企业污染废水入河量为 2395.92 万 t/a，COD 入河量为 1741.24t/a，NH$_3$-N 入河量为 442.1896t/a。松花江哈尔滨段研究区内点污染源入河量详细情况可见表 7.13。

表 7.13　松花江哈尔滨段研究区内点污染源入河量

行政区	生活污水及污染物入河量			工业废水及污染物入河量			废水及污染物入河量合计		
	生活污水/（万 t/a）	COD/（t/a）	NH$_3$-N/（t/a）	工业废水/（万 t/a）	COD/（t/a）	NH$_3$-N/（t/a）	废水/（万 t/a）	COD/（t/a）	NH$_3$-N/（t/a）
南岗区	4109.12	15877.79	2410.022	567.52	944	153.096	4676.64	16821.79	2563.118
道里区	2618.24	10105.54	1551.922	87.92	79.414	2.496	2706.16	10184.954	1554.418
道外区	2375.28	9173.472	1408.783	983.44	133.48	218.4184	3358.72	9306.952	1627.2014
香坊区	2849.52	11021.25	1692.549	299.44	268.3803	21.58464	3148.96	11289.6303	1714.13364
平房区	580.08	2240.224	344.0344	301.2	127.3864	30.79504	881.28	2367.6104	374.82944
阿城区	982.288	3793.664	582.5984	156.4	188.5832	15.7996	1138.688	3982.2472	598.398
呼兰区	752.536	2906.352	441.144	353.22	711.46	43.3096	1105.76	3617.812	484.4536
松北区	301.784	1165.52	176.912	0.29	1.4	0.004	302.08	1166.92	178.312
合计	14568.848	56283.812	8607.9648	2749.43	2454.1039	485.50328	17318.288	58737.9159	9094.86408

3. 非点源污染负荷计算

目前松花江哈尔滨段水环境管理中缺少对非点源污染的管理，当前的管理方式并不符合实际的管理需求（河段水质不达标通常归结于点源污染排放量大，而忽略非点源的污染负荷）（孙秀秀等，2015）。所以基于非点源污染物特征、流域环境特征的非点源污染调查是十分必要的。

从对非点源污染的长期研究结果来看，农田、农村生活源、畜禽养殖是主要的非点源污染源（郭青海等，2006）。根据污染源在流域中的污染特点，调查分析这 3 类非点源污染源的产生、排放情况，并计算流域的非点源污染负荷量，这是流域非点源污染总量控制的重要办法，很好地弥补了流域总量控制的短板。

1）农村非点源污染

a. 非点源污染负荷计算模型

输出系数模型法是利用相对容易得到的流域土地利用类型等数据，通过多元线性相关分析，直接建立流域土地利用类型与面源污染输出量之间的关系，然后通过对不同污染源类型的污染负荷求和，得到研究区的污染总负荷（薛利红和杨林章，2009）。早期的输出系数模型假定所有土地利用类型的输出系数都相等，这种假设与实际情况相差较大。Johns 等 1996 年在输出系数模型中加入了牲畜和人口等因素的影响，综合考虑了土地利用类型、牲畜数量和分布状况、农村居民的面源污染物排放和处理水平等不同污染源类型的输出系数，从而建立了更为完备的输出系数模型。Johns 模型所需参数少、操作简便且具有一定的精度，避开了面源污染发生发展过程的复杂性，在大尺度流域面源污染负荷的研究中表现出其独特的优越性。

输出系数模型计算公式为

$$L_j = \sum_{i=1}^{m} E_{ij} A_i + P \qquad (7.5)$$

式中，L_j 为污染物 j 在流域的总负荷量，kg/a；E_{ij} 为污染物 j 在第 i 种土地利用类型中的输出系数[kg/（hm^2·a）]或第 i 种牲畜的排泄系数[kg/（只·a）、kg/（头·a）]或人口的输出系数[kg/（人·a）]；A_i 为流域中第 i 种土地利用类型的面积（hm^2）或第 i 种牲畜数量（头或只）或人口数量（人）；P 为降水产生的营养物输入量。

在输出系数模型中，污染物的输出系数是指单位时间内、某种土地利用方式下输出的污染物总负荷的标准化估值。输出系数多采用单位时间、单位面积上的负荷量表示。确定合理的输出系数是成功估算面源污染物输出负荷量的关键。影响输出系数的因素有很多，流域内的地形地貌、水文、气候、土地利用、土壤类型和结构、植被以及管理措施等都会对输出系数产生较大的影响。

面源污染物输出系数的确定一般可采用试验或调研的方法确定。鉴于无哈尔滨地区的输出系数试验数据，本章的输出系数参考国内相似自然条件下的其他地区的研究结果并取其平均值确定。农村生活、畜禽养殖和不同土地利用类型的非点源污染输出系数见表 7.14。

表7.14 不同污染源输出系数取值表

污染源		COD 输出系数			NH₃-N 输出系数
农村生活/[kg/(人·a)]	农业人口	0.04			0.004
农业用地/[kg/(hm²·a)]	耕地	18			14
	草地	4.4			6
	林地	9.8			2.5
		养殖场	养殖专业户	零散养殖	
畜禽养殖/[kg/(只·a)、kg/(头·a)]	生猪	25.14	33.26	157.22	2.2
	肉牛	25.81	35.94	1126.53	2.7
	奶牛	421.35	583.47	2257.56	2.5
	家禽	0.91	2.57	10.95	0.0135

b. 农村生活面源污染负荷计算

农村生活面源污染因居住分散、经济水平较弱、农民环保意识薄弱等,易形成较大的污染源。同时,哈尔滨市周边农村排水设施不健全,基本没有排水管网,生活污水排放到沟渠中,污水在沟渠中累积并下渗,在大雨冲刷作用下,污水中的污染物大多流入河流中,因此形成面源污染(王文林等,2010)。无法对农村生活源污染进行监测,只能通过输出系数法计算农村生活污染负荷。

根据《哈尔滨统计年鉴》,哈尔滨市2012年、2013年、2014年总人口数分别为4713574人、4736326人、4737636人,其中农业人口数分别为1308687人、1312790人、1295689人。2014年农业人口中,南岗区39480人;道里区107775人;道外区121039人;香坊区86360人;平房区24175人;阿城区338501人;呼兰区453816人;松北区124543人。

根据表7.14农村生活污水排放125kg/人·日,排放系数为0.8。根据《哈尔滨统计年鉴2015》中农业人口数和相应的产污系数进行计算。其中COD的人均产污系数为40g/(人·d),NH₃-N的人均产污系数为4g/(人·d),污染物的入河系数为0.0836。根据式(7.5)计算农村生活污染源排放量及入河量,具体见表7.15。计算结果按行政区进行统计。

表7.15 农村生活污染源排放量表

行政区	人口数/万人	农村生活污水/(万t/a)		生活污染物排放量/(t/a)		生活污染物入河量/(t/a)	
		产生量	排放量	COD	NH₃-N	COD	NH₃-N
南岗区	3.939	179.72	143.776	575.094	57.51	48.08	4.808
道里区	10.75	490.341	392.2728	1569.09	156.91	131.176	13.118
道外区	12.138	553.792	443.0336	1772.13	177.21	148.15	14.815
香坊区	8.663	395.245	316.196	1264.78	126.48	105.74	10.574
平房区	2.424	110.577	88.4616	353.85	35.38	29.58	2.958
阿城区	33.843	1544.09	1235.272	4941.09	494.11	413.08	41.308

续表

行政区	人口数/万人	农村生活污水/（万 t/a）		生活污染物排放量/（t/a）		生活污染物入河量/（t/a）	
		产生量	排放量	COD	NH₃-N	COD	NH₃-N
呼兰区	45.3816	2070.54	1656.43	6625.71	662.571	553.91	55.39
松北区	12.4543	568.23	454.58	1818.33	181.838	152.01	15.2
合计	129.5929	5912.535	4730.022	18920.074	1892.009	1581.726	158.171

c. 畜禽养殖污染负荷计算

本章研究区为哈尔滨市区，包括南岗区、道里区、道外区、香坊区、平房区、阿城区、呼兰区和松北区八个行政区。根据《哈尔滨统计年鉴 2015》，研究区范围内 2014 年有生猪 927625 头，肉牛 199099 头，奶牛 70273 头，家禽 1811 万只。

根据《第一次全国污染源普查畜禽养殖业产排污系数与排污系数手册》中对养殖规模的划分标准，将研究区内养殖规模分为以下三种：①规模化养殖场：指具有一定规模，在较小的场地内，投入较多的生产资料和劳动，采用合理的工艺与技术措施进行精心管理，并在工商部门注册登记过的养殖场。本章规定规模化养殖场的存栏或出栏规模如下：生猪≥500 头（出栏）、奶牛≥100 头（存栏）、肉牛≥200 头（出栏）、蛋鸡≥20000 羽（存栏）、肉鸡≥50000 羽（出栏）。②养殖专业户：指畜禽饲养数量达到一定数量的养殖户，本章规定养殖专业户的存栏或出栏规模为，生猪≥50（出栏）、奶牛≥5 头（存栏）、肉牛≥10 头（出栏）、蛋鸡≥500 羽（存栏）、肉鸡≥2000 羽（出栏）。③零散养殖：指养殖数量很少的养殖户，本章规定零散养殖的存栏或出栏规模为，生猪<50（出栏）、奶牛<5 头（存栏）、肉牛<10 头（出栏）、蛋鸡<500 羽（存栏）、肉鸡<2000 羽（出栏）。

不同养殖规模污染源排放系数不同，畜禽种类不同，排泄物中污染物的含量差异也很大。研究区中生猪养殖场 COD 排泄系数为 25.14kg/（头·a），养殖专业户 COD 排泄系数为 33.26kg/（头·a），零散养殖 COD 排泄系数为 157.22kg/（头·a）；肉牛养殖场 COD 排泄系数为 25.81kg/（头·a），养殖专业户 COD 排泄系数为 35.94kg/（头·a），零散养殖 COD 排泄系数为 1126.53kg/（头·a）；奶牛养殖场 COD 排泄系数为 421.35kg/（头·a），养殖专业户 COD 排泄系数为 583.47kg/（头·a），零散养殖 COD 排泄系数为 2257.56kg/（头·a）；家禽养殖场 COD 排泄系数为 25.14kg/（只·a），养殖专业户 COD 排泄系数为 33.26kg/（只·a），零散养殖 COD 排泄系数为 157.22kg/（只·a）。生猪 NH₃-N 排泄系数为 2.2kg/（头·a），肉牛 NH₃-N 排泄系数为 2.7kg/（头·a），奶牛 NH₃-N 排泄系数为 2.5kg/（头·a），家禽 NH₃-N 排泄系数为 0.0135kg/（只·a）。根据第一次全国污染源普查数据，2014 年黑龙江省畜禽粪便处理利用率约为 40%。畜禽养殖污染物入河量由畜禽养殖污染物入河系数乘以畜禽养殖污染物排放量得到。畜禽养殖污染物入河系数通常取 0.1～0.6，本章根据哈尔滨市区实际情况，结合畜禽养殖排污系数手册，设定畜禽养殖 COD 入河系数为 0.15，NH₃-N 入河系数为 0.2。对畜禽养殖面源污染物进行计算和统计。畜禽养殖面源污染物计算结果见表 7.16 和表 7.17。

表 7.16　畜禽养殖 COD 总产生量和总入河量汇总表

行政区	COD 产生量/（t/a）				COD 入河量/（t/a）			
	生猪	肉牛	奶牛	家禽	生猪	肉牛	奶牛	家禽
南岗区	1247.36	11.49	1233.7	2863.24	187.11	1.72	185.05	429.49
道里区	3483.69	140.18	23711.59	10721.92	522.55	21.03	3556.74	1608.29
道外区	3976.78	5279.83	4280.88	11392.04	596.52	791.97	642.13	1708.81
香坊区	3640.47	1708.04	7421.2	11452.96	546.07	256.21	1113.18	1717.94
平房区	421.04	181.11	911.25	1949.44	63.16	27.17	136.69	292.42
阿城区	9289.61	25461.87	4915.76	14255.28	1393.44	3819.28	737.36	2138.29
呼兰区	14479.72	11447.99	15541.36	46664.72	2171.96	1717.2	2331.2	6999.71
松北区	2211.7	943.22	12353.98	11026.52	331.76	141.48	1853.1	1653.98
总计	38750.37	45173.73	70369.72	110326.12	5812.57	6776.06	10555.45	16548.93
	COD 总产生量：264619.94				COD 总入河量：39693.01			

表 7.17　畜禽养殖 NH_3-N 总产生量和总入河量汇总表

行政区	NH_3-N 产生量/（t/a）				NH_3-N 入河量/（t/a）			
	生猪	肉牛	奶牛	家禽	生猪	肉牛	奶牛	家禽
南岗区	26.28	0.06	1.23	2.54	5.256	0.01	0.25	0.51
道里区	73.39	0.67	23.68	9.5	14.678	0.13	4.74	1.9
道外区	83.77	25.13	4.28	10.1	16.754	5.03	0.86	2.02
香坊区	76.69	8.13	7.41	10.15	15.338	1.63	1.48	2.03
平房区	8.87	0.87	0.91	1.73	1.774	0.17	0.18	0.35
阿城区	195.69	121.2	4.91	12.64	39.138	24.24	0.98	2.53
呼兰区	305.03	54.49	15.52	41.36	61.006	10.9	3.1	8.27
松北区	46.59	4.49	12.34	9.77	9.318	0.9	2.47	1.95
总计	816.31	215.04	70.28	97.79	163.262	43.01	14.06	19.56
	NH_3-N 总产生量：1199.42				NH_3-N 总入河量：239.892			

d. 农业用地污染负荷计算

利用遥感影像解译研究区内土地利用类型（董墨和王树力，2016），主要步骤包括影像下载、镶嵌、裁剪、几何校正、定义训练样本、监督分类、评价分类结果和分类后处理等。具体过程如下：①本章选择的遥感影像为覆盖研究区范围的 3 景 TM 影像，分别对其进行镶嵌及边界裁剪，选取坐标点进行几何校正。②通过目视解译定义训练样本，采用 ROI 训练样本可分离器对定义的样本进行评价，多次修改后，样本可分离系数均大于 1.8，成为合格样本，最终确定分类训练样本。③利用 ENVI 5.1 中监督分类最大似然法分类器对 2014 年的 TM 影像进行分类。④对分类结果进行分类后处理、小斑点处理、分类统计分析等操作，得到最后的土地利用类型分类结果。根据分类结果将研究区 2014 年土地利用类型分成林地、草地、耕地、湿地、水体、建筑用地六种类型，具体分类结果见表 7.18。

表 7.18　2014 年土地利用类型分类表　　　　　　　　（单位：km^2）

行政区	林地	草地	耕地	湿地	水体	建筑用地
南岗区	4.8688	4.6604	91.3756	2.7963	5.6681	113.243
道里区	23.7358	15.5347	309.8349	13.5036	48.6522	142.1641
道外区	16.7398	13.8028	126.9829	10.34534	74.2628	77.5658
香坊区	21.3785	6.4388	243.1296	4.095	1.5264	183.5604
平房区	1.3378	1.2467	68.4547	0.6559	0.2807	76.5823
阿城区	1189.19	17.2989	1120.288	7.8669	30.492	364.4496
呼兰区	11.4215	3.259	32.8768	3.8071	92.6692	16.8189
松北区	13.878	5.5269	146.7459	3.674	5.7655	91.4884
总计	1282.5502	67.7682	2139.6884	46.74414	259.3169	1065.8725

本章研究的土地利用类型是林地、草地和耕地三种。通过对 TM 影像分类计算得到 2014 年三种土地利用类型的面积分别为林地 $1282.55km^2$、草地 $67.7682km^2$、耕地 $2139km^2$。利用输出系数法估算农业用地的污染负荷，农业用地输出系数参考国内相似自然条件下的其他地区的研究成果并取其平均值确定，具体公式见式（7.5），各土地利用类型的输出系数取值见表 7.14。入河系数为 0.58，分别计算三种土地利用类型的 COD、NH_3-N 排放量和入河量并进行汇总，结果见表 7.19。

表 7.19　研究区内各土地利用类型污染负荷汇总表

行政区	COD 排放量/（t/a）	COD 入河量/（t/a）	NH_3-N 排放量/（t/a）	NH_3-N 入河量/（t/a）
南岗区	171.3	99.35	131.94	76.52
道里区	587.8	340.92	449.02	260.43
道外区	251.05	145.61	190.24	110.34
香坊区	461.42	267.62	349.59	202.76
平房区	125.08	72.55	96.92	56.21
阿城区	3189.54	1849.93	1876.08	1088.13
呼兰区	71.81	41.65	50.84	29.49
松北区	280.17	162.5	212.23	123.09
总计	5138.17	2980.13	3356.86	1946.97

2）城市融雪径流污染

哈尔滨市春季融雪期积雪融化，积雪中各类污染物，如汽车尾气、冬季取暖烟尘、生产生活垃圾等随着淋溶作用冲刷而出，随着融化后的积雪进入地表或地下水中，最终排入松花江内，造成水环境的污染。

由于城市雪融水、雨水径流的水质数据资料匮乏，本章利用 SWMM 模拟结果来计算融雪径流量，在车行道、人行道、住宅小区、草地、屋顶等不同下垫面采集雪样，得到研究区内融雪期各区融雪径流 COD、NH₃-N 平均浓度（孙夕涵等，2016；王宏，2016）。具体计算结果见表 7.20。

表 7.20　研究区内融雪期各区融雪径流 COD、NH₃-N 平均浓度　　　（单位：t）

行政区	COD	NH$_3$-N
南岗区	175.85	1.62
道里区	386.87	3.56
道外区	246.19	2.26
香坊区	316.53	2.91
平房区	105.51	0.97
阿城区	1969.53	18.11
呼兰区	105.51	0.97
松北区	175.85	1.62
总计	3481.84	32.02

负荷计算结果汇总如下。

a. COD 污染负荷计算结果

COD 污染负荷计算结果汇总见表 7.21。

表 7.21　COD 污染负荷计算结果　　　（单位：t/a）

行政区	点源			非点源			合计
	生活	工业	畜禽养殖	农村生活	农业用地	融雪径流	
南岗区	15877.79	944	373.88	48.08	99.35	175.85	17518.95
道里区	10105.54	79.41	4100.32	131.18	340.92	386.87	15144.24
道外区	9173.47	133.48	2030.62	148.15	145.61	246.19	11877.52
香坊区	11021.25	268.38	1915.46	105.74	267.62	316.53	13894.98
平房区	2240.22	127.39	227.02	29.58	72.55	105.51	2802.27
阿城区	3793.66	188.58	5950.08	413.08	1849.93	1969.53	14164.86
呼兰区	2906.35	711.46	6220.36	553.91	41.65	105.51	10539.24
松北区	1165.52	1.40	2326.34	152.01	162.50	175.85	3983.62
总计	56283.80	2454.10	23144.08	1581.73	2980.13	3481.84	89925.68

b. NH₃-N 污染负荷计算结果

NH₃-N 污染负荷计算结果汇总见表 7.22。

表 7.22　NH₃-N 污染负荷计算结果　　　　　（单位：t/a）

行政区	点源			非点源			合计
	生活	工业	畜禽养殖	农村生活	农业用地	融雪径流	
南岗区	3012.53	944	6.03	4.81	76.52	1.62	4045.51
道里区	1939.9	79.41	21.45	13.12	260.43	3.56	2317.87
道外区	1760.98	133.48	24.66	14.82	110.34	2.26	2046.54
香坊区	2115.69	268.38	20.48	10.57	202.76	2.91	2620.79
平房区	430.04	127.39	2.47	2.96	56.21	0.97	620.04
阿城区	728.25	188.58	66.89	41.31	1088.13	18.11	2131.27
呼兰区	551.43	711.46	83.28	55.39	29.49	0.97	1432.02
松北区	221.14	1.4	14.64	15.2	123.09	1.62	377.09
总计	10759.96	2454.10	239.90	158.18	1946.97	32.02	15591.13

7.2.3　污染物总量分配原则及可选方法

1. 污染物总量分配原则

综合国内外总量控制的研究和实践，总量分配原则主要包括可持续性、公平性、效益性、技术可行性和方案可操作性 5 个方面。而目前国内相关研究多数仅限于公平性或技术可行性原则，由于分配允许排放量本质上是确定各排污者利用环境资源的权利、确定各排污者削减污染物的义务，因此在市场经济条件下，公平原则是污染物负荷分配中应遵循的首要原则。在总量分配过程中，且在坚持公平、效率原则的前提下，应考虑尽可能多的原则，力争分配方案的科学合理性。

2. 污染物总量分配可选方法

常用的分配方法主要有（封金利等，2010）以下几个。

1）水污染物总量等比例分配方法

将各分配单元水质污染指标的排放现状作为总量分配的基准，计算每一分配单元水质污染物排放量占该区域水质污染物排放总量的百分比，以此百分比作为权重值，计算需要削减或还可纳污总量，并分配到各分配单元。该分配方法简单易行，相关数据较易获取，考虑分配单元的排污现状，使水污染物排放总量严格控制在容量总量目标之下，在一定程度上体现了分配的公平性。

2）水污染物总量按贡献率削减分配方法

该分配方法主要是将各污染源所排放水质污染物对相应容量控制河段水质影响大小作为总量分配基准。贡献率大的污染源需要削减或还可纳污总量相对较多，反之则较少。该方法主要通过污染源所排污染物在某一河段迁移过程中的传输率来体现其对河段控制监测断面水质的影响，其假设条件是该河段内水质污染物的衰减速度系数变化极不显著或不变。

3）水污染物总量数学规划方法

在进行总量控制实行分配时，往往要进行总体系统分析，综合运用各种原则和行政协调的方法，既要达到总体合理，又使每个污染源尽量公平地承担责任，由此提出总量分配优化模型。①线性规划方法。应用线性规划方法，首先列出约束条件及目标函数，再划出约束条件所表示的可行域，进而在可行域内求目标函数的最优解。②非线性规划方法。当目标函数与约束方为非线性时，或其中之一为非线性时，可采用非线性规划方法。③动态规划方法。动态规划是一种解决多阶段决策问题的优化方法，它主要由两大内容组成，一是将实际问题描述为一个动态规划模型，二是用逆序或顺序算法进行求解。④多目标规划法。在实际入海污染物总量分配问题中，目标函数可能有多个，此时需采用多目标规划方法。多目标规划问题需要利用多个目标函数构造出新的目标函数，能充分反映出原来几个目标函数的相对关系和重要程度，不过最终还是靠单目标的规划方法求解。

4）水污染物总量 TMDL 分配方法

美国国家环境保护局（EPA）于 1972 年提出最大日负荷总量（TMDL）计划，其是指"在满足水质标准的条件下，水体能够接受某种污染物的最大日负荷量，包括点源和非点源的污染负荷分配，同时要考虑安全临界值和季节性变化，从而采取适当的污染控制措施来保证目标水体达到相应的水质标准"。TMDL 计划的总目标是识别具体污染区和土地利用状况，综合考虑这些具体区域点源和非点源污染物浓度和数量并提出控制措施，从而引导整个流域执行最好的流域管理规划。

5）水污染物总量层次分析法

该方法最早是由美国运筹学家 Saaty 于 20 世纪 70 年代提出的决策权重获取方法，其核心是将所需解决的问题和所要达到的目标拆分成多个层次进行分析。该方法在水环境总量分配时以区域为分配单元，不能进行更进一步的污染源总量分配。

6）水污染物总量基尼系数分配法

基尼系数是意大利经济学家基尼于 1922 年提出的，用于定量测定收入分配差异程度。基尼系数是一个比例数值，在 0～1，是国际上用来综合考察居民内部收入分配差异状况的一个重要分析指标。作为评价分配公平性的有效方法，其逐渐成为国内外环境学者用来进行环境污染物总量分配公平程度评价的重要方法之一。

7.2.4　松花江哈尔滨段水环境污染物总量分配

1. 水质指标的选取

本章选取 COD 和 NH₃-N 两种指标作为控制因子，其中化学需氧量 COD 反映水中受还原性物质污染的程度，NH₃-N 主要来源于生活污水、工业废水、农田污水等中含氮有机物的分解，对人体有不同程度的危害。因此，选取这两种指标作为本章总量控制因子。

2. 松花江哈尔滨段水环境容量计算

本章要对松花江哈尔滨段进行总量分配，首先要进行松花江哈尔滨段水环境容量的计算。由于松花江哈尔滨段符合一维河道的特点，故采用一维水环境容量计算模型进行计算，将河流概化为 6 个河段，根据水质目标、水文条件、环境本底值、K 值等一系列指标分别计算 COD、NH₃-N 的水环境容量。具体计算结果见 7.2.1 小节。

3. 松花江哈尔滨段污染物核算

根据松花江哈尔滨段水环境污染特点，将污染物来源主要分为点源污染和非点源污染。其中，点源污染包括生活污水污染和工业污染两部分；非点源污染包括农村生活污水污染、畜禽养殖污染、农业用地污染和城市融雪径流污染。分别对点源污染和非点源污染进行污染物核算，具体核算结果见 7.2.2 小节。

4. 松花江哈尔滨段最大污染负荷总量

借鉴美国的水污染物总量 TMDL 分配法计算四个水期各控制单元河段这两种水质指标的最大污染负荷总量（刘庄等，2016）。计算公式见（7.6）。

$$最大污染负荷总量=水质污染物环境容量 - 水质污染物负荷量 \qquad (7.6)$$

将利用一维水环境容量计算模型计算出的四个水期各控制单元河段两种水质指标的水环境容量值减去四个水期各控制单元河段这两种水质指标的污染物核算结果，得到差值，即四个水期各控制单元河段 COD、NH₃-N 的最大污染负荷总量。若推算出的某一河段某一水质指标的污染负荷大于计算得到的水环境容量值，则表示该河段的这一水质指标的污染负荷需要削减，削减量为上述提到的差值（负值），反之，则为分配的容量值（正值）。由此，四个水期各控制单元河段的 COD、NH₃-N 的最大污染负荷总量即一次分配到各河段的容量总量。具体结果见表 7.23～表 7.28。

表 7.23　朱顺屯—阿什河口上（河段 1）最大污染负荷计算结果

水期	容量/t		污染负荷/t		最大污染负荷/t	
	COD	NH₃-N	COD	NH₃-N	COD	NH₃-N
丰水期	45199.78	6489.9	27824.1	5050.44	17375.68	1439.46
平水期	17589.96	2665.7	8511.98	1545.04	9077.98	1120.66
融水期	12010.29	1044.93	8374.69	1520.12	3635.6	−476.29
冰封期	6655	939	5537.36	1006.2	1117.64	−66.1

注：正值为还可纳污量；负值为需削减量；本章余同。

表 7.24　阿什河口上—呼兰河口上（河段 2）最大污染负荷计算结果

水期	容量/t		污染负荷/t		最大污染负荷/t	
	COD	NH₃-N	COD	NH₃-N	COD	NH₃-N
丰水期	19766.44	6844.2	7154.14	1295.04	12612.3	5549.16
平水期	2891.4	1859.89	2188.6	396.18	702.8	1463.71
融水期	2575.42	1085.8	2153.3	389.79	422.12	696.01
冰封期	2232.6	302.5	1423.77	515.46	808.83	−212.96

表 7.25　阿什河口内—阿城镇上（河段 3）最大污染负荷计算结果

水期	容量/t		污染负荷/t		最大污染负荷/t	
	COD	NH₃-N	COD	NH₃-N	COD	NH₃-N
丰水期	6370.65	1383.64	5479.26	1122.7	891.39	260.94
平水期	2461.96	802.76	1982.14	343.48	479.82	459.28
融水期	3883.26	524.6	2950.17	337.94	933.09	186.66
冰封期	618.92	550.55	1289.46	223.41	−670.54	327.14

表 7.26　阿城镇下（河段 4）最大污染负荷计算结果

水期	容量/t		污染负荷/t		最大污染负荷/t	
	COD	NH₃-N	COD	NH₃-N	COD	NH₃-N
丰水期	6423.3	1395.07	2622.5	395.2	3800.8	999.87
平水期	2461.96	802.76	802.28	120.9	1659.68	681.86
融水期	3883.26	526.43	789.34	118.95	3093.92	407.48
冰封期	619.04	559.37	521.97	78.65	97.07	480.72

表 7.27　呼兰河（河段 5）最大污染负荷计算结果

水期	容量/t		污染负荷/t		最大污染负荷/t	
	COD	NH₃-N	COD	NH₃-N	COD	NH₃-N
丰水期	4114.816	2074	3901.34	397.22	213.476	1676.78
平水期	3949.75	1159.61	1193.5	121.52	2756.25	1038.09
融水期	2322.27	204.35	1174.25	119.56	1148.02	84.79
冰封期	3845.38	200.4	776.42	79.05	3068.96	121.35

表 7.28　呼兰河口下—大顶子山（河段 6）最大污染负荷计算结果

水期	容量/t		污染负荷/t		最大污染负荷/t	
	COD	NH₃-N	COD	NH₃-N	COD	NH₃-N
丰水期	4582.32	519.23	1951.68	530.98	2630.64	−11.75

水期	容量/t		污染负荷/t		最大污染负荷/t	
	COD	NH$_3$-N	COD	NH$_3$-N	COD	NH$_3$-N
平水期	1273.38	264.56	597.06	162.44	676.32	102.12
融水期	818.86	130.56	587.43	159.82	231.43	−29.26
冰封期	564.59	109.59	388.41	105.67	176.18	3.92

5. 分河段水环境污染物总量分配

哈尔滨市区内存在多个辖区的污水排入同一个概化河段的现象，然而各辖区之间存在着经济、社会、人口等多方面的差异性，因此为了使概化后的河段一次分配到的总量尽可能二次分配到各辖区，采用等比例分配法进行各辖区的二次分配，同时选用基尼系数法评价二次分配的公平性。

基尼系数最早是意大利经济学家 Gini 于 1912 年根据洛伦茨曲线提出的经济学中的一个重要的概念，被用来衡量居民收入分配的差异。近年来，基尼系数法因其评价分配的公平性，逐渐被国内外学者用来进行污染物总量分配程度的公平性评价（Bosi and Seegmuller，2005；秦迪岚等，2013）。其理念为：①在众多自然、社会、经济影响因素中选取具有典型代表性的指标作为环境基尼系数指标；②计算研究流域各行政区或辖区水质污染物现状排放量与某一环境基尼系数指标的比值，并将计算值按升序排序；③分别计算经排序后的各行政区或辖区的环境基尼系数指标累计比值、水质污染物排放量比重；④以水质污染物排放量累计比重为 Y 坐标，以某一环境基尼系数指标累计比重为 X 坐标，绘制环境洛伦茨曲线；⑤根据公式计算各指标的环境记忆系数，据此对按该指标计算比重进行水污染物总量分配的公平性做出评价。具体公式如下：

$$\text{Gini} = 1 - \sum_{i=1}^{n} \left(X_i - X_{i-1} \right) \left(Y_i + Y_{i-1} \right) \tag{7.7}$$

式中，n 为水污染物总量分配对象个数（取值 1，2，3，$\cdots$，n）；X_i 为某一环境基尼系数指标累计比重；Y_i 为某一水质污染物排放量累计比重。

由于研究区域内河段 1 朱顺屯—阿什河口上对应多个排污辖区，分别为道里区、道外区、南岗区、香坊区、平房区和松北区六个辖区；河段 2 对应香坊区和道外区；河段 3 对应香坊区和阿城区，其余各河段均对应一个辖区。本章以河段 1 对应的各个辖区为例进行总量分配研究。具体分配过程如下。

1）环境基尼系数指标的选取

水污染物总量分配受自然、社会、经济等许多因素的影响，这些影响因素同时也包括一系列相应评价指标，如社会因素包含人口数、人口密度、人口增长的评价指标；经济因素包含 GDP、GNP、人均消费或收入水平等评价指标。本章为了使总量分配方法在现实中易于操作，选取人口（单位：人）和 GDP（单位：亿元）这两项评价指标作为环境基尼系数指标。

本章从《哈尔滨统计年鉴 2015》中获取 2014 年六个目标辖区的人口数和 GDP，7.2.1 小节中计算得到六个辖区 COD 和 NH₃-N 的排放量，以这四个数据为基础数据计算环境基尼系数，具体数据见表 7.29 和表 7.30。

表 7.29 2014 年六个辖区人口和 GDP 基础数据

行政区	人口/人	GDP/亿元
南岗区	1009995	1021
道里区	726164	558
道外区	681906	408
香坊区	759912	563
平房区	161575	160
松北区	195820	112

表 7.30 2014 年六个辖区 COD、NH₃-N 排放量

行政区	COD 排放量/t	NH₃-N 排放量/t
南岗区	16821.79	2563.118
道里区	10184.954	1554.418
道外区	9306.952	1627.2014
香坊区	11289.6303	1714.13364
平房区	2367.6104	374.82944
松北区	1166.92	178.312

2）环境基尼系数的计算

分别计算六个辖区水质污染物现状排放量与某一环境基尼系数指标的比值，并将计算值按照升序方式排序，分别计算排序后的各行政区或辖区的环境基尼系数指标累计比重、水质污染物排放量的累计比重，具体计算结果见表 7.31～表 7.34。

表 7.31 基于人口的六个辖区 COD 排放量累计比重　　　　（单位：%）

行政区	人口比重	人口累计比重	COD 排放比重	COD 排放累计比重
南岗区	28.6	28.6	32.2	32.2
道里区	20.4	49	20	52.2
道外区	19.3	68.3	18.2	70.4
香坊区	21.4	89.7	22.7	93.1
平房区	4.8	94.5	4.6	97.7
松北区	5.5	100	2.3	100

表 7.32　基于人口的六个辖区 NH₃-N 排放量累计比重　（单位：%）

行政区	人口比重	人口累计比重	NH₃-N 排放比重	NH₃-N 排放累计比重
南岗区	28.6	28.6	32	32
道里区	20.4	49	19.4	51.4
道外区	19.3	68.3	20.3	71.7
香坊区	21.4	89.7	21.4	93.1
平房区	4.8	94.5	4.6	97.7
松北区	5.5	100	2.3	100

表 7.33　基于 GDP 的六个辖区 COD 排放量累计比重　（单位：%）

行政区	GDP 比重	GDP 累计比重	COD 排放比重	COD 排放累计比重
南岗区	36.2	36.2	32.2	32.2
道里区	19.8	56	20	52.2
道外区	14.4	70.4	18.2	70.4
香坊区	20	90.4	22.7	93.1
平房区	5.7	96.1	4.6	97.7
松北区	3.9	100	2.3	100

表 7.34　基于 GDP 的六个辖区 NH₃-N 排放量累计比重　（单位：%）

行政区	GDP 比重	GDP 累计比重	NH₃-N 排放比重	NH₃-N 排放累计比重
南岗区	36.2	36.2	32	32
道里区	19.8	56	19.4	51.4
道外区	14.4	70.4	20.3	71.7
香坊区	20	90.4	21.4	93.1
平房区	5.7	96.1	4.6	97.7
松北区	3.9	100	2.3	100

　　根据式（7.7）分别计算人口、GDP 的环境基尼系数，用来评价按各辖区人口比重或 GDP 比重对六个辖区 COD、NH₃-N 总量进行分配的公平性。参照经济基尼系数对公平区间划分的有关规定，将环境基尼系数的公平区间设定为：①<0.2：分配合理；②0.2～0.3：分配比较合理；③0.3～0.4：分配相对合理；④0.4～0.5：分配不合理，应调整到合理范围；⑤0.5～0.6：分配较不合理。⑥>0.6：分配非常不合理，应调整到合理范围内。经计算，河段 1 对应六个辖区 COD 的人口环境基尼系数为 0.067354；六个辖区 NH₃-N 的人口环境基尼系数为 0.05532；河段 1 对应六个辖区 COD 的 GDP 环境基尼系数为 0.075547；六个辖区 NH₃-N 的 GDP 环境基尼系数为 0.067937；根据上述环境基尼系数公平区间的设定，以上计算结果均小于 0.2，因此，对河段内对应的六个辖区 COD、NH₃-N 总量无论是按照人口比重还是 GDP 比重进行分配，都合理，具有较强的公平性。

3）辖区水污染总量分配结果

基于环境基尼系数法，对河段 1、河段 2 和河段 3 的辖区 COD、NH₃-N 总量按人口比重分配和按 GDP 比重分配结果如表 7.35～表 7.40、图 7.6～图 7.9 所示。

表 7.35　基于人口的环境基尼系数指标的河段 1 辖区污染物总量分配结果

行政区	COD 分配结果/t				NH₃-N 分配结果/t			
	丰水期	平水期	融水期	冰封期	丰水期	平水期	融水期	冰封期
南岗区	4969.44	2596.30	1039.78	319.65	411.69	320.51	−135.90	−18.90
道里区	3544.64	1851.91	741.66	228.00	293.65	228.61	−96.94	−13.48
道外区	3353.51	1752.05	701.67	215.70	277.82	216.29	−91.71	−12.76
香坊区	3718.40	1942.69	778.02	239.17	308.04	239.82	−101.69	−14.15
平房区	834.03	435.74	174.51	53.65	69.09	53.79	−22.81	−3.17
松北区	955.66	499.29	199.96	61.47	79.17	61.64	−26.14	−3.64

表 7.36　基于 GDP 环境基尼系数指标的河段 1 辖区污染物总量分配结果

行政区	COD 分配结果/t				NH₃-N 分配结果/t			
	丰水期	平水期	融水期	冰封期	丰水期	平水期	融水期	冰封期
南岗区	6290.00	3286.23	1316.09	404.59	521.08	405.68	−172.02	−23.93
道里区	3440.38	1797.44	719.85	221.29	285.01	221.89	−94.09	−13.09
道外区	2502.10	1307.23	523.53	160.94	207.28	161.38	−68.43	−9.52
香坊区	3476.24	1815.60	727.12	223.53	287.89	224.13	−95.04	−13.22
平房区	990.41	517.44	207.23	63.71	82.05	63.88	−27.09	−3.77
松北区	677.65	354.04	141.79	43.59	56.14	43.71	−18.53	−2.58

表 7.37　基于人口环境基尼系数指标的河段 2 辖区污染物总量分配结果

行政区	COD 分配结果/t				NH₃-N 分配结果/t			
	丰水期	平水期	融水期	冰封期	丰水期	平水期	融水期	冰封期
道外区	5927.78	330.32	198.40	380.15	2608.11	687.94	327.12	−100.09
香坊区	6684.52	372.48	223.72	428.68	2941.05	775.77	368.89	−112.87

表 7.38　基于 GDP 环境基尼系数指标的河段 2 辖区污染物总量分配结果

行政区	COD 分配结果/t				NH₃-N 分配结果/t			
	丰水期	平水期	融水期	冰封期	丰水期	平水期	融水期	冰封期
道外区	5297.17	296.28	177.29	339.71	2330.65	614.76	292.32	−89.44
香坊区	7316.23	407.62	244.83	339.71	3218.51	848.95	403.69	−123.52

表 **7.39**　基于人口环境基尼系数指标的河段 **3** 辖区污染物总量分配结果

行政区	COD 分配结果/t				NH₃-N 分配结果/t			
	丰水期	平水期	融水期	冰封期	丰水期	平水期	融水期	冰封期
香坊区	418.95	225.52	438.55	−316.25	122.64	215.86	87.73	153.76
阿城区	472.44	254.30	494.54	−355.39	138.30	243.42	98.93	173.38

表 **7.40**　基于 **GDP** 环境基尼系数指标的河段 **3** 辖区污染物总量分配结果

行政区	COD 分配结果/t				NH₃-N 分配结果/t			
	丰水期	平水期	融水期	冰封期	丰水期	平水期	融水期	冰封期
香坊区	401.13	215.92	419.89	−301.74	117.42	206.68	84.00	147.21
阿城区	490.26	263.90	513.20	−368.80	143.52	252.60	102.66	179.93

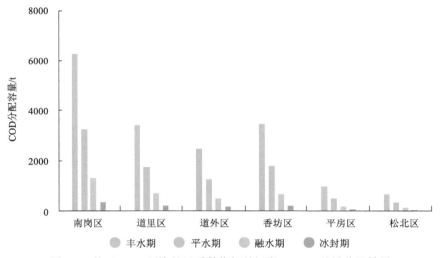

图 7.6　基于 GDP 环境基尼系数指标的河段 1 COD 总量分配结果

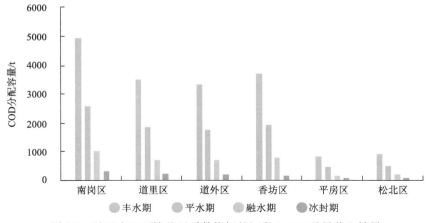

图 7.7　基于人口环境基尼系数指标的河段 1 COD 总量分配结果

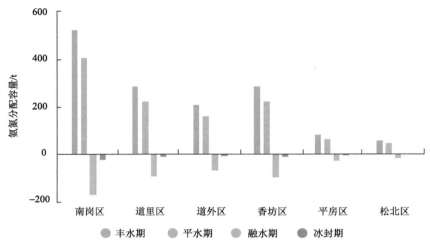

图 7.8　基于 GDP 环境基尼系数指标的河段 1 NH_3-N 总量分配结果

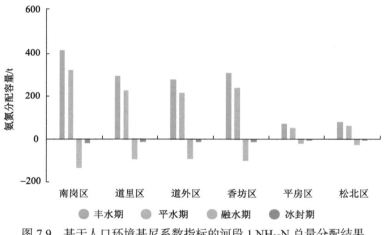

图 7.9　基于人口环境基尼系数指标的河段 1 NH_3-N 总量分配结果

7.3　污染物总量优化分配业务化系统实现

7.3.1　系统需求分析

通过对哈尔滨市生态环境局的调研及松花江哈尔滨市辖区控制单元的实地考察,结合水环境容量与地理空间信息之间的密切关系,总结出如下几点需求。

1. 用户角色需求

系统采用联网模式,为了对水量、水质等动态监测数据实施一定的保密措施,需要用户名、密码才能进入系统，即只有被授权的用户才可以登录此系统，对数据进行编辑、计算、存储等操作。因此系统中包含两类用户：普通用户和管理员用户。普通用户可以进行一般操作，而管理员用户则可以对系统的普通用户进行管理，赋予其权限。

2. 功能需求

对发布的地图服务进行显示、查询、坐标定位等一些基础性操作。根据松花江流域中主要断面的水量、水质等动态监测数据，分河段计算水环境总容量和剩余容量。主要是计算剩余容量，即可排放污染物的容量，将河段信息、排污口信息、企业信息以表格的形式进行展示，并可以动态编辑这些信息。根据计算所得水环境容量值，动态地对削减量进行分配，并显示在表格中。对历史数据进行新增、删除、编辑、查询等操作。

3. 性能需求

为了实现操作方便和人性化的需求，系统界面设计应美观，易于操作，采用 GIS 的交互设计方式，考虑减少用户的点击数、操作次数。系统应可靠且稳定，在高负荷情况下能够正常运行。系统代码应简洁明了、规范，方便开发人员维护。

4. 安全性需求

系统只应该由已经授权的用户访问。用户的密码信息等应加密存储，并有独立的安全措施。系统应能支持一些特殊字符的处理，并支持错误发生时的自动处理及人性化提示。系统在信息录入时，应进行必要的校验和检查，保证数据可靠，并且要有完善的数据备份机制。

7.3.2　系统架构及数据库设计

1. 系统架构设计

水环境污染物总量控制系统根据系统总体目标的实现情况、水环境容量计算方法及水环境容量分配目标，采用基于 B/S 与 C/S 相结合的混合模式体系。该模式具有很好的跨平台性，简洁易操作，能更好地满足对水环境容量动态计算及容量多目标分配的需求（苗作华等，2014）。

B/S 模式以 OpenLayers 的 JavaScript 的技术架构（刘艳等，2009），在 Myeclipse 10.7 上使用 Java 进行后台开发，前台使用 HTML+CSS+JavaScript 相结合的开发模式，使用 MySQL 5.6 作为业务数据库和地理数据库，并使用 Map Zone Server 作为 Web GIS 服务器。

C/S 模式以 C#.Net 与 MATLAB 相结合作为开发平台，在 Visual Studio 2010 上使用 C#进行开发，主要实现系统中的容量计算功能。

客户端运行环境为 Windows 7，服务器运行环境为 Windows Server 2008。

本平台从系统结构上可分为4层：数据层包括图形数据、属性数据、业务数据以及数据库管理，数据库管理又包含空间数据库、业务数据库和属性数据库；服务层包括服务器管理，其中包含GIS服务器、Web服务器和应用服务器；业务应用层包含污染物容量综合管理，包含容量计算、容量削减量分配、容量专题图查询、容量数据统计图表；客户端即空间数据管理，包含地图基本操作、距离面积量算和污染源信息查询。总体结构如图7.10所示。

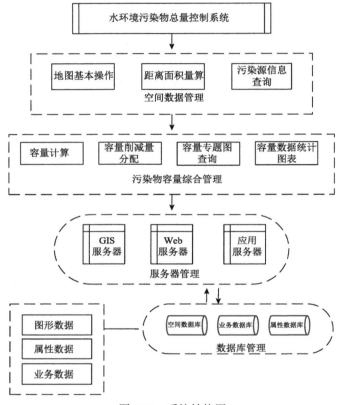

图7.10　系统结构图

1）数据层

数据层位于系统结构最底层，主要负责对通过各种设备获取的信息（如GPS、遥感影像、水质监测数据等）进行加工、处理、分类和分析，将最终整理完成的数据存储到地理数据库和业务数据库中，为系统提供数据的支持和保障。

2）服务层

服务层位于数据层的上一层，用来将数据层提供的空间数据发布到服务器中，数据层为其提供存取接口，便于其从数据库中读取、写入、删除对象。在空间数据的管理方面，采用MAPZONE Server对空间数据进行发布服务，并使用MAPZONE Desktop桌面工具对空间数据进行管理。服务层主要包括GIS服务器、Web服务器和应用服务器三部分。

3）业务应用层

业务应用层位于服务层之上，是用于实现系统应用功能的层次。它是系统实现各种业务功能的层级，B/S 结构部分主要通过 JavaScript 编写脚本代码实现具体功能，C/S 部分采用 C#语言编写代码实现容量计算功能。该层由系统开发者负责开发，接收客户端发来的各种请求，并根据内容对请求进行响应。

4）客户端

在传统的系统中，客户端/服务器（client/server，C/S）模式很难满足众多用户和终端同时访问应用服务，每个客户端在使用系统前都需要对系统进行安装、升级、设置参数等一系列操作，使用户操作增加，也加大了后期系统维护的成本。与之相对应，基于浏览器/服务器（browser/server，B/S）模式开发的系统用户只需要访问相应的浏览器，不需要其他操作，后期维护相对简单，因此，本系统主体部分采用基于 B/S 模式的体系结构。

由于水环境容量计算公式比较复杂，计算量比较大，为了减轻服务器端的压力以及对安全性的考虑，水环境容量计算功能会采用 C#.NET 和 MATLAB 相结合的 C/S 模式体系。

2. 系统数据库设计

数据库设计是系统设计的关键部分，也是系统的重要组成部分。数据库主要存储地图数据和水质水文监测数据。因此，本系统的数据库分为两部分：一部分是空间地理数据库，主要存储空间地理信息数据，采用 MAPZONE Server 对其进行发布，为系统实现可视化做数据准备；另一部分是业务数据库，主要存储系统的用户信息和相关水质、水文及污染源动态监测数据的属性信息，采用 MySQL 5.6 数据库进行统一的存储及管理，为系统的业务逻辑和监控应急的动态化做数据基础。本系统的数据来源分为以下几部分。

1）水质数据

水质数据包括松花江哈尔滨段所有监测点的 2009~2015 年逐月的水质监测数据，数据的主要指标有 TN、TP、BOD_5、NH_3-N、COD 等。

2）水文数据

水文数据包括松花江哈尔滨段所有水文监测点的 2009~2015 年逐月水流量数据。

3）河段数据

河段数据包括哈尔滨市 6 个概化河段的河段长度、河道上游来水流量、河道内排污流量、污染物控制标准浓度、污染物综合降解系数、河段内河水平均流速、污染物的环境本底值。

4）污染排放数据

污染排放数据包括松花江哈尔滨段废水排放量较大的企业废水排放数据以及 TN、TP、BOD_5、NH_3-N、COD 等排放数据；城市生活污水的废水排放及 TN、TP、BOD_5、NH_3-N、COD 等排放数据；支流各种污染物排入松花江干流的数据；其他一些非点源排放数据。数据库结构设计如图 7.11 所示。

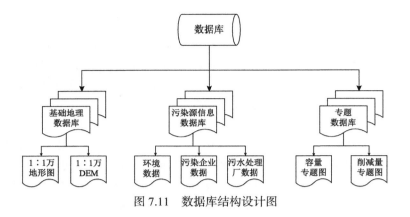

图 7.11　数据库结构设计图

7.3.3　技术路线

本章的技术路线图如图 7.12 所示。

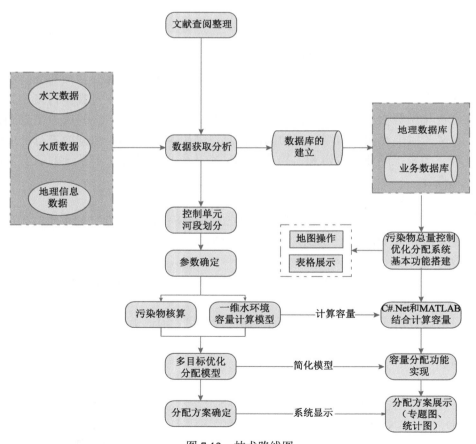

图 7.12　技术路线图

7.3.4　系统关键技术

系统运行于 Windows 7 操作系统中，系统开发采用 OpenLayers 和 AJAX 相结合的 WebGIS 技术，B/S 模式编程语言为 HTML、CSS、JavaScript 等网页开发技术，开发环境为 Myeclipse 8.6；C/S 模式编程语言为 C#.Net，并结合了 MATLAB，开发环境为 Visual Studio 2010 和 MATLAB 2010b，数据库管理系统使用 MySQL 5.6。系统实现的关键技术有以下几方面。

1. WebGIS 技术

由于 WebGIS 技术能够为水环境的管理提供更好的空间技术辅助以及决策支持服务，并更快速和高效地实现对水环境容量的查询、分析和决策功能，近年来，水质监测和水环境保护领域逐渐开始使用 WebGIS 技术开发一些相关的业务平台。

2. 基于 OpenLayers 和 AJAX 的 WebGIS 客户端

OpenLayers 是一个专门为 WebGIS 客户端开发提供的 JavaScript 类库包，用于实现标准格式发布的地图数据访问，能够实现在浏览器中浏览、漫游与放大缩小地图等基本功能。

在地图加载过程中，为了提高服务器的响应效率，减轻服务器的负担，利用 AJAX 实现异步加载地图，将 OpenLayers 通过客户端请求的地图消息通过 AJAX 引擎发送到 Web 服务器端，Web 服务器将请求解析后交给 GIS 服务器，在 GIS 服务器端处理该消息后返回地图切片的文件名，客户端通过该文件名加载相应地图文件（陈晨等，2009；张颖超等，2010）。这一过程是通过 AJAX 异步方式进行的，因此，不会造成浏览器的整个刷新，大大节省了地图加载时间。

本系统实现了对地图的基本操作，如放大、缩小、漫游、全屏显示等，其核心技术有地图加载及分图层显示、空间污水处理厂属性信息查询、对目标污水处理厂进行定位，添加标记并将该位置设置为地图的当前中心等均运用了 OpenLayers 和 AJAX 相结合的技术。

3. MySQL 数据库概述

MySQL 数据库支持优化的 SQL 查询算法，有效地提高查询速度。其既能够作为一个单独的应用程序被应用在客户端服务器网络环境中，也能够作为一个库而嵌入其他软件中。提供 TCP/IP、ODBC 和 JDBC 等多种数据库连接途径，提供用于管理、检查、优化数据库操作的管理工具。

4. 基于 C#.Net 和 MATLAB 混合编程的水环境容量计算

系统中容量计算功能为系统实现的关键技术，污染物总量控制业务化运行系统容量计算功能采用 MATLAB 和 C#.Net 混合编程的方法，综合以上两种方法的优点，不仅简化了代码，同时也提高了软件的开发效率。利用 C#.NetCOM Builder 工具将 MATLAB 程序编译成二进制的 COM 组件，在后台利用 MATLAB 编译器生成的组件实现各种计算的业务逻辑（王文斌等，2015）。

在 MATLAB 中将水环境容量计算的一维模型公式编写成.m 文件，该文件的命名必须与 Function 函数名称一致，调用 MATLAB 中 deploytool 工具将.m 文件编译成可执行程序，生成一个类型为.dll 的文件，该文件就是所要创建的 COM 文件。将 dll、MWArray.dll 和 Managed CPPAPI.netmodule 这三个文件复制到 C#.Net 对应项目的 Debug 文件夹中，并将这三个 COM 组件添加到工程中。在 C#.Net 中编写代码实现 MATLAB 和 C#数据类型之间的转换，连接 MySQL 5.6 数据库，从数据库中读取相应参数值，计算该河段的水环境容量，将计算结果保存到数据库中，在系统中刷新网页，在容量计算模块中，对应河段的容量值将在表格中显示。

7.3.5　系统功能实现

根据系统的需求分析以及系统在运行过程中可能产生的空间数据和非空间数据的特征，将系统分为地图基本操作、数据查询浏览、容量计算、容量分配、削减量分配、专题图查询展示和历史数据查询 7 个功能模块，如图 7.13 所示。

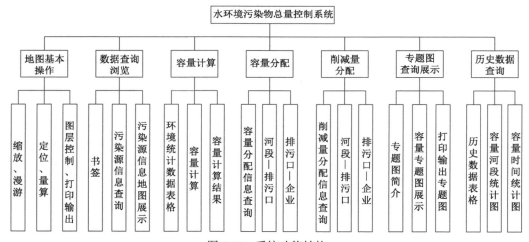

图 7.13　系统功能结构

1. 地图基本操作

系统初始界面左侧为初始功能模块，右侧主要以地图的形式在浏览器的地图展示区内展示。地图展示区展示的是控制单元范围及区划、所属河段、控制单元内污水处理厂及其对应的污染企业，可以以图层的形式对其进行切换。同时，用户可实现对地图的一些基本操作，也可以对地图进行二维、三维切换展示。这些基础功能满足对控制单元内河段、污水处理厂、污染企业空间信息的浏览和可视化需要。

2. 数据查询浏览

利用系统中数据查询功能查询污染源企业的详细信息，并在地图中可视化显示企业具体位置，如图 7.14 所示。系统使用的数据为研究区内环境统计数据，具体查询方式分为点查询、线查询、多边形查询和一键查询四种方式。应用该功能可对污染源企业进行实时监测，获得污染企业具体排放信息，同时与地图界面进行交互定位，更加直观地显示出污染源企业的空间位置信息，实现信息展示的多元化。

图 7.14　污染源信息查询图

3. 容量计算

根据不同河段污染物容量在时间和空间的动态变化特征，将每年的水环境容量数据以月份为单位并以表格的形式在 MySQL 5.6 数据库中存储。当用户点击容量计算功能时，系统直接调取存储在数据库中的容量表格并通过编程语言使容量表在系统主界面中显示，可对容量表进行查询、新增、编辑、删除、导出五种操作，实现对容量数据的管理。

水环境容量的计算功能是采取 C/S 模式，即在 MATLAB 中编写容量计算公式，将其保存成 .m 文件，在 C#.Net 中调用该文件，用户在 B/S 端输入相应容量参数并保存到数据库中，C/S 端 Visual Studio 2010 中引用 MySQL.dll 文件连接 MySQL 数据库，获取容量参数，进行容量计算，计算结果会自动保存到数据库的容量计算表中。

该功能实现了对一维模型的容量计算，使一维容量计算模型与平台相结合，简化了以往容量计算模型的复杂度，为容量分配和削减量分配提供数据基础。

4. 容量分配与削减量分配

当某一河段水质达到标准,容量计算结果为正值时,可对该河段剩余容量进行分配。将容量分配分为河段—排污口—企业三个层次进行，当某一河段容量可分配时，将其分配到所对应的排污口中，排污口又分配到具体的企业上，实现了对容量分配不同级别的动态控制。在系统中，用户根据容量计算结果选择对相应河段进行容量分配或削减量分配。系统中分配功能分为河段—排污口和排污口—企业两个子模块，每个模块都由两张表格组成，用户可以根据需要对某一河段、排污口或企业进行动态分配。

系统具有将分配结果导出成 Excel 表格的功能，该功能可以为哈尔滨生态环境局总量削减控制管理及决策方案提供依据。系统界面如图 7.15 所示。

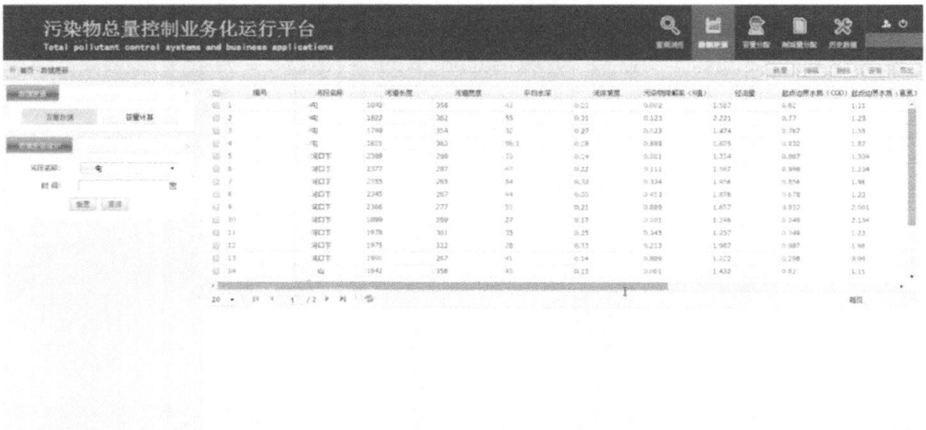

图 7.15　容量和削减量分配图

5. 专题图查询展示

水环境污染物容量总是处于动态变化过程中，及时、准确地掌握容量现状及动态变化规律，能为环保部门进行容量总量削减控制管理及决策方案提供可靠依据。当容量数据变化时，通过 Map Zone Server 将修改后的图形数据和属性数据发布成动态地图服务，实现同步更新。如图 7.16 所示，将 2015 年控制单元内全部河段的容量计算结果以月份为单位在 ArcGIS 中生成矢量图，将生成的矢量数据用 Map Zone Server 发布成动态地图服务。将控制单元分成 8 个河段，用不同颜色进行渲染，这样可以更加清楚地识别出河段容量之间的差异性及分布特点。用户可根据需要将专题图打印或保存成图片格式。

图 7.16　容量专题图展示

6.历史数据查询

如图 7.17 和图 7.18 所示，将容量和削减量历史数据以统计图表的方式展示，可更直观地对历史数据进行统计。但在该功能模块，用户不能对历史数据进行编辑操作，确保了数据的安全性。

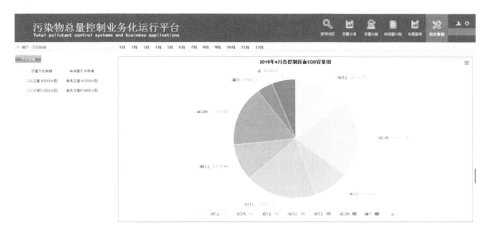

图 7.17　容量削减量分配饼状统计图

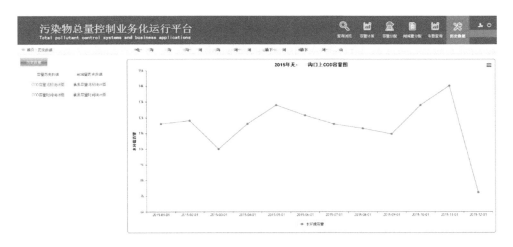

图 7.18　容量削减量分配折线统计图

7.4　结论与展望

7.4.1　结论

本章利用单排污口一维水质模型计算出研究区内松花江哈尔滨段水环境容量。分析研究区内污染物的产生和排放特点，将污染物类型分为点源污染和非点源污染，分别计算其污染负荷。运用多目标优化分配方法对研究区内各污染源的水体污染物进行总量分配和削减量分配。设计并实现基于 B/S 结构的水环境污染物总量控制系统，实现系统的业务化运行，根据研究结果，在系统中实现对松花江哈尔滨段总量的计算及分配，制定相应的总量减排模式。研究结果表明以下内容。

1. 水环境容量计算

本节采用单排污口一维水质模型，模拟计算松花江哈尔滨段 6 个概化河段的水环境容量，计算结果为，松花江哈尔滨段 COD 年水环境容量为 157114.606t/a，其中丰水期水环境容量为 86457.306t/a，平水期水环境容量为 30628.41t/a，融水期水环境容量为 25493.36t/a，冰封期水环境容量为 14535.53t/a。松花江哈尔滨段 NH_3-N 水环境容量为 32439.40t/a，其中丰水期水环境容量为 18706.04t/a，平水期水环境容量为 7555.28t/a，融水期水环境容量为 3516.67t/a，冰封期水环境容量为 2661.41t/a。

2. 污染物核算

根据研究区内污染物的产生和排放特点，将污染物分为点源污染和非点源污染。其中，点源包括城市生活污染源和工业污染源，非点源包括农村生活污染源、畜禽养殖污染源、农田污染源和城市融雪径流污染源。结果表明，点源污染中，城市生活污染所占比重较大，COD 入河量为 56283.82t/a，NH_3-N 入河量为 8607.96t/a；工业污染占比较小，COD 入河量为 2454.1t/a，NH_3-N 入河量为 485t/a。非点源污染中，畜禽养殖污染占比较大，COD 入河量为 39693t/a，NH_3-N 入河量为 239.87t/a；农村生活污染中，COD 入河量为 1581.73t/a，NH_3-N 入河量为 158.77t/a；农田污染中，COD 入河量为 2980.13t/a，NH_3-N 入河量为 1946.98t/a；城市融雪径流污染中，COD 入河量为 3481.85t/a，NH_3-N 入河量为 32.02t/a。

3. 松花江哈尔滨段水环境污染物总量分配

借鉴 TMDL 水质管理模式，在容量计算结果和污染负荷结果的基础上，计算出四个水期控制单元六个河段 COD 和 NH_3-N 的最大污染负荷值。在各河段水环境污染物总量分配的基础上，采用等比例分配法进行各辖区的二次分配，将污染物总量分配到各辖区内。同时，选用环境基尼系数法来评价二次分配的公平性。结果表明，人口和 GDP 的环境基尼系数均小于 0.2，因此，各辖区 COD、NH_3-N 需削减总量或还可纳污总量无论是按人口比重还是按 GDP 比重进行等比例分配均合理，具有较强的公平性。

4. 污染物总量优化分配业务化系统

开发基于 B/S 结构的污染物总量控制业务化系统，MySQL 数据库为基础数据库，OpenLayers 和 AJAX 相结合实现系统地图基本功能，MATLAB 结合 C#.Net 技术计算容量，将分配模型简化编写到系统中，实现系统的业务化运行，制定相应的总量减排模式。

7.4.2　展望

　　本章以松花江哈尔滨段为例，结合实际研究区环境、经济、社会的具体情况，计算松花江哈尔滨段水环境容量和污染物负荷，并在综合多种分配方法的优缺点之后，对研究区内还可纳污总量进行分配，取得了初步的分配成果。设计污染物总量优化分配业务化系统仍有许多需要完善之处。

　　（1）本章采用 TMDL 水质管理模式的最大污染负荷理念，采用等比例分配法对还可纳污容量进行分配，应用环境基尼系数法对分配公平性进行评价，该方法具有一定的局限性，不一定适用于所有排污单位。因此，如何采用更为科学合理的分配方法，有待进一步研究。

　　（2）对于污染物总量优化分配业务化系统，可在系统地图显示功能中加入遥感影像，可更直观地对控制单元内污染源信息进行展示。目前系统在哈尔滨市生态环境局处于试运行阶段，将通过用户反馈体验对系统进行调试、优化和完善。

第8章　基于多源遥感的哈尔滨松花江水质反演

8.1　基于多光谱遥感的松花江水质反演

遥感在内陆水质反演方面受环境、天气、季节影响较大，如果水体流动性较大，则流域水体存在空间异质性。多光谱遥感反演的关键技术是建立能有效反映遥感影像光谱值与水质关系的解析模型。目前，在水质反演模型构建方面主要有经验模型法、半经验模型法以及分析模型法。其中，经验模型法包括单波段法、波段比值法及波段差值法等；半经验模型法包括三波段法、四波段法等。

松花江流域位于东北地区，季节性特征尤为典型。松花江流域水质变化有枯水期、平水期、丰水期 3 个时间段，故分别选取 2019 年 7 月 8 日哨兵-2A 卫星，2019 年 8 月 4 日 GF-1/WFV1 卫星，以及 2019 年 9 月 15 日 Landsat-8/OLI 卫星来构建反演松花江流域哈尔滨市段 4 个主要水质参数（总磷、氨氮、化学需氧量、高锰酸盐指数）的回归模型。

8.1.1　卫星遥感数据来源及预处理

遥感卫星数据包括一景 2019 年 7 月 8 日哨兵-2A 数据、一景 2019 年 8 月 4 日 GF-1/WFV1 数据和一景 2019 年 9 月 15 日 Landsat-8/OLI 数据，利用三景不同空间分辨率、时间分辨率及光谱分辨率的影像对同一研究区松花江哈尔滨段水体进行水质参数反演模型的构建。

哨兵-2 号卫星携带一枚多光谱成像仪（MSI），高度为 786km，可覆盖 13 个光谱波段，幅宽达 290km。地面分辨率分别为 10m、20m 和 60m，一颗卫星的重访周期为 10 天，两颗互补，重访周期为 5 天。从可见光和近红外到短波红外，具有不同的空间分辨率。

GF-1 是我国高分辨率对地观测卫星系统重大专项的第一颗卫星。GF-1 卫星搭载两台 2m 分辨率全色/8m 分辨率多光谱相机，四台 16m 分辨率多光谱相机。经过查找研究发现 GF-1/WFV1 的 8 月 4 日影像数据符合反演研究的应用条件。

Landsat-8/OLI 是从美国地质调查局（USGS）数据交换中心下载的。OLI 的返回时间为 16 天（USGS 2016），在 30m 空间分辨率的可见红边内有 4 个波段。本书使用的 OLI 图像是辐射测量的，并利用 ENVI 5.3 中的光谱超立方体（FLAASH）快速视线大气分析（FLAASH）模块校准并转换成表面反射率。

8.1.2　遥感影像处理成果

为了提高研究区反演效率、加快计算速度，也为了避免水体之外其他地物对反演结果的影响，将松花江哈尔滨段水体从遥感影像上单独提取出来进行反演研究。水体提取方法有多种，如阈值分割、归一化差异水体指数及矢量边界提取。本章利用松花江哈尔滨段水体矢量边界生成掩膜进行水体提取，在 ENVI 5.3 软件中使用 Subset Data from ROIs 工具，并应用掩膜数据对哨兵-2A 数据、GF-1/WFV1 数据及 landsat-8/OLI 数据进行边界裁剪，获取松花江哈尔滨段水体边界遥感影像波段数据。

8.1.3　基于多光谱遥感水质模型构建

1. 哨兵-2A 遥感卫星数据水质反演

对 2019 年 7 月 9 日松花江流域实测采样站点数据和对应 2019 年 7 月 8 日哨兵-2A 多光谱 10m 分辨率波段分别为 b2、b3、b4、b8 的反射率数据进行敏感波段分析。利用软件 ENVI 5.3 中 Toolbox 工具箱里的扩展工具 NewROI from ASCII 这一功能，根据实测采样点坐标对哨兵-2A 遥感波段反射率提取结果。

利用 2019 年 7 月 8 日获取的实测采样点 4 项水质指标（氨氮、高锰酸盐指数、总磷、化学需氧）检测结果分别与哨兵-2A 数据 10m 空间分辨率波段光谱反射率做相关性分析。为了降低大气对影像波段光谱反射率的影响，增加波段光谱反射率之间做比值运算的处理过程，分别计算单波段和两个不同波段光谱反射率比值与水质指标浓度间的相关系数。利用皮尔逊相关系数模型确定 2 个变量之间的相关程度，根据模型最终确定波段 lnB4/lnB3 与化学需氧量实测浓度敏感度最高、lnB2 与总磷实测浓度敏感度最高、lnB8/lnB4 与氨氮实测浓度敏感度最高、lnB3 与高锰酸盐指数的敏感度较高，然后根据相关分析获得的敏感度最高的哨兵-2A 数据 10m 空间分辨率的波段光谱反射率与 4 项水质指标实测浓度数据做回归分析，得到的结果如图 8.1 所示。

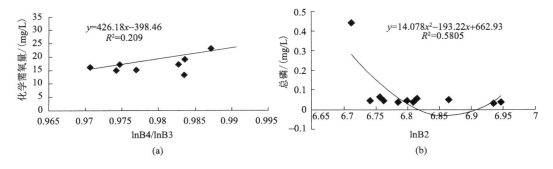

(a)

(b)

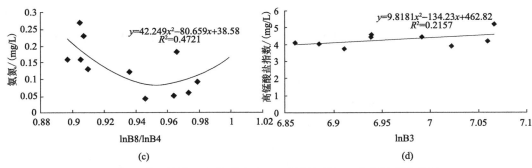

图 8.1　基于统计回归模型哨兵-2A 光谱波段与 4 个指标反演结果

根据以上构建的传统回归模型，用模型的拟合度系数评价 R^2 模型的可用性后得出，化学需氧量 R^2 为 0.209、总磷 R^2 为 0.5805、氨氮 R^2 为 0.4721、高锰酸盐指数 R^2 为 0.2157，由以上模型系数可得模型适用性比较低。

2. GF-1WFV1 遥感卫星数据水质反演

根据 2019 年 8 月 7 日松花江流域实测采样站点数据和对应 2019 年 8 月 7 日 GF-1/WFV115m 分辨率波段分别为 b1、b2、b3、b4 的反射率数据进行敏感波段分析。利用软件 ENVI 5.3 的 Toolbox 工具箱里的扩展工具 NewROI from ASCII，根据实测采样点坐标对 GF-1/WFV1 遥感波段反射率提取结果。

利用 2019 年 8 月 7 日采样点 4 项水质指标氨氮、高锰酸盐指数、总磷、化学需氧量分别与 GF-1/WFV1 数据 16m 空间分辨率波段做相关性分析，为了降低大气对影像波段光谱反射率的影响，增加波段光谱反射率之间做比值运算的处理过程，分别计算单波段和两个不同波段光谱反射率比值与水质指标浓度间的相关系数。选用皮尔逊相关系数模型确定 2 个变量之间的相关程度，根据模型计算最终确定波段 lnB1 与化学需氧量实测浓度敏感度最高、B4 与总磷实测浓度敏感度最高、lnB1 与氨氮实测浓度敏感度最高、lnB3 与高锰酸盐指数实测浓度敏感度最高，然后对根据相关分析获得的敏感度最高的 GF-1/WFV1 遥感卫星 16m 空间分辨率波段光谱反射率与 4 项水质指标实测浓度数据做回归分析，得到的结果如图 8.2 所示。

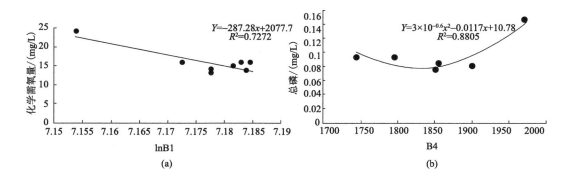

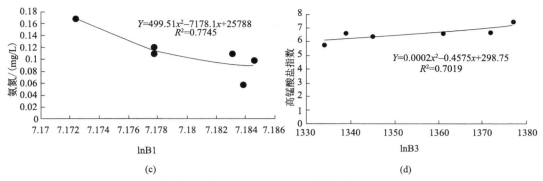

(c)　　　　　　　　　　　　　　　　(d)

图 8.2　基于统计回归模型 GF-1/WFV1 光谱波段与 4 个指标反演结果

根据以上构建的传统回归模型，用模型的拟合度系数评价 R^2 模型的可用性得出，化学需氧量 R^2 为 0.7272、总磷 R^2 为 0.8805、氨氮 R^2 为 0.7745，高锰酸盐指数 R^2 为 0.7019，由以上模型系数得出模型适用性较好。

3. Landsat-8 OLI 遥感卫星数据水质反演

根据 2019 年 9 月 25 日松花江流域实测采样站点数据和对应 2019 年 9 月 25 日 Landsat-8/OLI 30m 分辨率波段分别为 b1、b2、b3、b4、b5、b6、b7 的反射率数据进行敏感波段分析。利用软件 ENVI 5.3Toolbox 工具箱里的扩展工具 NewROI from ASCII，根据实测采样点坐标对 Landsat-8 OLI 遥感波段反射率提取结果。

利用 2019 年 9 月 25 日采样点 4 项水质指标氨氮、高锰酸盐指数、总磷、化学需氧量分别与 Landsat-8/OLI 数据 30m 空间分辨率波段反射率做相关性分析，为了降低大气对影像波段光谱反射率的影响，增加波段光谱反射率之间做比值运算的处理过程。分别计算单波段和两个不同波段光谱反射率比值与水质指标浓度间的相关系数，选用皮尔逊相关系数模型确定 2 个变量之间的相关程度，根据模型最终确定波段 lnB4 与化学需氧量实测浓度敏感度最高、B4 与总磷实测浓度敏感度最高、B3 与氨氮实测浓度敏感度最高、B3 与高锰酸盐指数实测浓度敏感度最高，然后对根据相关分析获得的敏感度最高的 Landsat-8/OLI 数据 30m 空间分辨率光谱反射率与 4 项水质指标实测浓度数据做回归分析，得到的结果如图 8.3 所示。

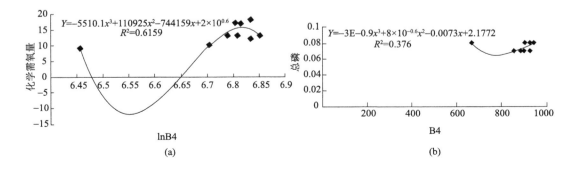

(a)　　　　　　　　　　　　　　　　(b)

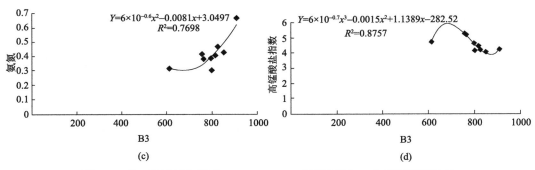

图 8.3　基于统计回归模型 Landsat-8/OLI 光谱波段与 4 个指标反演结果

根据以上构建的传统回归模型，用模型的拟合度系数评价 R^2 模型的适用性得出，化学需氧量 R^2 为 0.6159，总磷 R^2 为 0.376，氨氮 R^2 为 0.7698，高锰酸盐指数 R^2 为 0.8757，由以上模型系数得出模型适用性较好。

8.2　基于机器学习 PSO-SVR 对水质反演模型的建立

8.2.1　基于 PSO-SVR 对高锰酸盐指数反演

高锰酸盐指数的最佳敏感波段反射率 B3 和高锰酸盐指数浓度数据作为模型的输入、输出数据。模型的评价指标有均方根误差（RMSE）、R^2 以及平均百分误差（MAPE）。通过调节 SVR 各参数优化 PSO 算法，获取模型运行界面如图 8.4 所示，粒子群算法通过适应度来指导参数的进化方向，进化代数与适应度关系如图 8.5 所示。

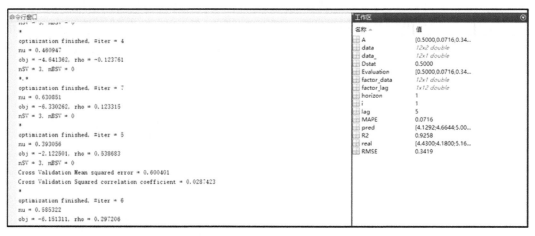

图 8.4　PSO-SVR 运行界面

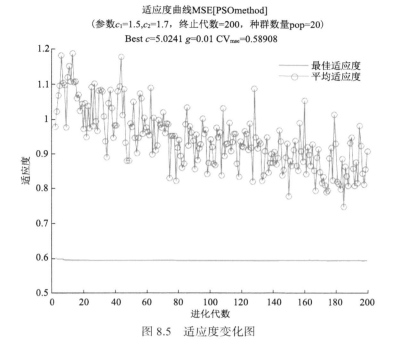

图 8.5　适应度变化图

选择测试样本对模型进行检验，得到 PSO-SVR 模型预测结果与真实值对比，如图 8.6 所示。

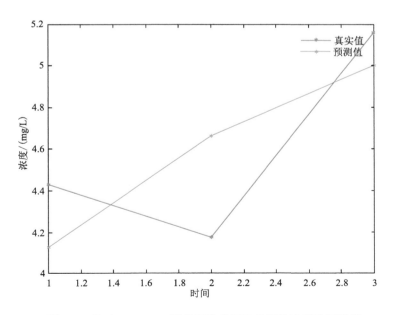

图 8.6　基于 PSO-SVR 模型反演高锰酸盐指数浓度验证精度

将三种模型反演结果进行对比分析，结果如表 8.1 所示。

表 8.1　模型反演结果对比分析

模型	R^2	RMSE	MAPE
PSO-SVR	0.9259	0.3419	0.0716
三次多项式回归	0.8802	0.4816	0.0385
GA-SVM	0.9093	0.4182	0.0856

8.2.2　基于 PSO-SVR 对化学需氧量反演

化学需氧量的最佳敏感波段反射率 lnB4 和化学需氧量浓度数据作为 PSO-SVR 反演模型的输入、输出数据，模型的评价指标有 RMSE、R^2、MAPE。通过调节 SVR 各参数，优化 PSO 算法，获取模型运行界面如图 8.7 所示，粒子群算法通过适应度来指导参数的进化方向，进化代数与适应度的关系如图 8.8 所示。

图 8.7　PSO-SVR 运行界面

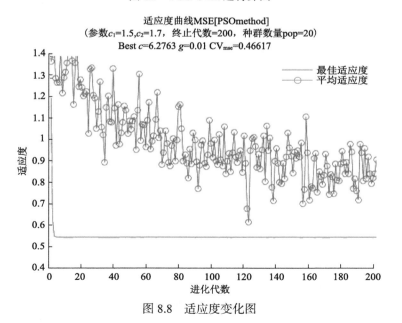

图 8.8　适应度变化图

选择测试样本对模型进行检验，得到 PSO-SVR 模型预测结果与真实值对比，如图 8.9 所示。

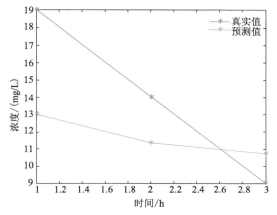

图 8.9 基于 PSO-SVR 模型反演化学需氧量浓度验证精度

对三种模型反演结果进行对比分析，结果如表 8.2 所示。

表 8.2 模型反演结果对比分析

模型	R^2	RMSE	MAPE
PSO-SVR	0.7325	3.9041	0.23
三次多项式回归	0.7292	3.9490	0.25
GA-SVM	0.7118	4.2032	0.2772

8.2.3 基于 PSO-SVR 对氨氮反演

氨氮的最佳敏感波段反射率 B3 和氨氮浓度数据作为 PSO-SVR 反演模型的输入、输出数据，模型的评价指标有 RMSE、R^2、MAPE。通过调节 SVR 各参数，优化 PSO 算法，获取模型运行界面如图 8.10 所示，粒子群算法通过适应度来指导参数的进化方向，进化代数与适应度关系如图 8.11 所示。

图 8.10 PSO-SVR 运行界面

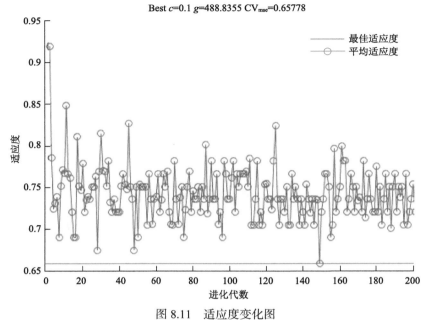

图 8.11　适应度变化图

选择测试样本对模型进行检验，得到 PSO-SVR 模型预测结果与真实值对比，如图 8.12 所示。

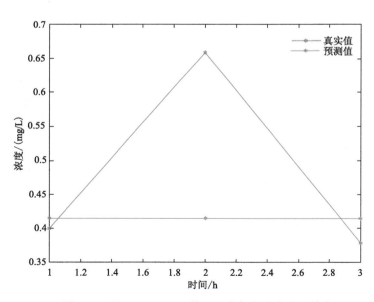

图 8.12　基于 PSO-SVR 模型反演氨氮浓度验证精度

对三种模型反演结果进行对比分析，结果如表 8.3 所示。

表 8.3　模型反演结果对比分析

模型	R^2	RMSE	MAPE
PSO-SVR	0.7118	0.1431	0.1669
三次多项式回归	0.6210	0.1744	1.2368
GA-SVM	0.67587	0.1590	0.1558

8.2.4　基于 PSO-SVR 对总磷反演

总磷的最佳敏感波段反射率 B4 和总磷浓度数据作为 PSO-SVR 反演模型的输入、输出数据，模型的评价指标有 RMSE、R^2、MAPE。PSO 算法优化调节 SVR 各参数，获取模型运行界面如图 8.13 所示，粒子群算法通过适应度来指导参数的进化方向，进化代数与适应度关系如图 8.14 所示。

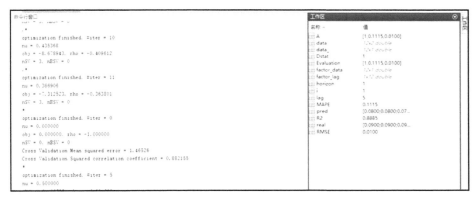

图 8.13　PSO-SVR 运行界面

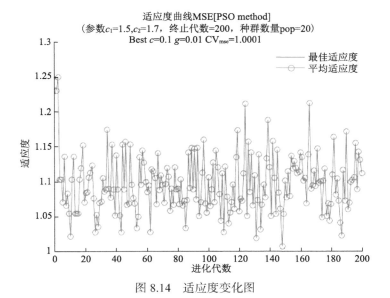

图 8.14　适应度变化图

选择测试样本对模型进行检验，得到 PSO-SVR 模型预测结果与真实值对比，如图 8.15 所示。

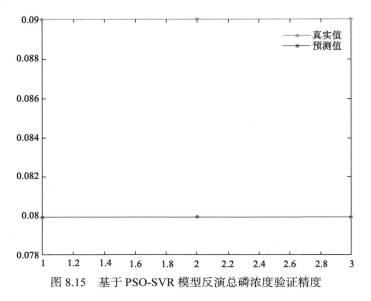

图 8.15　基于 PSO-SVR 模型反演总磷浓度验证精度

对三种模型反演结果进行对比分析，结果如表 8.4 所示。

表 8.4　模型反演结果对比分析

模型	R^2	RMSE	MAPE
PSO-SVR	0.8885	0.01	0.11
二次多项式	0.8611	0.0125	0.0956
GA-SVM	0.8884	0.01	0.11

8.3　小结与讨论

由于一些客观条件缺失，采样点样本较少，用实测高光谱遥感数据和多光谱遥感数据波段反射率与实测采样点指标浓度数据建立传统回归模型难以满足模型要达到的精度，同时水域具有流动性、变化性等特征，水质与波段反射率之间的关系就变得更加复杂，也可能存在非线性关系。因此本章提出将机器学习和智能算法相结合以应用于水质指标反演。

本章介绍将 9 月 15 日遥感卫星 Landsat-8/OLI 数据和 9 月 25 日采样水质数据作为数据源，建立 PS0-SVR 模型，并将其与传统回归模型、GA-SVM 模型进行比较。选用 R^2、RMSE、MAPE 作为三个模型精度的评价指标，将 PSO-SVR 模型反演结果与 GA-SVR 模型、传统线性回归模型计算得到的结果的精度进行比较。

PSO-SVR 模型对高锰酸盐指数最佳评价指标 RMSE 为 0.3419，R^2 为 0.9259，MAPE 为 0.0716；GA-SVM 模型对高锰酸盐指数最佳评价指标 RMSE 为 0.4182，R^2 为 0.9093，MAPE 为 0.0856；传统回归模型对高锰酸盐指数最佳评价指标 RMSE 为 0.48，R^2 为 0.8802，MAPE 为 0.0385。

PSO-SVR 模型对化学需氧量最佳评价指标 RMSE 为 0.46617，R^2 为 0.7325，MAPE 为 0.23；GA-SVM 模型对化学需氧量最佳评价指标 RMSE 为 4.2032，R^2 为 0.7118，MAPE 为 0.2772；传统回归模型对化学需氧量最佳评价指标 RMSE 为 3.9490，R^2 为 0.7292，MAPE 为 0.25。

PSO-SVR 对氨氮最佳评价指标 RMSE 为 0.1431，R^2 为 0.7118，MAPE 为 0.1669；GA-SVM 模型对氨氮最佳评价指标 RMSE 为 0.1590，R^2 为 0.67587，MAPE 为 0.1558；传统回归模型对氨氮最佳评价指标 RMSE 为 0.1744，R^2 为 0.6210，MAPE 为 1.2368。

PSO-SVR 对总磷最佳评价指标 RMSE 为 0.01，R^2 为 0.8885，MAPE 为 0.11；GA-SVM 模型对总磷最佳评价指标 RMSE 为 0.01，R^2 为 0.88884，MAPE 为 0.11；传统回归模型对总磷最佳评价指标 RMSE 为 0.0125，R^2 为 0.8611，MAPE 为 0.0956。

实验结果表明，PSO-SVR 模型对 4 个水质指标浓度反演预测精度的 3 个评价指标值精度均高于 GA-SVM 和传统回归模型。

第9章　基于CBR与RBR的突发水环境污染处理专家系统研究

　　专家系统是指在某一特定领域内能对针对性的问题给出正确、合理的解决方案，是能够以专家水平解决实际问题的智能计算机系统。目前专家系统多采用基于案例的推理（CBR）和基于规则的推理（RBR）模式，本章采用 CBR 和 RBR 相结合的策略，为突发水环境污染提供专业有效的解决方案。

　　专家系统开发的先导工作就是建立知识库。知识库的建立需要知识获取、计算机语言表示等。本章知识获取主要采用查阅文献和期刊、阅读书籍、查询网络、专家经验等途径，将获取到的知识事件进行精简整理，并分析所有事件的特征并总结它的占比，得到污染物、事故地理位置等一系列占比高的特征。有了对事件特征的描述后，接下来就是将特征的人类语言转化为计算机语言，在不同的特征下有细类划分，用 $1\sim n$ 不同数字表示。同理，不同事件也有其对应的解决方案，它对应不同数字，一个完整的事件是由特征和解决方案构成的。本章通过专家系统研究相关数据，共收集 484 个事件，其中363 个用于专家系统的训练，121 个用于专家系统的测试。

　　然后进行 CBR 和 RBR 的算法研究，CBR 采用标准欧氏距离和 K 近邻，融合了标准欧氏距离和 K 近邻的优点，保证了距离测量的有效性，并且避免了最近邻算法中的"独断专行"弊端。在该框架中使用了人机交互接口对新发生事件进行特征化。但是 CBR的欧式距离存在不主动学习、泛化能力差等缺点，因此加入 RBR。RBR 采用 ID3、C4.5和 CART 树，通过准确率、精确率、召回率和 F1-Measure 对三种算法进行性能评估，得到的 CART 树比 ID3、C4.5 更优越，因此 RBR 采用 CART 树。

　　最后在 Ubuntu 系统下完成 CBR 和 RBR 的设计实现，该系统充分模拟人类专家分析与解决问题的过程，有效地完成智能推理，为突发水环境污染事件提供应急的解决方案，依托两种不同的推理相互互补获得最有效的解决方案。本章研究在应对突发水环境污染事件处理上提供了技术与解决方案的支持。

9.1　知识库的建立

9.1.1　知识的概念

知识是人类在实践中认识客观世界（包括人类自身）的成果，包括事实、信息的描述或者在教育实践中获得的技能。知识是人类从各个途径中获得的经过提升总结与凝练的系统的认识。在哲学中，关于知识的研究叫作知识论，知识的获取涉及许多复杂的过程：感觉、交流、推理。知识也可以看成是构成人类智慧的最根本的因素，知识具有一致性、公允性，判断真伪要根据逻辑，而非立场。当然知识在计算机中表示该事物所拥有的某些特性、特征，可以用不同于文字和语言的数字来表示事物的特性、特点。例如，突发的水环境污染事件的主要污染物、地点、污染等级等都是对污染事件作出解释，这就是知识，即从众多信息中采集出来有用的、有价值的对事件的描述。

9.1.2　知识与知识库

知识可以按照以下几种方式进行分类。

1. 通用知识与领域知识

通用知识是指常识性的、普遍存在于人们大众生活当中的一般的知识，它适用于各个领域和各个方面。而领域知识是指应用于特定领域、专业性非常高的知识，应用面比较窄。水环境污染专家系统中的领域知识是可以提供给业内人员的专业的解决问题的方案。

2. 公开知识与个人知识

领域知识包含公开知识与个人知识，这是领域知识常见的两种类型。公开知识是指在某一领域内已经公开发表的文献资料、教科书、事实陈述、概念、理论、结论等。个人知识是指专家根据自己的经验知识直观推理出的、没有被公开的用于解决难题的启发性知识。个人知识能够体现出一个专家的个人能力与水平，但是专家通常很难以把个人知识经验严格、准确、精炼地描述出来，同时个人知识不具有算法的有效性、准确性。因此，对于个人知识的获取、总结整合、合理表述是专家系统的关键任务（秦宏宇，2017）。

3. 知识库的概念

知识库是对相互关联的某种事实、知识进行分类、组织、程序化，然后按照一定的要求存储在计算机中的知识集合，能够进行知识共享和技术整合。知识库与普通的数据库不同，它能够从普通数据库中有针对性、目的性地抽取知识点，按一定的知识体系进行整理和分析，从而组织起来的数据库，是能够面向用户的有特色、专业化的知识服务系统。以上是从知识存储的角度来定义知识库，那么从知识使用的角度来看，它是由知识和知识处理机构组成的一个知识域（刘峤等，2016）。

9.1.3 知识获取

知识的数量与知识的质量决定专家系统的质量，是专家系统整体性的关键。因此知识工程师和领域专家获取知识的工作显得十分重要。知识主要通过相关领域内的论文、相关领域内的专家知识经验、论著、环境统计年鉴等途径获取，将这些知识不断地归纳总结，整合到知识库中，最终建立全面的、可支持求解领域问题的、完善的、准确的知识库。

人工获取是全程由人为获取知识的方法，通过阅读大量有影响力的文献、网站、书籍并结合访问专家的形式对突发水污染事故信息进行大量的收集。最终总结归纳出完整的知识库；自动知识获取是一种全程不需要人为参与的知识获取方法，计算机可直接从领域内的专家文献、著作、实例中提取和归纳出有价值的知识，这是一种自学的能力，目前已经有利用数据挖掘等技术开发出自动获取知识的工具，能够从大量的数据中获取知识，并且构建专家知识库。近年来人工神经网络研究提出从大量数据中获取知识的一些自学习的算法，为自动学习算法奠定了理论基础，人工智能是计算机科学的一个分支，是对人的思维意识的信息过程的模拟。机器学习是人工智能的一个分支，是通过算法使得机器能从大量历史数据中学习规律，从而对样本做出智能识别或预测。深度学习则是机器学习的一个新领域，其动机在于建立可以模拟人脑进行学习分析的神经网络，它模仿人脑的机制来解释数据。但当前还没有完全实现自动知识获取应用于实际中。自动获取的前提是有海量的标准数据、应用数据等，但对于大多数领域来说是比较难实现的，因此，目前人工获取是使用最多的一种知识获取的方法（彭营营，2017）。

9.1.4 水污染与事件处理知识

1. 水污染知识

突发水污染事件是指自然灾害、生产事故或人为破坏导致污染物突然进入河流、湖泊等水域中，影响水资源的使用安全，对社会经济活动造成严重影响，水环境受到严重破坏的事件。将这些突发水污染事件收集起来，对其进行分析总结，得到本章所需要的有关突发水污染事件的有用信息，统称为水污染知识（张菊等，2013）。

2. 事件处理知识

事件处理是针对突发水环境污染中某些已经出现的，或者可以预期的问题、不足、缺陷、需求等，所提出的解决整体问题的方案，同时能够确保快速且有效地执行，通常指问题解决的方法。每种突发水环境污染事件都有其对应的事件处理方法，将有用的、有效的事件处理进行归纳总结，即形成突发水环境污染处理知识，也就是事件处理知识。

9.1.5　专家知识获取方法

对于知识获取的方式，本章通过阅读大量有影响力的文献、网站、书籍并结合访问专家的形式对突发水污染事件信息进行大量的收集。

1. 文本资料获取

1）查阅文献、期刊

通过文献、期刊查找相关突发水环境污染事件的时间、地点、危害等级、处理方法等，参考文献主要来自中国知网、百度学术、读秀等。同时查阅的期刊主要来自国内外相关领域的专业期刊，其中包括国内外安全与环境领域的权威期刊，如 MSDS、《环境统计年鉴》、《安全与环境学报》、《化学品安全与应急救援通讯》、《全球化学事故通报与调查动向》、*Safety Science*、*Journal of Hazardous Materials*、*Journal of Chemical Health & Safety* 等，这些期刊包含国内外的环境污染事故，包括事故的发生时间、污染物质、事故等级、危害等。

2）书籍阅读

书籍对于突发水环境污染事故介绍较为详细，不仅包含事故发生时间、地点、处理方案等信息，还包含事故周边环境状况对污染处置方案的影响等，主要参考书籍有《突发环境事件典型案例选编（第 1 辑）》（张力军，2011）、《突发性环境污染事故应急监测案例》（李国刚，2010）等。但是，书籍对于突发水环境污染事件的收录是有限的，主要对影响范围大、危害大、社会关注度较高的事件进行收录介绍，因此通过书籍收集突发水环境污染事件是远远不够的。

3）网络查询

网络查询主要通过网络搜索、数据库检索等方式收集突发水环境污染事故案例，并将收集到的案例数据进行整合分析，因为网络数据比较庞大、信息丰富，通过网络可以获取大量的突发水环境污染的事故案例，是进行案例调查的最佳方案，国内权威的网站主要有国家安全生产监督管理总局网、化学品事故信息网等。

国家安全生产监督管理总局是中华人民共和国国务院主管全国安全生产监督相关事项的正部级国务院直属机构，网站的事故报道包含事故查询系统、快报系统，还有分类报道。但网站报道并不够全面，只对事故发生时间、地点、经过、事故原因等信息进行介绍（曹敬灿，2014）。

2. 专家经验知识获取

1）交谈法

把能够获得该领域内准确的、有效的知识经验为主要目的，和该领域内的专家深入交谈，不仅做到理解专家解决问题的方法思路、专家对该问题的概念和解释，还要进行笔录，通过以上方法分析处理所获得的知识，将整理好的知识反馈给专家，并对知识进行不断的修正与完善整理。例如，去哈尔滨市生态环境局请教某主任有关突发水环境污染事件，通过交流得到有关水环境污染的一些案例以及专家处理方案。

2）观察法

除交谈法之外，知识获取可以进行观察，观察专家在面对该领域问题时所采用的方式方法、策略、处理流程的最直观感性的认识。

3）口语记录分析法

这种方法是专家通过叙述一件或者多件事件，发现问题、思考问题、分析问题、解决问题的过程，如发现某个值得思考的问题，那么就会想到为什么出现这种现象，怎样解决问题，然后将专家口述的细节记录下来，并且把专家解决问题的推理策略和启发性的知识记录下来。口语记录分析法比交谈法能获得更具体、全面且不受限制的知识。本人在访问专家时，会采用录音笔把专家口述的内容录下来，然后复听进行分析记录数据。

9.1.6　突发水环境污染知识库建立

按照人类专家知识获取方法获取突发水环境污染处理的知识，并将收集到的突发水环境污染处理知识进行提纯、精化，主要记录污染事件的关键部分，即事件详情和案例的解决方案。

以事件一为例，事件一为陕西某企业的溃坝事故，事故简介如下。

2006 年 4 月 30 日 18 时 24 分，陕西 M 公司尾矿库发生溃坝事故，尾矿库剧毒氰化物流入下游米粮河，引发河水污染，对下游人民引用水的安全造成威胁。外泄尾矿砂量约 20 万 m^3，冲毁居民房屋 76 间，22 人被淹埋，5 人获救，17 人失踪。解决方案：通过排放尾矿库积水、修筑围堰截渗，向污水中抛撒石灰和漂白粉中和氰化物等有效措施，尾矿库坝体没有发生进一步溃决，环境污染得到控制。

事件中可以作为构建专家系统知识的关键信息如下。

事件关键信息：2006 年 4 月 30 日，陕西 M 公司尾矿库突发溃坝事件，致使氰化物流进米粮河，河水污染，对下游人民引用水的安全造成威胁。解决方案：采取排放尾矿库积水、修筑围堰截渗，同时向污水中撒石灰和漂白粉中和氰化物等措施。

按照以上方式，本章对 484 个突发水环境污染事件进行知识获取、整理。最终可用于构建专家系统的人类专家知识如表9.1所示，为部分突发水环境污染关键信息及解决方案。

表 9.1　突发水环境污染关键信息及解决方案

序号	事件关键信息	解决方案
1	2006.4.30，陕西 M 公司尾矿库突发溃坝事件，致使氰化物流进米粮河，河水污染，对下游人民饮用水的安全造成威胁	采取排放尾矿库积水、修筑围堰截渗，同时向污水中撒石灰和漂白粉中和氰化物等措施
2	2011.6.4，渤海湾蓬莱 19-3 海上油气田发生溢油事故，造成周围环境污染，致使该地区的 I 类水变劣 IV 类	油田平台停止作业，停止注水和岩屑回注。在发生事故的溢油点放大罩子，盖住事故点。与此同时，在事故发生的周边增设围油栏
3	2013.11.22，青岛市黄岛区秦皇岛路与斋堂岛路交汇处输油管线破裂，导致周围街将近 1000m^2 路面被原油污染，一部分原油遇雨水冲刷进入胶州湾，造成海面上近 3000m^2 的污油区	在海面上设两道围油栏。处置过程中发生爆燃，造成人员伤亡，政府实施救治及善后处理等工作

续表

序号	事件关键信息	解决方案
4	2009.12.30，陕西渭南赤水的中石油"兰郑长"发生成品油漏油事件，泄漏量达 150m³，且流入渭河	在赤水河边漏油油管周围挖一条深沟，这样就防止泄漏的柴油顺着地下水流入河道，与此同时在渭河上增设拦油障，同时河中投放凝油剂
5	2010.3.31，陕西洛川县一污油泥发生泄漏，千余吨污油泥沿山沟流下，损坏流经地区的果树，同时污油流入河流	在产生污染的河流地段增设 8 处拦污坝，在大约每十多公里处就设一处拦污坝
6	2004.3.1，沱江发生氨氮污染，沿岸鱼类死亡，自来水受污染呈现黑色且异味严重，不能食用。在污染的一水体中，氨氮高达 51.3mg/L，亚硝酸盐氮为 2.42mg/L	加水稀释，将氨氮浓度降低。化学法处理：①吹托法，调节 pH 至碱性，使氨氮以非离子的形态存在，运用空气把其吹脱出来。②折点加氯法，氨氮和氯反应，使氮气从水中脱离出来。③离子交换法，一般采用阳离子交换树脂。生物法处理：主要包括氨化、硝化、反硝化，最终使氮气从水中脱离出来
7	2005.11.13，N 公司双苯厂发生爆炸事件，致使多人受伤，约 100t 苯类物质流入松花江，造成水体严重污染，影响沿岸居民的饮水与生活	往松花江内注水，稀释苯类物质，针对阿穆尔河污染事件对俄罗斯进行道歉，将防治规划到省、市，同时确保沿江群众能吃上干净水
8	2010.4.20，美国墨西哥湾发生原油泄漏事故，大量石油泄漏，造成环境污染与生态系统破坏	采用"盖帽法"把漏油处受损的油管剪断、盖上防堵装置，将防堵装置和油管相连，把漏出的石油和天然气吸至油管内送至海面上的油轮
9	1990.8.2～1991.2.28 海湾战争期间，150 万 t 石油流入波斯湾，部分油膜起火，造成环境污染，同时浓烟致使阳光受阻，使得大量海洋生物死亡，严重破坏生态平衡	此事件危及巴林和沙特阿拉伯，这两个国家架设浮拦，同时保护海水，淡化水源
10	1986.11，莱茵河发生化学品污染事故，河流沿岸某仓库发生火灾，10000m³ 有毒物流入莱茵河，造成 70km 河流被污染成红色，导致鱼类死亡，沿河自来水厂全部关闭	关闭沿河工厂，保障人民的饮用水安全。同时向河道内注入水，进行稀释
…	……	……
484	2009.2.20，盐城被酚类化合物污染，蟒蛇河上游的化工厂排放污水不当，造成当地水污染	启用深井水，同时限制用水和特种行业用水，保障居民用水，水利局开闸泄水，使污染水源能够尽快排放到海里，同时密切注意新洋港下游沿岸和以新洋港为水源的城镇，避免受污染的水体进入水处理系统

在得到 484 个突发水环境污染事件的人类专家知识之后，接下来的关键是完成从人类知识到机器知识的转化。在完成这个转化之前，需要对人类专家知识进行进一步处理，即对以上突发水环境污染事件给出关键的特征描述。

选择描述突发水环境污染事件的关键特征应按如下原则进行。少量的特征不足以完整地描述一个突发水环境污染事件，需要从多个角度对突发水环境污染事件进行描述。在进行特征选择时，可以对突发水环境污染事件中出现的高频特征描述词汇进行总结，同时统计这些特征在所有案例中所占的比例，本章选择比例排名前八位的特征作为突发水环境污染事件的特征，因为它们足以描述一个突发水环境污染事件。高频特征词汇如图 9.1 所示。在图 9.1 中可以看出主要污染物、地理位置等在很多案例中都存在，所以，本章使用主要污染物、事故等级、地理位置等作为突发水环境污染的特征。其他占比少的没有通过柱状图进行表示，如水文特征等，通过对这些特征的描述来得到一个完整的突发水环境污染事件。

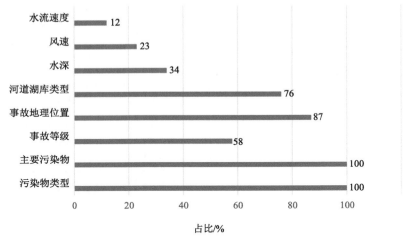

图 9.1　突发水环境污染特征占比

人类语言是一种符号系统，作用于人与人的关系，是表达相互反应的中介，是文化信息的载体。机器语言是由数字、字符和语法规则组成的，所以人类语言并不能直接被计算机理解，需要将人类语言转化为机器语言，因此用 $1-n$ 数字来表示不同的案例类型及案例特征。每种突发水环境污染拥有共同的属性类别，将它们进行归纳整理，可知大部分突发水环境污染事件都由污染物类型、主要污染物、事故等级、事故地理位置、河道湖库类型、水深、风速、水流速度以及处理方案等属性所构成，这些属性及属性下的类型与等级就是所需要的案例特征，每种污染案例都可以用事件的特征所表示，见表 9.2。

表 9.2　事件特征计算机语言表示

属性	内容
主要污染物	1.重金属类；2.氰化物；3.氟化物；4.金属酸矸；5.苯类化合物；6.卤代烃；7.酚类；8.酸性物质；9.强氧化性物质；10.碱性物质；11.原油；12.汽油；13.煤油；14.焦油；15.机油；16.柴油；17.有机磷农药；18.氨基甲酸酯类农药；19.拟除虫菊酯类农药；20.生活生产废水；21.铀；22.镭；23.氡
事故等级	1.Ⅰ级；2.Ⅱ级；3.Ⅲ级；4.Ⅳ级；5.无
事故地理位置	1.相邻国界；2.相邻省界；3.相邻市界
河道湖库类型	1.无水河道；2.小径流河道；3.中等径流河道；4.大径流河道；5.河口；6.湖库区；7.海上
水深	1.无；2.1～5m；3.5～15m；4.15～30m；5.30m 以上
风速	1.无风～4 级风；2.5～6 级风；3.7～11 级风；4.12 级风以上
水流速度	1.无；2.1～3m/s；3.3～6m/s；4.6～10m/s；5.10m/s 以上

对于突发水环境污染事件运用不同的特征表示一个完整的事件，同时一个完整的事件有其对应的事件解决方案，关键在于事件的解决方案转换为用相应的计算机语言表示。将收集到的事件对应的解决方案，按照从 $1\sim n$ 不同数字表示不同的解决方案，这样就使事件的解决方案用计算机语言表达，如表 9.3 所示。那么一共有多少事件就有多

少事件解决方案么?答案是否定的，不同的事件可能有相同的解决方案，这里的不同事件是指，如果污染物相同、事件发生环境类似，那么它对应的解决方案也是类似的，就将其归为一类解决方案类型。例如，2011.6.4 渤海湾蓬莱 19-3 海上油气田发生溢油事故，其解决方案为，油田的平台全部停止作业，也停止注水和岩屑回注。溢油点区域设置大罩子，盖住事故点，阻止溢油。同时，周边设置围油栏。这次突发水环境污染事件与 2010 年 4 月 20 美国墨西哥湾突发溢油事件是类似的，采取的治理方案也是相同的。

表 9.3　事件解决方案计算机语言表示

序号	事件解决方案
1	应急处置时应急处置人员应该佩戴防护用具，首先考虑围隔污染区，若污染流域大可加水进行稀释处理或在污染区投加生石灰或碳酸钠沉淀重金属离子，排干上清液后将底质移除到安全地区，水泥固化后填埋汞，泄漏后应急人员应佩戴防护用具，如果条件允许将泄漏汞收集到安全地区处理，无法收集的，现场用硫磺粉覆盖处理
2	应急处置人员必须佩戴全身防护用具，将污染区进行围隔。在污染区域通过加入次氯酸钠或漂白粉进行处置，经过 24h 就可完全氧化。如果污染区域为大径流河流，对污染物进行集中处理存在难度，可以通过引入大量的水进行稀释处理
3	应急处置人员必须佩戴全身防护用具，将污染区进行围隔。可以通过加入过量生石灰沉淀氟离子的方式进行处理，同时在污染的水体中加入明矾加速沉淀。待沉淀完全之后，把上清液排放，铲除底质，将其转移到安全地区进行处理
4	应急处置人员必须佩戴全身防护用具，将污染区进行围隔。加入石灰和明矾产生沉淀，等沉淀完全以后，将上清液转移到安全地区，使用草酸钠进行还原之后排放。对于底部的泥产生的沉淀物，使用水泥固化处理之后进行深埋
5	应急处置人员必须佩戴全身防护用具，将污染区进行围隔，同时注意防火。在污染区采用秸秆和高吸油材料等吸附性物质对现场进行吸附，之后将其转移到安全地区焚烧处理。被污染的水体使用活性炭进行吸附处理
6	应急处置人员必须佩戴全身防护用具，筑坝对污染区进行围隔。将被污染水体抽取到安全地区通过活性碳进行吸附处理。使用黏土、秸秆、高吸油等材料，在现场吸附污水中的污染物，在完全吸附干净后将其移送到安全地区处理
7	应急处置人员必须佩戴全身防护用具，将污染区进行围隔。采用黏土、高吸油的材料、秸秆等，在现场对残留泄漏物进行吸附，之后将其转移到安全地区处理。在被污染的水体中加入生石灰、漂白粉，产生沉淀促进其降解，最后再加入活性碳进行吸附处理
8	应急处置人员必须佩戴全身防护用具，将污染区进行围隔。在处理挥发性酸时需要佩戴防毒面具，在被污染的区域加入碱性物质，如生石灰、碳酸钠等来进行中和
9	应急处置人员必须佩戴全身防护用具，将污染区进行围隔。对于干态污染物，要避免它和有机物、金属粉末、易燃物等接触，一旦接触容易发生爆炸。被污染的水体也可通过加草酸钠进行还原
10	应急处置人员必须佩戴全身防护用具，将污染区进行围隔。在被污染的水体中加入酸性物质，如稀盐酸、稀硫酸等，通过加入酸性物质进行中和处理。电石进入水体时，加入酸性物质后会加快电石的产气反应，严重时会造成燃烧和爆炸，由此可见在进行中和处理前，一定要确保电石产气反应完全
11	油田的平台已经全部停止作业，也停止注水和岩屑回注。溢油点区域已经设置大罩子，盖住事故点阻止溢油，同时周边设置围栏
12	在处理农药类水污染事故时，应急人员应配戴全身防护用具，围隔污染区，用黏土、高吸油材料或秸秆混合吸收未溶的农药，将其收集到安全场所用碱性溶液无害化处理。对污染区用生石灰或漂白粉进行处置，破坏农药的致毒基团，达到解毒的目的。最后用活性炭进行吸附处理

　　通过对突发水环境污染事件特征的提取，每一种突发水环境污染事件都以它对应的特征向量表示，该突发水污染事件解决方案也对应相应的事件处理，将这些突发水环境污染事件按照特征向量归纳整理好，共得到 484 个事件的特征向量，将这些特征向量数

据共分为两类，一类用于训练专家系统，作为训练数据集；另一类用于测试专家系统，作为测试数据集。其中 363 个案例用于专家系统的训练，121 案例用于测试。

如表 9.4 所示，表中只显示了事件的特征，如主要污染物、事故等级和处理方案等，特征下面为数字，即特征的计算机语言表示，每种数字代表一种特征或者一种处理方案，一个事件由一系列数字构成，例如事件 1，{1，1，4，2，2，1，1}{1}，其中，{1，1，4，2，2，1，1}为对这个突发水环境污染事件的描述，{1}为解决方案，所有的案例都是以这样的计算机语言表示的，由于 484 个事件过多，表 9.4 只列举部分事件。有了能被计算机所理解的专家系统知识库之后，就可以使用专家系统推理方法对突发水环境污染事件进行训练、测试和推理。

表 9.4 知识库

事件	主要污染物	事故等级	事故地理位置	河道湖库类型	水深	风速	水流速度	处理方案
1	1	1	4	2	2	1	1	1
2	4	2	4	2	2	1	1	4
3	5	1	3	2	2	2	1	5
4	1	4	4	7	5	2	2	11
5	1	1	3	2	2	1	1	12
6	1	1	4	2	2	2	1	13
7	1	1	3	2	2	1	1	14
8	9	2	4	2	2	2	1	9
9	10	1	3	2	2	2	1	10
10	8	2	3	2	2	1	1	8
11	1	1	4	1	2	1	1	1
12	4	2	4	2	1	1	1	4
13	5	1	3	1	2	2	1	5
14	1	4	4	7	5	2	2	11
15	1	1	3	2	2	2	1	12
16	1	1	4	2	2	1	1	13
17	1	1	3	2	1	2	1	14
18	9	2	4	2	2	2	1	9
19	10	1	3	2	2	1	1	10
20	8	2	3	2	1	1	1	8
21	1	1	3	2	2	1	2	1
22	4	2	3	2	2	1	1	4
23	5	1	4	2	2	2	1	5
24	1	4	3	7	5	2	2	11
25	1	1	4	2	2	1	1	12
26	1	1	4	3	2	2	1	13
27	1	1	3	2	2	1	2	14

9.2　CBR 方法

9.2.1　案例相似度计算

目前存在多种距离衡量方法，本节将对这几种距离衡量方法进行分析，并讨论各自的优缺点。

曼哈顿距离计算公式如下：

$$L_1(x_i, x_j) = \sum_{l=1}^{n} \left| x_i^{(l)} - x_j^{(l)} \right| \tag{9.1}$$

式中，$x_i^{(l)}$ 为向量 x_i 的第 l 维度的元素。

将两向量间的曼哈顿距离降维到二维空间，可以用图 9.2 表示。其中红线、蓝线、黄线的距离是相等的。曼哈顿距离计算简单，只需计算各维度上差值的绝对值；但是很显然，曼哈顿距离把各维度看作是等尺度的，没有考虑数据在各维度的分布差异。

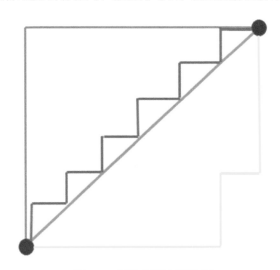

图 9.2　曼哈顿距离降维图

欧氏距离的计算公式如下：

$$L_2(x_i, x_j) = \left(\sum_{l=1}^{n} \left| x_i^{(l)} - x_j^{(l)} \right|^2 \right)^{\frac{1}{2}} \tag{9.2}$$

将欧式距离降维到二维空间时可以用图 9.2 中的绿色直线表示。也就是说欧氏距离是一种对角线距离，其计算也非常简单，只需计算各维度上向量差值的平方和的平方根即可。欧氏距离与上述曼哈顿距离有明显区别，而且更符合人类对距离的认知：两点之间，直线最短。但是，同样地，欧氏距离也是把向量维度当作各向同性的，没有考虑各维度的数据分布差异。

切比雪夫距离的计算见式（9.3）：

$$L_\infty(x_i, x_j) = \max_l \left| x_i^{(l)} - x_j^{(l)} \right| \tag{9.3}$$

切比雪夫距离相当于只考虑所有特征中差异最大的特征，然后将该差异作为总体的距离。首先，这种距离度量没有考虑在不同维度上特征的量纲不一致；其次，只考虑一个特征具有太强的片面性。

闵可夫斯基距离的计算见式（9.4）：

$$L_p(x_i, x_j) = \left(\sum_{l=1}^{n} \left| x_i^{(l)} - x_j^{(l)} \right|^p \right)^{\frac{1}{p}} \tag{9.4}$$

显然，闵可夫斯基距离是一种很具有概括性的距离参数化方法。其中，p 是一个变参数：当 $p=1$ 时，就是曼哈顿距离；当 $p=2$ 时，就是欧氏距离；当 $p \to \infty$ 时，就是切比雪夫距离。根据变参数的不同，闵氏距离可以表示一类的距离。可以将 p 参数设置为可学习参数，通过优化算法得到更加鲁棒、准确的 p 值来表征本章知识库中特征向量之间的距离。但是，这种方法无疑增大了整个知识库的计算成本，不利于专家系统的建立。

数据是有其分布特征的，特别是当数据的不同维度表示不同的特征时，需要对其各维度特征进行归一化处理。

常用于表示大数据分布特征的概率学量是均值和方差。均值表示该批次数据的平均水平；方差表示总体数据相对平均水平的偏离程度，即数据的不确定度。因此，可以利用这两个分布特征对特征向量各维度的数据进行处理，使得各个分量都标准化到相等的均值、方差。标准化欧氏距离计算见式（9.5）和式（9.6）。

首先，对各维度的特征值进行标准化处理：

$$x_i^{(l,*)} = \frac{x_i^{(l)} - \mu^{(l)}}{(\sigma^{(l)})^2} \tag{9.5}$$

式中，μ 为均值；σ 为标准差。

然后，在标准化的基础上使用欧氏距离：

$$L_2^*(x_i, x_j) = \left(\sum_{l=1}^{n} \left| x_i^{(l,*)} - x_j^{(l,*)} \right|^2 \right)^{\frac{1}{2}} \tag{9.6}$$

标准化欧氏距离考虑特征向量在各维度数据分布的差异性，使得欧式距离的计算更加优雅（谭飞刚等，2015）。

9.2.2　CBR 法

在确定距离度量后，需要通过设计算法，选择距离最近，也就是最为相似的案例作为当前新发生事件的参考案例，从而将知识库中参考案例的解决方案作为新发生事件的解决方案。从机器学习的角度讲，这是一个分类问题。本节将对目前常用的分类推理方法进行分析，并选择最合适的算法。

1. 最近邻算法

最近邻算法如图 9.3 所示，即为了推理新发生事件的解决方案，将知识库中的全部特征向量作为待选向量，计算该事件特征向量与所有特征向量之间的距离，并以距离值最小的案例的解决方案作为决策新发生事件解决方案的唯一依据。

最近邻算法的计算见式（9.7）：

$$x = \min_{x_i} L_2^*(x_{\text{new}}, x_i), \quad i \in [1, m] \tag{9.7}$$

式中，x_{new} 为新发生事件的特征向量；x_i 为知识库中已有案例的特征向量；$L_2^*(\bullet)$ 为标准欧氏距离计算函数；m 为知识库中的全部特征向量数量。

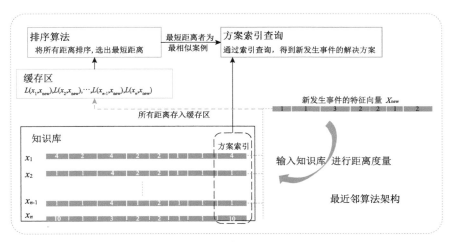

图 9.3　最近邻算法架构

2. K 近邻算法

K 近邻算法架构如图 9.4 所示。给定知识库中所有的特征向量，输入新发生事件的特征向量，计算该事件特征向量与所有特征向量之间的距离，并通过排序得到与该新发生事件距离最近的 K 个案例，并将这 K 个案例的解决方案进行多数表决，从而推理出最终的解决方案。

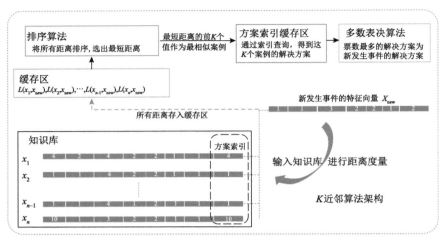

图 9.4　K 近邻算法架构

K 近邻算法的计算公式如下：

$$x = \min_{x_i}{}_K L_2^*(x_{\text{new}}, x_i), \quad x \in [1, m] \tag{9.8}$$

式中，x_{new} 为新发生事件的特征向量；x_i 为知识库中已有案例的特征向量；m 为知识库中的全部特征向量数量；$\min\limits_{x_i}{}_K$ 为提取最小的前 K 个 x_i；$L_2^*(\bullet)$ 为标准欧氏距离计算函数（Von Ahsen et al.，2020）

9.2.3　CBR 架构分析

1. 距离衡量算法分析

经过 9.2 节的分析，本章将目前几种常用的距离衡量算法的优缺点总结在表 9.5 中。

表 9.5　几种常用的距离衡量算法的优缺点总结

距离度量方式	优点	缺点
曼哈顿距离	计算量最小	未考虑各维度数据差异
欧氏距离	符合两点之间直线最短	未考虑各维度数据差异
切比雪夫距离	计算较为简单	特征片面化
闵可夫斯基距离	概括性强，具有学习参数	未考虑各维度数据差异
标准化欧氏距离	符合两点之间直线最短，考虑了各维度数据差异	计算量略大

很显然，标准化欧氏距离符合人对两点之间直线最短的认知，而且计算了数据的均

值和方差，对数据在各维度的分布特点有更好的把握。因此，本章将使用标准化欧氏距离衡量案例之间的相似度。

2. 案例推理算法分析

通过 9.2.2 小节可知，最近邻方案是一种简单、暴力的推理方案，虽然其具有计算量小、思路明晰的优点，但是存在将野置点作为标准方案的"一言堂"风险。再深入一步，只考虑最相似案例，却没有考虑其他几个次相似案例会使得专家系统"独断专行"，缺乏综合思考的能力。

如图 9.4 所示，在最近邻方案中，当将 x_{new} 输入专家系统时，计算得到的最近距离的知识库中的向量是 x_1，因此通过索引查询得到的解决方案是 4 号方案。但是，x_{new} 作为测试集的样本，我们有先验信息：其最佳解决方案是 1 号方案。因此最近邻方案在此次推理过程中是失败的。

K 近邻算法是对最近邻算法的改进，能够使得专家系统在推理解决方案时不只考虑最相似的案例，还会综合考虑几个次相似案例，从而使得整个专家系统的推理过程更加鲁棒。

如图 9.4 所示，在 K 近邻算法中，设置 K 为 3。当将 x_{new} 输入专家系统时，计算得到距离最近的向量是 x_1，x_2，x_{n-1}，因此通过索引查询得到的解决方案是 4 号方案、1 号方案、1 号方案。然后，通过 K 近邻算法中的多数表决算法，以 2:1 的表决结果得到最终的解决方案是 1 号方案。显然，K 近邻算法在此次推理过程中是成功的。

因此，本章决定采用 K 近邻算法作为推理算法。

3. CBR 总体架构分析

最终本章设计的 CBR 专家系统的总体架构如图 9.5 所示。

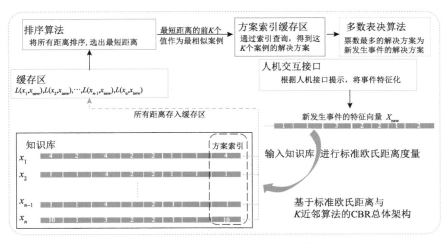

图 9.5　CBR 专家系统的总体架构

该架构是基于标准欧氏距离和 K 近邻算法的 CBR 专家系统推理架构，融合了标准

欧氏距离和 K 近邻算法的优点，保证了距离测量的有效性，并且避免了最近邻算法中的"独断专行"弊端。值得一提的是，在该框架中使用了人机交互接口对新发生事件进行特征化。

相关代码的编写以及人机交互设计将在 9.4 节中呈现。

9.3　RBR 方法

9.3.1　规则推理方法

决策树（decision tree）是最基本的分类与回归方法。决策树是一种呈现树型结构的模型，在分类时，可以认为是根据实例对特征及逆行分类的过程，同时也可以认为是类空间和特征空间的分布概率。决策树模型具有可读性、分类速度快的优点。决策树在学习时使用训练数据，以损失最小化的原则来建立决策树模型。对新数据预测时，运用决策树模型及逆行分类。决策树是一种树型结构，能够对实例或者特征进行分类。决策树是由结点和向边构成的。结点有叶节点和内部节点两种；叶节点代表一个类，内部结点代表一个属性或者一个特征。

决策树（decision tree）在对实例进行某一特征分类时，都是从树的根节点开始，根据分类结果，把实例分配到它的子结点中；与此同时，每一个子结点都有一个与之对应的特征取值。通过这样的递归实现对实例进行测试和分配，最终到达叶结点，将实例分配到叶结点中去（赵蕊，2007），如图 9.6 决策树所示。

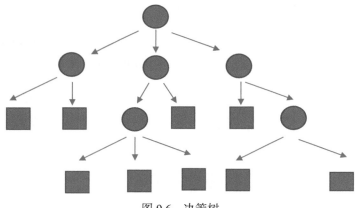

图 9.6　决策树

推理方法分析如下。

对于本章某个突发水环境污染事件，由多种因素决定对该事件采用哪种解决方案，而非仅用一种前提就可以确定。例如农药污染事件，不能单独选用农药污染解决方案来应付，这样是不科学的，也是不准确的，农药污染固然是根本，但是也与所处地理位置、河道湖库类型等有关系，如果农药污染在干涸的河道，那么直接将沾染农药的地表土收集起来集中处理；如果是在有水的河道湖库区，那么所采取的方案也是不同的。这就是，对于同一种污染类型，河道类型等其他因素不同，会导致污染处理方式不同。因此在使用推理方法时，各种因素都要考虑到。

对于决策树来说，虽然它是一种分类推理方法，但是这种方法在应对多种因素影响时，能够很好地将不同的因素区分开来，同时采用不同的解决方案。与此同时，决策树还具有可读性，如果给定一个模型，那么所产生的决策树能够很容易推理出逻辑表达；其分类速度快，能够在相对较短时间内对大型数据源做出可行性且效果好的结果，学习能力强，泛化性好，因此选决策树作为设计算法。9.2 节中提到 CBR 存在惰性学习、泛化能力差的问题，如果加入 RBR，那么决策树会完全弥补 CBR 的不足，因此在推理方法的选择上采用决策树。

9.3.2　决策树算法

决策树所采用的算法主要有 ID3、C4.5 和 CART 等，接下来对这三种算法进行分析评估。

1. ID3 算法

ID3 算法是一种用决策树作为基础的算法。它于 1975 年被 Quinlan 提出，是一种分类算法，"信息熵"是这种算法的核心。这种算法通过信息增益的速度或者信息增益的方式进行计算，从而判断属性衡量的标准和信息决策的属性，也可以说是每个涉及决策信息的结点，获得详细的信息预测特征，这种逐层递归的计算方式，能够构建出最优的信息增益效果。其优点是基础理论清晰、易理解，实现较简单，其缺点是只能对离散值的特征样本进行划分，不能处理特征为连续值的样本数据，若要处理连续值的样本数据，则需要对其特征进行离散化处理，最重要的是要选择的特征是取值数较多的数值。但是取值数较多数值的特征不一定为最优的特征。

类别信息熵设 D 是训练样本集，D 是由 d 个数据样本构成的，样本集 D 中有 m 类个类别 C_i（$i=1$，2，$\cdots$，m），d_i 为类 C_i 中的个数，则对于给定的数据集，类别信息熵为

$$\text{Info} = -\sum_{i=1}^{m} p_i \log_2 p_i \qquad (9.9)$$

式中，p_i 为任意样本属于 C_i 的概率；$p_i = d_i/D$，$D = d_1 + d_2 + \cdots + d_m$。

条件信息熵设特征 a 有 k 个离散值 $\{a_1$，a_2，$\cdots$，$a_k\}$。根据特征 a 的离散值，将数据集 D 分成 k 个子数据集 $\{D_1$，D_2，$\cdots$，$D_k\}$，其中 D_j 为 D 中特征 a 离散值为 a_j 的数据集。如果特征 a 被选为当前节点，那么用特征 a 对当前样本进行划分。D_{ij} 为子集 D_j 中属于 C_i 类的个数，则特征 a 划分成子集的条件信息熵计算公式为（路翀等，2016）

$$\text{Info}_a\left(D\right)=\sum_{j=1}^{k}\frac{d_{1j}+d_{2j}+\cdots+d_{mj}}{D}\text{Info}\left(D_j\right) \tag{9.10}$$

式中，$\text{Info}\left(D_j\right)=-\sum_{i=1}^{m}p_{ij}\log_2\left(p_{ij}\right)$，$p_{ij}=\dfrac{D_{ij}}{D_j}$。

由式（9.9）和式（9.10）可得特征 a 的信息增益为

$$\text{Gain}\left(D,a\right)=\text{Info}\left(D\right)-\text{Info}_a\left(D\right) \tag{9.11}$$

2. C4.5 算法

C4.5 算法于 1993 年被 J.R.Quinlan 提出，采用"信息增益率"选择特征，它是将最大信息增益率作为节点，并进行递归生成决策树。它的特征取值为离散型数值，当 C4.5 算法和 ID3 算法的取值都是离散型数值时，计算特征信息增益的方式是一样的，当特征取值为连续型数值的时候，C4.5 算法会采用二分法对连续的取值进行离散处理。

训练样本集为 D，假设当连续性特征 a_2 在 D 上存在 n 个不同的取值时，首先对这些值进行去重，之后进行升序和排序。记做 $\{a_1,a_2,\cdots,a_n\}$，对 D 进行划分时，将其作为划分点，划分为两个样本集 D_t^- 和 D_t^+，D_t^- 表示特征值 a 小于 t 的样本，D_t^+ 表示特征值 a 大于 t 的样本。a^i 和 a^{i+1} 为特征相邻的取值，那么对于 a^i 与 a^{i+1} 来说，$[a^i,a^{i+1})$ 区间内的任意值所产生的划分结果相同。因此，对连续值的特征 a 包含的 $n-1$ 个元素的候选点，划分点集合，计算公式为

$$T_a=\left\{\frac{a^i+a^{i+1}}{2}1\leqslant i\leqslant n-1\right\} \tag{9.12}$$

首先，划分点 t 是区间 $[a^i,a^{i+1})$ 的中位点，中位点为 $(a^i,a^{i+1})/2$。

其次，这些划分点的连续值的信息增益的计算见式（9.13）：

$$\text{Gini}\left(D,a\right)=\max_{t\in T_a}\text{Gain}\left(D,a,t\right)=\max_{t\in T_a}\text{Info}\left(D\right)-\sum_{\lambda\in\{-,+\}}\frac{\left|D_t^{\lambda}\right|}{\left|D\right|}\text{Info}\left(D_t^{\lambda}\right) \tag{9.13}$$

1）分裂信息熵

在训练样本集 D 中，特征 a 的分裂信息熵计算公式为

$$\text{SplitInfo}_a\left(D\right)=-\sum_{j=1}^{s}\left(\frac{\left|D_j\right|}{\left|D\right|}\log_2\frac{\left|D_j\right|}{\left|D\right|}\right) \tag{9.14}$$

式中，s 为特征 a 的取值个数；D_j 为数据集 D 里为 a 特征第 j 个值的子集。

2）信息增益率

式（9.14）结合式（9.13）或者式（9.11）可得到特征 a 信息增益率公式为（李旭，2011）

$$\text{GainRatio}(D, a) = \frac{\text{Gain}(D, a)}{\text{SplitInfo}_a(D)} \tag{9.15}$$

3. CART 算法

应用 CART 算法构建决策树时采用二分递归对树状结构进行设置。通常情况下，CART 算法会把样本数据集归结为两个子样本集，这两个子样本集会在各自的内部构建递归分类的决策树，并且每个非叶节点含有两个分枝，由此得出 CART 算法是典型的二叉决策树构建类型，也可以称为分类与回归树。决策树构建过程也是信息传递递归过程，CART 树拥有两个分枝决策树，构建决策树的基本原则是平均误差值最小，使用 Gini 系数值来进行属性选择，有关基尼指数的计算公式具体如下所示。

当其中的一个训练样本集合值为 D 时，计算出的 Gini 系数值为

$$\text{Gini}(D) = 1 - \sum_{i=1}^{c}\left(\frac{D_i}{D}\right)^2 \tag{9.16}$$

公式里面的 D_i 是样本数据集合 D 里的第 i 类样本数据子集，C 代表这些具体分类属性的数量。将样本数据全集 D 按照属性值 p，取其中特定值 s，将其一分为二，形成 D_1 及 D_2 两个分枝，即

$$D_1 = \{(x_1, x_2, \cdots) \in D | p(x_i) = s\}, \quad D_2 = D - D_1 \tag{9.17}$$

若属性值为 p，则样本数据集合 D 里包含的 Gini 系数值应为

$$\text{Gini}(D, P) = \text{Gini}(D_1) + \text{Gini}(D_2) \tag{9.18}$$

将数据样本 D 按照不同的属性进行计算，得到的 Gini 系数也各不相同，这也进一步说明 Gini 系数会随数据样本 D 产生不确定性。Gini（D，P）则代表数据样本 D 按照属性值 $P=S$ 进行结构划分后，得到的 Gini 系数值具有不确定性。综上所述，Gini 系数值的计算结果越大，则该集合的不确定系数越高（张亮和宁芊，2015）。

9.3.3　三种算法性能评价

ID3 是一种贪心算法，虽然可以有多个分支，但是不能处理连续特征值，它在分割数据时均选择最优特征。但这种方式存在一个问题，就是不会考虑该特征是否已经达到最优，根据属性分割后这个特征就不会再起任何作用，显然这种快速切割的方式会影响算法的准确性。

C4.5 是在 ID3 基础上进行改进的，ID3 采用信息增益，它表示给定一个条件后不确定性降低的程度，显而易见，分得越细的数据集，它的确定性也就越高，即条件熵越小，信息增益越大，为了避免其不足，C4.5 采用信息增益比率作为选择分支的原则，同时 C4.5 还具有处理特征属性值连续问题的能力。

CART 分类根据基尼系数选取最佳特征,以此来判断特征的最优二值切分点,而 ID3 和 C4.5 直接选择最佳特征不用划分,根据文献资料,结合当今研究热点,CART 相比于 ID3 和 C4.5 应用得更多一些。

应用 ID3、C4.5 和 CART 三种算法,通过训练同一数据集,对三种不同的算法进行性能评估,具体地,是对准确率、精确率、召回率和 F_1-Measure 进行评估,根据准确率、精确率、召回率和 F_1-Measure 的评价指标(其相关概念见表 9.6),选出最优的算法(刘浩,2018)。

表 9.6　性能评估概念表

类别	真实为正类/正确的突发水环境污染分类	真实为负类/错误的突发水环境污染分类
判定为正类/正确的突发水环境污染分类	TP	FP
判定为负类/错误的突发水环境污染分类	FN	TN

TP(true positives):正类判定为正类,即正确判断突发水环境污染的分类。

FP(false positives):负类判定为正类,即错误判断突发水环境污染的分类。

FN(false negatives):正类判定为负类,即把突发水环境污染判断为其他的错误的污染类型。

TN(true negatives):负类判定为负类,即对错误的突发水环境污染的分类都正确。

本章的数据集一共有 484 个,用于训练的数据集有 363 个,分别采用这三种算法对这 363 个数据进行测试,由这三种算法得到 TP、FP、FN、TN 的数据,见表 9.7。

表 9.7　三种算法测试结果

项目	ID3	C4.5	CART
TP	261	273	293
TN	26	28	28
FN	27	25	26
FP	49	37	17

1. 准确率评估

准确率(Accurary):表示正确分类的个数占训练样本的比例,计算公式为

$$Accurary=(TP+TN)/(TP+FN+FP+TN) \tag{9.19}$$

根据表 9.7 中的数据计算三种算法的准确率,根据三种算法的准确率绘制图 9.7,由图 9.7 可知 CART 算法的准确率高于 ID3 和 C4.5。

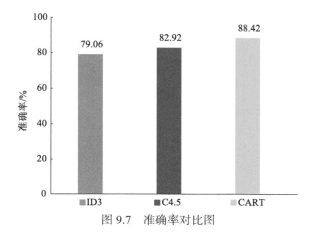

图 9.7　准确率对比图

2. 精确率评估

精确率（Precision）：表示正确分类样本个数占预测为正类的总数的比例，计算公式为

$$Precision = TP/（TP+FP）\tag{9.20}$$

根据表 9.7 中的数据计算三种算法的精确率，并根据三种算法得到的精确率绘制图 9.8，由图 9.8 可知 CART 算法的精确率高于 C4.5 和 ID3。

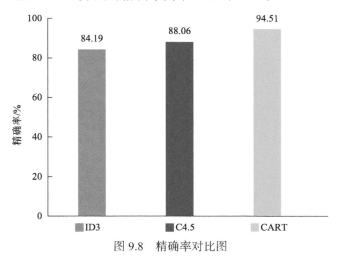

图 9.8　精确率对比图

3. 召回率评估

召回率（Recall）：表示所有的真实为正类中，被判定为正类的比例，计算公式为

$$Recall = TP/（TP+FN）\tag{9.21}$$

根据表 9.7 中的数据计算三种算法的召回率，并根据三种算法得到的精确率绘制图 9.9，由图 9.9 可知 ID3、C4.5 和 CART 算法的召回率大致相同，C4.5 略胜一筹。

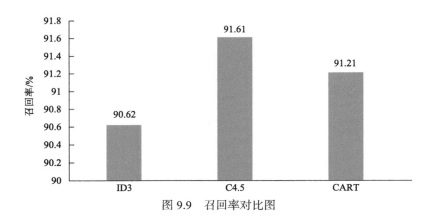

图 9.9　召回率对比图

4. F_1-Measure 评估

精确率（Precision）和召回率（Recall）是此消彼长的关系，在数据集合中相互制约，因此需要一个综合的方法来解决这个问题，该方法就是常见的 F_1-Measure（王玮，2019），它是精确率与召回率的加权调和平均，计算公式为

$$F_1\text{-Measure} = （2 \times Recall \times Precision）/（Recall \times Precision）\qquad（9.22）$$

根据表 9.7 中的数据计算三种算法的 F_1-Measure，根据三种算法得到的 F_1-Measure 绘制图 9.10，由图 9.10 可知 CART 的 F_1-Measure 比 ID3 和 C4.5 的 F_1-Measure 高。

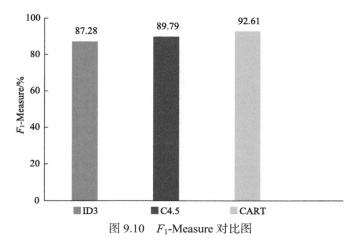

图 9.10　F_1-Measure 对比图

综合以上准确率、精确率、召回率和 F_1-Measure 结果，CART 为选出的最优算法。因此采用 CART。

9.3.4　CBR 和 RBR 结合分析

本章是基于 CBR 和 RBR 两种推理算法开发的专家系统，那为什么要将两种推理算法相结合使用呢？这是因为基于标准欧氏距离和 K 近邻的 CBR 专家系统架构较为优秀，但是也存在惰性学习、没有主动学习、泛化能力差等问题。为了解决这一问题，本章加入 RBR 来弥补不足，即在 RBR 算法中采用泛化能力强、能自主学习的决策树推理方法来弥补不足，RBR 的决策树既有优点也有缺点，如在准确性上不如 CBR，所以只是为了构建一个更加合理、有优势的系统，因此将两种方式相结合。首先通过 CBR 得到一个新发事件的解决方案，再通过 RBR 得到相同新发事件的解决方案，两种推理各自独立存在，这样就得到两种不同的推理方式的解决方案，一般情况下应用这两种方法得到的解决方案是相同的，采取解决方案时，一目了然，直接根据所得到的解决方案执行救援即可。解决方案不同时的概率是较小的，在这种情况下，再加入专家来决定最终的解决方案，原则上两种推理得到的解决方案是相同的。最后将两种方法相结合，确定对突发水环境污染事件最优的解决方案。本章研究由于时间及个人能力所限，同时出现不同解决方案时，需要做进一步的研究。

9.4　CBR 和 RBR 突发水环境污染算法实现

9.4.1　CBR 算法实现

当已经有了知识库，要通过案例推理的方式获得最为相似的案例以及对应的解决方案时，首先要做的就是获取待查询案例的特征向量，然后根据标准欧氏距离寻找距离最近的，也就是最为相似的案例。本章设计了基于人机交互的 CBR 算法，也就是将获取待查询案例的特征向量的过程以人机交互的方式进行。

从开发者角度来说，特征向量的获取基于大数据分析，欧氏距离的计算基于明确的数学公式计算，因此整个系统具有较强的数学可解释性。

从用户角度来说，要想得到突发水环境污染的解决方案，用户根据系统的不断提示来选择相应数字，直至得到该突发水环境污染案例的最终解决方案。这是一个人机交互的过程。

从数据获取和相似案例推理的角度来说，以上系统具有明显的智能性，不断获取待查询案例的特征，从而能够对整个案例具有良好的把握。其中计算标准欧氏距离的过程类似于人类思考问题时举一反三的方式，而且标准欧氏空间中距离计算的确定性使得系统必然能够输出最有利的解决方案，而不会出现空值。

图 9.11 是 CBR 算法的运行界面，红色圆圈标记部分是为了显示该专家系统是基于 KNN 也就是基于 CBR 算法运行的。

从该运行界面上可以看出，要想得到突发水环境污染的解决方案，如黄色方框所示，系统会不断向用户发问，获取本次水污染相应的特征描述。具体细节如下。

首先系统会提示用户选择该突发水环境污染的类型，用户要根据突发水环境污染的类型进行选择；系统根据用户的选择给出该种污染类型所拥有的污染物，用户选择污染物；系统根据污染物提示用户该突发水环境污染的等级，用户进行选择；系统提示该突发水环境污染所处的地理位置，用户进行选择；系统提示该突发水环境污染入河湖库类型，用户进行选择；系统提示水深，用户进行选择；系统提示事故等级，用户进行选择。

通过以上对于突发水环境污染的描述，得到该突发水环境污染的最终解决方案，如图 9.11 中蓝色方框所示。

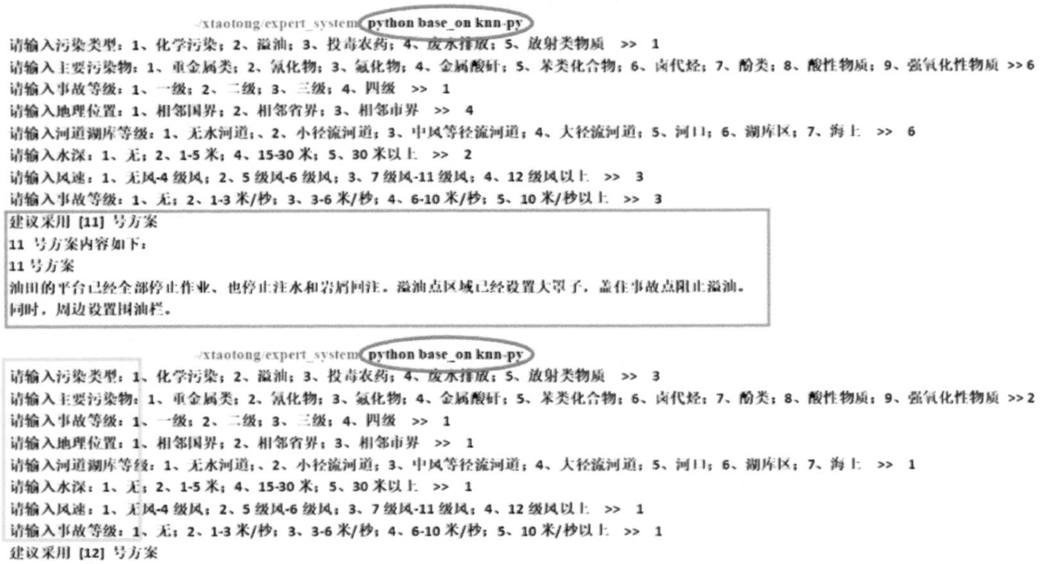

图 9.11　基于 CBR 算法的运行界面

9.4.2　RBR 算法实现

根据 RBR 算法，采用 CART 树来训练突发水环境污染案例，最终使得系统得以实现。该算法同样也是基于人机交互的，不断根据系统提示输入待查询案例的特征，最终得到该案例的解决方案。

从用户角度来说，RBR 算法和 CBR 算法在运行界面是相同的。因此用户不会感到两种算法交替时的不适应。

从开发者角度来说，RBR 算法非常看重切分点，因此开发人员必须平衡数据集中的不同数据，不能使得某一类型水污染案例较多，而另一种较少，而且要把决策树的训练过程和测试过程分离开来，从而使得每次在查询时不必重新训练，从而提高查询速度。RBR 算法与 CBR 算法的最大区别就在于是否有显式的训练过程。RBR 算法需要训练出显式的推理模型，因此在测试之前应该先训练。但是训练过程对用户不可见。

1. RBR 算法的运行界面

图 9.12 是 RBR 算法的运行界面。从该运行界面可以看出，RBR 与 CBR 的专家系统运行界面是完全一致的。两者具有相同的运行界面是为了提高通用性，降低用户使用的难度。从红色圆圈中可以看到该专家系统是基于决策树也就是 RBR 算法运行的。

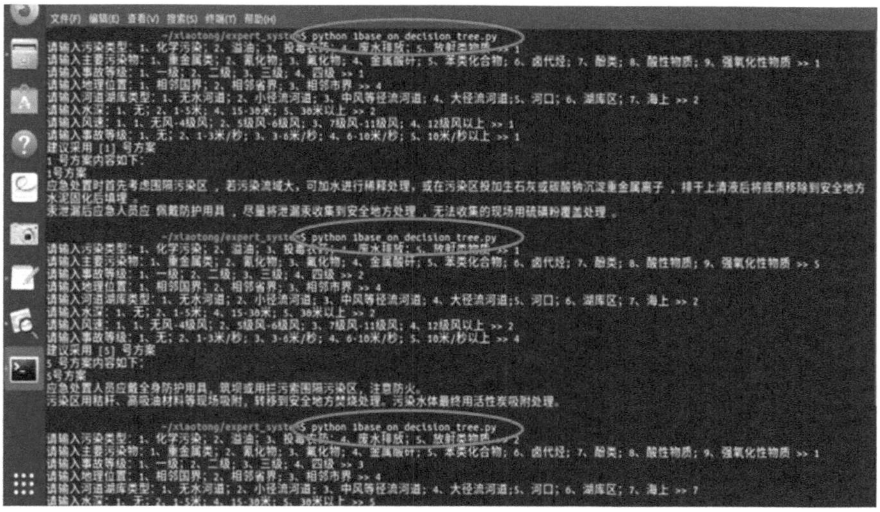

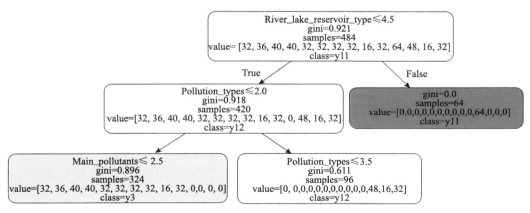

图 9.12　基于 RBR 算法的运行界面

2. 决策树规则推理图

基于决策树规则推理图的专家系统以机器学习为核心，因为其中的决策树是机器学习的典型算法，具有非常好的推断效果。一个决策树由父结点和子结点构成。所有父结点都称为枝节点，第一个枝节点又称为根节点。后面没有子结点的子结点又称为叶节点。本章叶节点表示专家系统的推理结果，所有非叶节点表示推理规则。

为了更加清晰地看到每个节点的推理规则，不妨取前三层进行观察，如图 9.13 所示。先看第二行左边的枝节点，该枝节点第一行表示按照污染类型进行推理，污染类型为 1 和 2 的按照第三行左边的规则继续往下推理，否则将按照第三行右边的规则推理，而且从第二行可以看出，参与此次推理的案例在经过第一层推理后只剩下了 420 个，且以污染类型这个特征的基尼系数等于 0.918，且污染物类型为 1 和 2 的案例有 324 个，其他情况有 96 个。第二行最右边的结点是一个叶节点，该叶节点表示使用第 11 号解决方案。因此，可知基于决策树的规则推理方案具有明确的推理规则。

图 9.13　推理规则的前三层

第10章　基于移动端的水环境管理云平台

10.1　国内外移动电子政务的发展现状分析

政务 APP 是电子政务的重要组成部分，通过移动政务平台，工作人员以及公众可使用手机、电脑、平板电脑等移动终端设备与政府提供的信息和服务进行互动，随着 WiFi、4G 网络的应用以及 5G 网络的建设，移动智能终端设备普及率在逐步地提高，移动电子政务已经成为电子政务发展的新趋势，也代表城市的现代化治理水平（丁明华，2014）。

10.1.1　国内移动电子政务发展现状

习近平总书记在向 2019 中国国际数字经济博览会致贺信中强调，中国正积极推进数字产业化、产业数字化，引导数字经济和实体经济深度融合，推动经济高质量发展。在《2006—2020 年国家信息化发展战略》的引领下，中国的电子政务发展迅猛，《2020 联合国电子政务调查报告》显示，中国电子政务发展指数排名提升至全球第 45 位，其中，在衡量国家电子政务发展水平核心指标的在线服务指数方面，中国排名跃升至全球第 9 位，实现了高水平发展。

近些年，国内各级、各地政府部门为了提升工作效率和公共服务水平，开发了大量的政务 APP，这种新型的办公模式是深化行政审批制度改革，推动政府职能向好发展，提供优质公共服务，维护社会公平正义转变，是建设服务型政府的一项重要举措（万治理，2017）。2020 年 6 月，某智慧政务峰会发布了智慧政务"1521"解决方案，创造性提出让"线下"更有速度、"线上"更有温度，以政府自身"由内而外"的数字化转型，通过新 ICT 技术在政务领域不断深化实践。2020 年 7 月，上海"一网通办"凭借对海量数据的高效治理运用以及打通了线上与线下两大特点，成了经典电子政务案例而被写入《联合国电子政务调查报告》。现阶段，我国在信息化建设上取得了巨大的成就，信息技术的逐渐普及化不断地冲击着我国在政府管理以及公共服务方面的工作，要想实现其工作的高效化发展就必须要勇于发展电子政务（马慧明，2018）。

10.1.2 国外移动电子政务发展现状

美国、英国和新加坡一直是全球数字政府建设的佼佼者，利用新兴技术不断推动应用创新，同时加大新兴 ICT 基础设施建设力度，在推进政府数字化转型进程中推出了诸多极具示范性与拓荒式的举措，从"电子政府"走向"电子治理"的新目标。

美国的电子政务起源于 20 世纪 90 年代初，经过近 30 年的发展，几乎每个市、县都建立起了自己的站点，而且各自独立的政务网也连接起来，形成了服务项目齐全的电子政务施政模式，实现了精简机构、提高效率的功能。

英国政府历来是引领全球数字政府发展的风向标，在近年来的《联合国电子政务调查报告》中一直名列前茅。英国政府于 2017 年发布了《政府转型战略（2017—2020）》，确保每个人都可以使用数字化服务，对用户需求的理解、源代码的开放、开放标准与组件、产品迭代与敏捷开发、多学科的团队合作等依然是服务标准关注的重点。

新加坡从 20 世纪 80 年代起就开始发展电子政务，现在已成为世界上电子政务最发达的国家之一，在起步阶段，明确提出了将新加坡建设成为"智慧岛"的目标，政府开始提供基于互联网的多项政务服务；进入 21 世纪后，通过实施"信息通信 21 世纪蓝图"和"联系新加坡"等计划，所有的政府部门全部完成了业务系统的建设；又于 2015 年提出了"智慧国 2015 蓝图"，提出创新、整合与国际化策略，大幅度提高了政府事项的信息化服务水平。

10.1.3 水环境智能 APP 应用现状

水是生态环境的控制性要素，人与水和谐共生是人与自然和谐共生的重要标志，加强水资源节约、水环境保护和水生态修复是建设人与水和谐空间格局的重要组成部分，同时对落实水资源"三条红线"控制具有重要意义。传统的水环境管理方法存在建设目的不明确、核心业务能力信息化水平不高以及环境信息化应用能力不足的问题，基于移动端的水环境智能 APP 能有效地提升水环境管理的智能化水平和机动性，为突破传统的固定地点、时间、工作设备的水资源业务工作方式开创了一种新的管理模式（梁生雄等，2017）。

重庆市开发了基于"河长制"管理方式的 APP，实现了日常巡河、巡河事件上报、任务处理、河段详情展示等功能，各级河长不仅能在 APP 的三维地图上实时记录巡河路线、时间，还能看到各河流动态及上传巡河过程中遇到的各项问题。南京市建立了河长制工作信息化统一平台。APP 平台可以辐射市、区、街道、社区四级河长及河长办，通过智能终端辅助各级河长进行日常巡查、问题上报处理、基础信息查询、查看政策文件等日常工作，满足河长制工作的实时性、移动性、便捷性。四川省推出"河长通"综合智慧水务管理平台，通过平台水环境动态监测、APP 智能巡河、数据智能统计分析等功能，辅助各级河长高效、便捷、长效、实时地开展河湖管理工作，为各级政府开展水资源管理、水污染防治提供可视化支撑，用信息手段降低了水治管理成本、提高了管理效率、促进了生态环境优化（王钰，2019）。

江西于 2018 年全面启动省河长制信息系统平台建设，其中，智慧河长移动办公平台，以河长实地河道巡查工作为业务核心为巡查员提供巡查管理平台，实现了日常巡查、问题处理及数据处理等业务流程（范蔚文和张清，2019）。上海等也开发出了用于防汛的移动信息应用平台。随着通信技术、云计算技术的发展，越来越多的应用程序被迁移到云计算环境中，福建省水资源管理系统采用基于云服务的 APP 构建模式，成功部署全省及各区市，提升了水资源管理的工作效率。在越来越多数据的爆发式增长形势下，大数据、"互联网+"、云计算平台现代化也随即应运而生，这些技术同时使科技面向一个非常广泛的使用基础，构建"互联网+"绿色生态，实现生态环境数据与互联网互通、开放共享，使大数据、"互联网+"等信息技术成为推进加强环境治理和整治的重要手段，实现治理能力现代化，加强生态环境大数据综合应用，为生态环境保护决策提供了有力支撑，给水环境监察治理提供新的可能性，轻松且高效地去监察处理这些环境问题，为环境整治打开一个新的舞台。

10.2　移动端平台特点

随着 4G、5G 网络覆盖率以及智能移动终端普及率的提高，移动电子政务成为电子政务的发展趋势。APP 已经渗透生活的每一个角落。越来越多的一线城市、地方政府开始使用移动电子政务，通过开发政务 APP 应用，实现独立业务流小、快、多的高效政务办公模式。在传统的监察执法过程中，执法人员调查治理模式大致为，环保局调查执法人员在前往污染地点前，提前了解污染水域附近的排污企业，以及排污企业的属性信息，到达污染处，查看调查所排放污水是否符合标准，调查结束，将所采集的信息进行纸质记录后带回，接下来处理人员对不严格处理污水的企业严肃处理。调查人员不能通过这种传统方式实时获取排污企业的相关信息，且带回的信息不仅不具有时效性，数据还庞大、繁杂、混乱、不统一，处理人员不能直观、便捷、准确地知晓每一个完整的污染源信息，执法时非常困难，而基于移动终端的执法方式可以克服传统执法方式的缺点，移动端平台具有如下特点。

1. 操作简单

移动互联网继承了互联网开放式、互动式的特征，同时也具有携带方便、实时应用等特点。移动端大多为手机接入，交互性强，即使专业的应用也是基于日常手机应用，因此移动端平台的最大特点就是简单易用。

2. 移动端的开放性

以安卓为例，允许任何移动终端厂商加入到联盟中来。显著的开放性可以使其拥有更多的开发者，随着用户和应用的日益丰富，一个崭新的平台也将很快走向成熟。

3. 支持丰富的硬件

Android 平台支持丰富的硬件，这一点还是与 Android 平台的开放性相关，由于 Android 的开放性，众多的厂商可以推出各具特色的产品。

4. 完善的技术支撑体系

在终端技术、通信技术与应用技术的支撑下，移动端平台应用正在全面、协调、可持续地发展。

10.3　需　求　分　析

工业废水、城市生活污水的大量排放使得水环境污染日益严重，水环境保护已经引起相关环境保护部门的高度重视，建立高效合理的水环境监察管理平台是目前迫切需要解决的问题，平台的建设要有新的信息技术及环保理论研究成果如云计算、大数据、移动终端等技术的支撑，要建立智能化的基于空间地理信息技术的水环境业务管理平台，实现流域内水环境管理的业务整合。平台以地理信息系统电子地图为支撑，强化需求调研、质量管理和资源整合，根据水环境监测信息管理流程，实现对地下水质测站、地表水质测站以及排污口等基本信息及监测数据的管理，同时实现水质信息的展示、水质实时监控预警、水质评价、趋势分析统计及生成相应的水质报表，搭建统一、高效、规范的水环境管理云平台，明确水环境执法责任，提高执法效率，规范执法行为，从而为水环境管理部门提供高效管理和决策支持。

10.3.1　用户层次需求分析

水环境管理平台采用大数据实时处理与离线分析场景的应用框架，平台的参与者主要有移动终端用户、管理端用户和平台管理员三个基本角色。移动终端用户通过 APP 与互联网调用有关服务；管理端用户负责案件处理，以及全市范围内的数据统计与分析；平台管理员负责平台服务综合管理与维护，建立和运行多种在线服务系统，以及在平台服务总线进行登记注册。

10.3.2　功能需求分析

水环境综合管理具有大数据量存储、复杂的业务构成两方面特征，而最终用户只关心业务逻辑的实现，因此在总体框架设计上力求实现数据与业务的物理分离，在基于云计算的模式下，通过水环境大数据中心与云计算服务中心之间的逻辑关系来建立面向用户的各类应用。平台支持实时分析与离线分析，涉及实时传输的数据（如水质在线监测数据）、日常巡护等业务时，利用流计算技术，实时处理状态数据，对异构数据提供访问接口，统一采用离线分析。

1. 云服务

1）空间基础信息的云服务

提供数据加载、浏览、专业制图模块、地图服务发布。

2）二次开发接口 API

系统至少应提供以下六种应用程序接口（API）：①基本 API；②地图类 API；③事件类 API；④数据解析类 API；⑤历史分析 API；⑥实时监测 API。

3）云服务管理

通过云计算服务中心及企业总线实现对云服务的统一管理，包括服务的注册、状态监控、服务接口说明等。

2. 空间信息数据服务

地理信息系统技术体系的发展是面向空间实体及其时空关系的数据组织与融合，从而改变以图层为基础的时空数据组织方式，实现不同尺度时空数据的互动，实现矢量、影像数据的互动，实现多维属性与嵌套表组织，实现多源时空数据的装载与融合，支持数据库仓库和知识发现机制，包括数据集成、模型表达、知识处理和认知方法等。

3. 物联网节点定位服务

物联网节点定位服务包括：物联网节点位置服务；物联网节点空间定位接口服务；针对不同类型传感器、信息流获取 API。

4. 地理信息共享与交换功能

地理空间框架数据是地理信息系统建设的基础数据，在水环境管理云平台过程中，各政府职能部门应突破限制数据和信息顺畅共享的壁垒，使这些数据和信息能够为各级政府部门、社会公众所使用，能够为电子政务建设提供信息化基础，为政府的决策提供支持。这需要建设共享服务机制，将更多的数据和信息通过网络共享，让更多的人、更多的单位能够方便地使用所需的数据，真正做到资源共享。

5. 运维管理功能

云平台运维管理模块应具有对门户管理、权限管理、目录元数据管理、日志管理和分析、系统审核、平台监控等功能。

6. 安全保密功能

基础地理信息资源的特殊性、网络的开放性必然会带来信息安全的隐患。因此，在努力开展信息资源应用服务的同时，必须在云平台管理系统中采取各种有效的措施来加强云平台的安全支撑体系。

10.3.3　平台运维分析

1. 平台服务运维分析

根据水环境管理云平台建设要求，具体保障措施包括用户管理、服务管理、安全管理、元数据管理、服务监控、日志管理、目录管理、系统日志管理等。具体分析如下。

用户管理按照不同的组织结构，实现对用户的新建、删除、修改、终端绑定设置、服务管理权限、服务访问设置、模块授权和用户资料授权。此外，可通过用户名、姓名、用户职称和用户类型等关键字对用户情况进行查询。

服务管理包括平台服务管理、平台服务注册、本地服务发布、服务资源上传、平台服务资源申请审批、注册服务申请审批、元数据管理、服务分类配置和服务分类挂接。

安全管理主要完成服务平台的用户、角色、权限、存储等进行统一身份认证及授权分布管理，包括用户管理和角色管理。

元数据管理主要包括两大功能：元数据管理和元数据发布。可以发布本地元数据，也可以注册远程服务器上的资源。元数据管理提供同步功能，可将注册的远程服务器上的资源同步到本地。另外，还可查询、修改、删除元数据等。

服务监控能够实时查看在线用户访问情况，监控各类用户的服务调用、并发访问、热点服务发现等内容；能够统计、分析服务调用状态（调用时间、调用次数），跟踪服务使用流程，以便对服务内容和服务性能等方面进行优化调整。

日志管理用于管理运维系统中记录的所有日志，包括平台监控日志、服务访问日志、运维监控日志、日志备份和日志收割。

目录管理通过资源中心和目录注册，基于行业标准的在线目录规范 OGC-CSW 服务，能够提供完备的服务元数据采集功能。通过系统的配置，基于预设的服务地址和采集周期，系统能够主动和自动地从预注册数据发布者信息中收集更新的元数据记录，从而对服务进行集中更新。

系统日志管理模块主要包括运行日志管理、服务日志管理以及异常信息管理。通过对日志的管理、统计、分析、审计来跟踪系统的变化。运行日志审计功能可归纳为三个方面：记录和跟踪各种系统状态的变化，如提供对系统故意入侵行为的记录和对系统安全功能违反的记录；实现对各种安全事故的定位，如监控和捕捉各种安全事件；保存、维护和管理审计日志。系统主要实现日志的分布式存储、提取和信息挖掘，完成相应日志的收集、分析及管理。

如果采用已建立的云计算中心支撑云服务，则运维系统应与已有云计算平台进行良好集成。

2. 性能指标需求分析

能满足用户的要求，稳定、可靠、实用。系统界面友好，输出、输入方便，图表生成美观，检索、查询简单快捷，能够发挥地理信息的辅助决策作用。性能指标应参照国家最新要求并以能提供良好的用户体验为前提。对于时空信息数据库，其性能指标应集中在系统稳定性、高效性、安全性等方面；对于时空信息云平台，其性能指标应集中在响应时间、并发用户数、安全性、界面友好度等方面。

10.3.4 支撑环境建设

1. 硬件环境建设

配置高性能服务器两台，终端采用高性能工作站；硬件防火墙一台，其他普通 PC 若干。

2. 软件环境建设

为保证数据和管理服务平台运转正常、持续对外提供服务，应依据现在数据的形式、内容、数量、数据库访问频率、未来系统要达到的功能以及网络的信息流量，充分考虑性价比及售后服务等情况，建立适宜的框架运行保障环境。

配置主流数据库平台、GIS 软件平台、空间数据引擎网络操作系统、单机操作系统；标准的软件开发环境；其他图形、图像、办公自动化软件工具等。

GIS 软件平台能够和全关系型数据库衔接，具备管理大数据的能力，提供二次开发环境，能够兼容常用数据格式并可进行相互之间无损转换，具有较强的图形编辑和空间分析能力。

数据库平台具有全关系型管理空间数据集、专题数据的能力，能同时支持 50 人次以上的并发访问，运行稳定、安全、可靠，具备管理大数据的能力。

3. 网络环境建设

主干网络采用千兆网，节点和骨干网之间达到百兆；网络应用服务器及其备份机均采用品牌服务器，选用性价比较优的配置；数据库服务器及其备份机采用品牌服务器，满足现有数据存储要求并预留发展空间，进行优化配置；配置其他网络及其安全需要的网关、网卡、网线、防火墙等，达到支撑空间数据集和管理服务平台运行的最佳效果。

4. 安全性保证

内网、政府专网和外网严格物理隔离，在外网运行的对社会公众提供服务的空间数据集需进行保密内容的过滤处理。数据集定期备份，并实行重要数据异地存放。

5. 标准体系建设

标准化和规范化是项目顺利实施的重要保障，因此，在建设过程中，应该始终坚持标准化和规范化先行的原则，并符合国家现行的各种法律、法规、标准规范。在平台建设过程中，有国家标准的优先采用国家标准，没有国家标准的再使用行业或部门标准，对于没有国家和行业（部门）标准的，根据系统建设工作的实际情况，本着科学性、全面性、系统性、先进性、可扩充性的原则，对部分内容进行设计和编制。

10.3.5　平台部署

平台在整个项目运作过程中，完成了系统的测试后，会在客户的工作环境中进行实地部署，主要从三个方面进行部署。

1. 数据库部署

根据平台的业务需要部署三个数据库，分别为监测监控数据库、业务数据库及应急指挥数据库。

2. 管理端 Web 工程项目部署

该部署通过在服务器配置 Web 服务器加载项目文件和主要参数的方式进行。

3. APP 部署

使用 Android Studio 打包 apk 文件，再将 apk 文件进行分发。

4. 专题及基础空间数据的服务部署

通过部署空间数据服务引擎并加载空间数据及专题图层的方式进行服务的发布。

10.3.6　平台测试

在平台开发过程中，质量控制要贯穿于所有阶段和所有参与系统的人员，包括系统分析、设计和编码。分阶段评审和测试是软件质量的有力保障。

平台主要采用下列方法进行系统的测试：黑盒测试、白盒测试、集成测试和系统测试。

黑盒测试：着重于测试软件系统的外部特性；根据系统的设计要求，每一项功能都要逐个测试，检查其是否达到了预期的要求，是否能正确地接受输入，是否能正确地输出结果。

白盒测试：由于软件的所有源代码都由项目组成员编写，对其内部的逻辑规则和数据流程都要进行测试，以检查其代码编写是否符合设计要求。

集成测试：在所有模块都通过了单元测试后，将各个模块组装在一起，进行组装测试，用于发现与接口相联系的问题。在通过组装测试后，将经过单元测试的模块组装成一个符合设计要求的软件结构。

系统测试：本项目通过以上测试步骤后，与其他系统元素（如硬件服务器、网络系统等）进行集成测试和系统级的确认测试，将各种可能的缺陷完全排除掉，从根本上保证系统的长期稳定运行。

10.4　水环境移动端平台设计

通过对环境监察业务进行需求分析，结合业务专网、互联网+、数据库、云计算平台、地理信息系统、JavaScript 脚本语言等技术，以移动终端设备为载体构建本章所提出的水环境移动端平台。

本平台以即时的信息采集传输为基础，基于 C/S 与 B/S 集成模式，在 C/S 模块完成数据采集、查询功能，在 B/S 模块进行数据信息的分析处理，通过 Web Service 技术为服务端和客户端提供数据接口传输，在云平台服务支持下，以信息存储结构化、管理操作简单快捷为主要特征，本平台总体架构优于传统的环境监察平台，达到数据的实时性传输，使得相关部门能够结构化分层统一管理，实现移动、简捷、动态的移动监察新模式。

10.4.1　概述

水环境信息的处理具有复杂性和时效性，为加强水环境监察移动执法能力建设，创新环境执法手段，提高执法效率，进行环境监察移动执法系统建设，主要建设内容包括环境监察数据管理、基础软硬件设备（服务器、终端设备、车载设备等）、环境监察移动执法后台支撑系统、执法终端系统等，通过现代移动终端技术、互联网技术、移动通信技术、GIS 技术、GPS 定位技术等，实现执法人员现场拍照、摄像、录音、打印罚单、打印执法文书，查看法律法规、污染源企业信息、任务和通知，以及进行 GPS 定位等操作，提高现场执法效率，规范执法流程。在帮助一线执法人员处理执法任务的同时，还能帮助管理人员随时了解执法人员的动向和任务执行情况，监督执法流程。满足监察部门的各类需求。平台实现了数据实时传输，信息结构化存储，操作管理方便快捷，模块具有可扩展性等优势，提供一种水环境移动监察、治理、服务新思路。移动执法手持客户端是基于 MAPZONE 地理信息二次开发平台，综合运用数据库技术、GIS 技术，运行于安卓系统上用于水环境业务综合管理的 APP。平台基于水环境监测基础数据库设计和开发，满足业务部门、信息部门、领导层不同需求，形成完整的信息管理链条，辅助水环境监测日常管理，服务市、区（县）两级水环境保护管理部门的工作平台。

10.4.2　建设原则

在项目进行中，必须遵循以下原则。
1）标准性、规范性原则
数据生产、数据更新及软件开发均优先参照国家、行业或地方标准，不具备相关标准化的领域根据项目需求制定规程。

2）可靠性、安全性原则

环境执法终端平台建设包括多种空间数据、排污数据，从项目建设人员、设备、系统多个方面保障系统运行的可靠性和安全性。

3）先进性、准确性原则

移动终端的建设所采用的技术必须具有先进性，更新数据必须实时、准确，通过制定严格高效的作业流程，保障实时性和数据准确性。

4）实用性、易用性原则

系统功能设置合理、布局美观、操作简便，能切实解决城乡规划对功能、数据、管理等多方面的需求。

10.4.3　项目实施重点及难点

平台的实施重点在于建立一套成熟的水环境监察服务管理体系，建立基于服务的统一的数据基准，建立权威、高效、高质量、能够不间断提供数据服务的数据库，建立良好的数据更新机制，提供优质、高效、不间断的云服务，协调全市各部门进行无缝的数据共享。

平台的实施难点在于政府各部门间、市域各行业和部门间的协调，数据共享和更新机制的建立及实施，数据实时接入，典型示范应用系统建设的实用性和示范性。

以上所述项目建设的重点和难点，需要在项目建设前期及项目建设过程中充分考虑，要对水环境业务进行充分的需要调研分析，成立具有较高执行力的项目领导小组和协调机构，让相关部门重视，单位员工技术配合。在平台系统建设时，让应用单位积极参与，以期完成具有代表性和可推广性的典型示范应用。

10.4.4　技术路线与关键技术

流域水环境一般涉及多个行政区，不同区域河段污染因子、功能需求、治理手段不相同，为此全流域治理与监察需建立统筹设计、统一标准、协同一致、综合管理监察，任务分区、分部门下放的管理方式是本系统的建设目标，平台以污染源、排污口、监测断面、支流、干流这五个空间实体为信息载体，每一个实体对象承载其对应的业务数据；再以这五个空间实体间的拓扑关系为主线，将其映射到环保部门的具体业务需求上，开发 APP 来实现若干个水环境功能管理单元的监察管理（卢廷玉，2014）。

水环境业务管理以互联网、物联网技术为核心，采用基于时间、空间的可视化展现方式，形成以水环境综合业务数据为基础，以历史数据回溯、实时数据监测、趋势分析为建设目标的综合服务体系。各功能的设计与开发采用模块方式，在环保部门内部网络与外部网络间差异化部署。技术路线如图 10.1 所示。

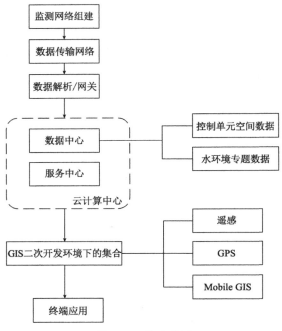

图 10.1　技术路线

　　水环境管理云平台以云服务为内核，以移动终端 APP 为主要应用节点，采用目前主流成熟的技术，建设以水环境监察业务为基础、时空一体的信息快速更新体系，为水环境管理提供可靠、准确、稳定、实时的信息数据来源；依托云计算、物联网等技术，集约、智能、便捷地提供平台、软件、信息层面的信息服务，实现环境保护各应用部门之间的信息有序交换和资源共享，通过对水环境监察业务的需求调研分析，平台建设采用安卓平台、数据库、云计算平台、地理信息系统、前端开发框架等技术，构建本章提出的基于移动端的水环境管理云平台。

　　1. 安卓平台

　　安卓（Android）操作系统基于 Linux 内核，主要用于移动设备、智能手机和平板电脑。安卓具有自由及开放源代码的特性，Android 平台手机的全球市场份额在 2019 年达到了 87%。移动平台的开发方式主要有四类，Native APP、Web APP、Hybrid APP、React Native APP。Native APP 为原生的 APP 开发模式，可使用官方发布的开发工具进行开发，运行速度快，整体性能高，可直接调用摄像头及 GPS 等，支持离线应用，但开发成本高。Web APP 开发难度小，但功能有限，访问速度慢，无法离线浏览。Hybrid App 是 Web APP 和 Native APP 的混合开发模式，效率介于 Native APP、Web APP 之间，特点是跨平台。React Native APP 使用 JSX 语言写原生界面，js 通过 JSBridge 调用原生 API 渲染 UI 交互通信，效率体验接近 Native APP。根据水环境移动端应用的需要分析结果，本平台采用 Native APP 开发模式。

2. 中间件

中间件其实就是屏蔽硬件系统差异，并给各种应用程序提供统一接口，可供二次开发的一些组件、类库。一般都是应用和系统之间的软件层，在 Android 上就是类似应用程序框架之上应用程序之间的链接部分，移动端开发采用 Instlink2 中间件，Instlink 即时通信软件采用高度可扩展的 XMPP 协议，在多种网络环境下支持文本的快速高效通信（皮成，2014）。

3. 数据库

MySQL 是一种关系型数据库管理系统，是开源社区中最流行的 SQL 数据库，运行在开源系统上的 web 站点普遍使用 MySQL，它功能强大且配置灵活，以轻量级和高效的性能著称。目前，许多 IT 产商提供了基于 MySQL 的云数据库，实现快速的数据库部署和弹性扩展，大大地简化了用户的运维工作，使用户能更加专注于自身业务流程的定制与发展（Christudas，2019）。

4. 云计算平台

云计算（cloud computing）是分布式计算的一种，指通过网络"云"将巨大的数据计算处理程序分解成无数个小程序，然后通过多部服务器组成的系统处理和分析这些小程序，得出结果，并返回给用户。云计算在描述应用方面，描述了一种可以通过互联网进行访问的可扩展的应用程序。"云应用"使用大规模的数据中心以及功能强劲的服务器来运行网络应用程序与网络服务（陈康和郑纬民，2009）。本平台将建立一个云服务中心，采用 SOA 来设计云服务，平台的体系结构由无状态、全封装且自描述的服务构成。云服务的种类依据其应用分为水环境业务类服务、地理信息服务两大类别。所有服务均基于 Web Service 技术开发实现。

5. GIS

GIS 是一种基于计算机的工具，它可以对空间信息进行分析和处理（简而言之，是对地球上存在的现象和发生的事件进行成图和分析）（吴信才，2002）。GIS 技术把地图这种独特的视觉化效果和地理分析功能与一般的数据库操作（例如查询和统计分析等）集成在一起。以 GIS 支撑实现图形化业务流转，在水环境管理的多个节点融合地理信息服务，建立 GIS 展示分析与服务系统，完成水环境综合信息与地理信息系统的全面结合，直观展现地形情况、水环境专题、水环境资源分布状况等信息，充分利用空间分析技术满足空间信息对环保业务辅助决策支持应用的需要，为水环境事故应急处置指挥、污染源环境自动监控等提供基本的电子地图和专题地图服务，实现空间信息、属性信息的双向查询以及空间分析服务，并实现与生态环境部相关系统的互联互通。平台的移动终端采用基于 MAPZONE Mobile 的 GIS 软件产品，MAPZONE Mobile 支持 GPS 与 GNSS 双星定位、空间数据组织及精细的标注与地图符号化。其数据采集模块可实现高效的实时空间数据编辑和属性更新，照片采集模块自动关联事件节点的空间位置信息，为执法过程中的数据采集提供强有力的支持。

6. 前端开发框架

平台的管理端负责水环境业务的案件管理、流程监控、服务管理等功能，采用 Vue.js 开发框架，Vue.js 是用于构建交互式 Web 界面的库，是一套渐进式的开发框架。它提供 MVVM 数据绑定和一个可组合的组件系统，具有简单、灵活的 API。Vue.js 集中在 MVVM 模式上的视图模型层，并通过双向数据绑定连接视图和模型。

7. SOA

SOA 是一个组件模型，它将应用程序的不同功能单元（称为服务）通过这些服务之间定义良好的接口和契约联系起来。接口是采用中立的方式进行定义的，它应该独立于实现服务的硬件平台、操作系统和编程语言。这使得构建在各种各样系统中的服务可以使用一种统一和通用的方式进行交互。

SOA 的体系结构设计可以使各个应用系统之间相对独立，又可以相互集成和调用。在水资源信息开发服务平台建设项目的大型系统中使用 SOA 的体系结构是最合适的。

8. XML 与 SOAP

传统的数据交换系统是应用程序之间独有的，它缺乏通用性和扩展性。本平台数据交换采用 XML 技术，XML 即可扩展标记语言，标准通用标记语言的子集，是一种用于标记电子文件使其具有结构性的标记语言。它可以用来标记数据、定义数据类型，是一种允许用户对自己的标记语言进行定义的源语言。它非常适合万维网传输，提供统一的方法来描述和交换独立于应用程序或供应商的结构化数据（孙永丽和刘成新，2002）。

简单对象访问协议（simple object access protocol，SOAP）是在分散或分布式的环境中交换信息的简单的协议，是一个基于 XML 的协议，它包括四个部分：SOAP 封装（envelop），封装定义了一个描述消息中的内容是什么，是谁发送的，谁应当接受并处理它以及如何处理它们的框架；SOAP 编码规则（encoding rules）用于表示应用程序需要使用的数据类型的实例；SOAP RPC 表示（RPC representation）表示远程过程调用和应答的协定；SOAP 绑定（binding）使用底层协议交换信息（Li et al.，2008）。

9. Web Service 技术

Web Service 技术能使得运行在不同机器上的不同应用无须借助附加的、专门的第三方软件或硬件就可相互交换数据或集成。在云计算服务模式下，存储和计算环节相对独立，云计算提供的功能服务全部为"网络服务"，从软件开发的角度来看，绝大多数网络服务都采用的是 Web Service 架构，在构建水环境云计算服务中心时，除空间信息服务外全部采用 Web Service 技术。

以获取某一监控断面的监测数据为例说明如何创建相应的 Web Service。通过对监控断面的监测数据的分析及用户需求分析，定义的 Web Service 见表 10.1 和表 10.2。

表 10.1　监测断面 Web Service 服务

服务名称	监控断面监测数据服务
服务描述	用于获取指定监控断面的指定水质因子的监测数据
发布地址	http://localhost/getMonitorSectionData/getMonitorSectionData.asmx?wsdl
调用方法	getMonitorSectionData
返回数据类型	string[]

表 10.2　监测断面服务参数说明

参数名称	必选	参数类型	参数说明
SectionID	√	数值型	断面唯一标识
Factor	√	数值型	监测因子的选择（唯一） 1. ph； 2. cod； 3. nh3n； 4. p
DataMode	√	数值型	获取数据的模式 1. 当前的最新一条数据； 2. 指定时间间隔的监测数据； 3. 所有数据
StartTime	—	日期型	当 DataMode 为 2 时，参数有效，获取数据的起始时间
EndTime	—	日期型	当 DataMode 为 2 时，参数有效，获取数据的截止时间； 当 DataMode 为 2 且 StarTime 参数指定时，则 EndTime 缺省为当前时间

在 Visual Studio 2011 环境下采用 C#语言实现本服务。部分代码如下。

```
[WebMethod]
public string[] getMonitorData(int SectionID, int Factor, int
DataMode, DateTime StartTime,DateTime EndTime)
{
//连接数据库
OleDbConnection m_dbConn = new OleDbConnection();
m_dbConn.ConnectionString = m_connStr;
if (m_dbConn.State != ConnectionState.Open)
{
    m_dbConn.Open();
}
    string sql="";
    string[] mData=null;
    //获取监测数据
```

```
if (DataMode == 1){
    switch (Factor)
    {
        case 1:
        sql = "select * from info_ph where id=(select max(ID)
            form info_ph)";
        break;
        case 2:
        sql = "select * from info_cod where id=(select max(ID)
            form info_cod)";
        break;
        case 3:
        sql = "select * from info_p where id=(select max(ID)
            form info_p)";
        break;
        }
        OleDbCommand cmd = new OleDbCommand();
        cmd.Connection = m_dbConn;
        cmd.CommandText = sql;
        IDataReader reader = cmd.ExecuteReader();
    }
//返回数据
return mData;
}
```

10.4.5　平台框架设计

如图 10.2 所示，系统的总体技术框架可分为支撑层、数据层、服务层、网络层、应用层四个层次。平台应用分为移动智能终端、管理端两部分，其中，移动智能终端采用 Android 平台，它包括地图数据浏览查询、数据传输两大模块，主要负责环境数据的采集任务，完成现场移动监察工作；云平台服务端的任务是提供强大的存储、分析等服务和管理功能，云端数据通过 Web Service 技术使用 SOAP 传输协议，实现客户端与云平台服务端间采集数据的上传保存、下载查询；管理端是云端数据管理层，包括案件查看、案件处理、案件定位模块，用于处理由客户端上传的案件信息。

支撑层：是支撑整个系统运行的规范、制度、网络设备、安全体系、云存储、弹性云计算等内容的总称。

数据层：是以环境监测数据、环境污染源数据、业务办公数据、基础空间数据库为基础，以动态数据快速更新体系为支撑而建立的云计算数据服务中心。

服务层：以数据库为支撑，根据不同的用户需求进行服务分类，实现专网、政务网、公众网的不同层次的服务平台，以 SOA 技术为基础建立若干 Web 服务，实现个人与服务管理端，以及各管理部门、各区域间监测信息的共享与交换。

网络层：依托互联网、VPN、无线网络、4G/5G 等多种网络资源传输数据信息。

应用层：依托各类专题应用，结合行业需求，通过开发 Web 服务体系、APP 及接口实现数据发布、统计、分析等各类需求的服务应用。

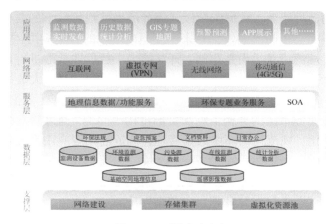

图 10.2　系统框架图

本平台基于 C/S 与 B/S 集成模式设计实现了水环境移动监察云平台，包括服务端、客户端、管理端三个模块，客户端移动执法采集数据使用安卓平台基于 C/S 模式设计开发，后台管理端采用 JavaScript 语言，基于 B/S 模式设计开发，所有数据在云平台服务数据库下传输、管理、存储。平台实现了数据实时传输、信息结构化的存储，并且具有操作管理方便快捷，模块具有可扩展性等优势，提供一种水环境移动监察、治理、服务新思路。以机动灵活的移动监察终端的"点"状监察方式来覆盖治理区域，以无线网络的"线"状通信手段完成数据传输，以业务管理端的全面信息汇总、统计、分析、指挥形成的"面状"管理方式来实现对水环境的全面治理。技术框架如图 10.3 所示。

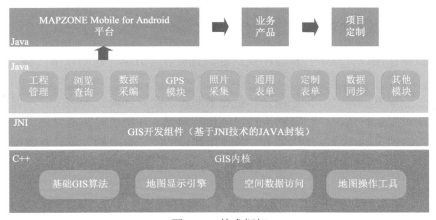

图 10.3　技术框架

10.4.6 水环境大数据中心

随着水利信息化工作的推进，在大数据、云计算以及物联网等新兴技术的支持下，围绕水环境管理、水资源开发利用而建设的管理平台与数据中心日益增多。本平台按照"一企一档、源头治理"原则，建设支持大数据的水环境大数据中心，能够实现对大存储量、多源、多样水环境数据进行动态的统计分析，以 SOA 技术架构为基准，整合与水环境监察相关的数据资源，数据资源以云服务的形式提供标准的共享访问接口。通过大数据中心与服务中心之间的逻辑关系来建立面向用户的各类应用，构成大数据中心的设备不再是用户终端的设备，而是存储、计算能力。数据在云端进行传输，大数据中心为其调配所需的计算能力，并对整个基础构架的后台进行管理。大数据中心的建设是为了解决各区县、部门间信息共享，实现业务部门之间的数据交换、数据共享与数据备份，有效地解决了环境业务系统的异构信息和资源重构等问题。通过建立统一的环境数据编码体系，实现标准化、规范化的环境数据管理，规范前端等应用系统建设，并为环境数据共享交换提供基础，从而进一步提高对水环境业务流转的决策支持能力。按数据内容分类可将其划分为如下四种数据：实时数据、结构化数据、分布式文件与空间数据，在实际建库环节可将这四类数据整合到三个数据库中。

1. 监测监控数据库

环保监控数据库用以保存在监测监控过程中所使用及产生的各类数据，包括以下内容。

（1）监测、监控设备的基本信息，如型号、安装日期、安装位置信息等。

（2）传感器实时监测信息，不同类型的监测传感器器对数据建库的要求不完全相同，如排污口的监测一般采集污水流量、重点监控的污染物含量、pH 值等，大气监测一般采集氮氧化物浓度、可吸入性颗粒物浓度等；因此对监控信息进行分级管理，专业传感器的数据库采集全部信息，公共监测信息数据库从各类采集数据内容中抽取关键信息。

（3）视频监控信息，保存对各个污染源拍摄的监控视频数据。

（4）历史监测监控信息，按一定周期保存实时监控信息与各类报警信息。

（5）报警阈值，保存各类监控的报警阈值等相关信息。

2. 业务数据库

业务数据库用以保存平台所使用及产生的各类业务数据，包括以下内容。

（1）"一企一档"数据库。为辖区内每一个排污企业建立一套环境管理档案。该套档案整合了企业基本信息、企业简介、企业平面图、企业环境管理制度、环保手续履行情况、生产设施运行情况、污染物治理设施运行情况、环境风险防范设施、污染物排放情况、排污口情况、环境监察档案等。各地市建设的"一企一档"需具有数据上传及共享功能，一是将新添加的信息共享到全省执法数据库中，二是从全省执法数据库中获取其他单位添加的信息。

（2）环境业务数据。其包括业务审批数据、行政审批数据等。

（3）环统数据。对一定时间内实时监测结果进行统计分析，形成各种报表。

（4）污染源普查空间数据库。其包括工业污染源、生活污染源及集中式污染治理设施的普查信息基础数据，利用 Hydrology 水文工具，基于哈尔滨市全流域的 DEM 数据提取流域内的径流节点，以及河网水系和流域边界的空间位置信息，建立完整的反映流域水文地貌要素拓扑关系的流域水文网络模型，基于地理信息系统空间分析模块，建立污染企业点源、排污口、支流、断面之间的拓扑关系，实现级联查询。

（5）环境政务数据。其包括环保内部和外部的电子政务信息，如公文、来往文件和函件、审批、投诉处理、待办和督办事宜、电子邮件等。

（6）文档及标准和规范数据。其主要包括国家及地方性的环保领域法律、法规、规章、导则与规范及公文数据，用以支撑环境管理业务工作。

（7）信息分类及标准代码数据。其主要包括环境管理的各类标准化代码，如污染源类别、行业类型、行政级别、环保机构、环境因子、企业规模、法律法规、污染治理、水文气象等。

（8）其他外部信息数据库。其包括外部单位与环保相关信息数据库，如水利数据、气象数据、国土资源数据、工商数据、公安和交通数据等。

3. 应急调度指挥数据库

应急调度指挥数据库为平台的应急指挥系统提供数据支撑，主要包括以下内容。

（1）基础信息数据。其为应急指挥系统常用的基础性数据，主要有环境风险源数据、环境敏感区数据、环境应急资源信息、危险化学品信息等。

（2）事件信息数据。其包括监控预警数据信息以及发生突发环境应急事件时的指挥调度信息，主要有环境监测数据、预测预警信息、环境风险评估数据、模型预测模拟数据、事件接报数据、指挥调度数据、信息发布数据等。

（3）决策支持数据。包括为突发环境应急事件的处理提供辅助决策支持数据，主要有应急监测数据、模型库、预案库、案例库、专家库、救援队伍数据、环境应急培训演练数据、专题数据等。

水环境的空间数据由控制单元的基础空间数据及水环境的行业专题空间数据构成，空间数据部分包括控制单元所在区域的矢量数据、栅格数据（影像），用于表达该区域的地理、地貌特征；行业专题空间数据由污染源、监测点等空间数据构成。

空间数据在云服务平台下采用面向服务的 REST 风格的发布方式，客户端通过调用 REST 类型的 GIS 服务来获取空间数据资源。空间数据构成见表 10.3。大数据中心架构示意如图 10.4 所示。

表 10.3　空间数据构成

空间数据类别	名称	数据格式	发布服务类型
基础空间数据	控制单元底图	矢量	切片服务
	影像底图	栅格	切片服务
专题空间数据	监测断面数据	矢量	动态服务
	水质监测站数据	矢量	动态服务

续表

空间数据类别	名称	数据格式	发布服务类型
专题空间数据	工业污染源数据	矢量	动态服务
	农业污染源数据	矢量	动态服务
	生活污染源数据	矢量	动态服务
	污水处理厂数据	矢量	动态服务

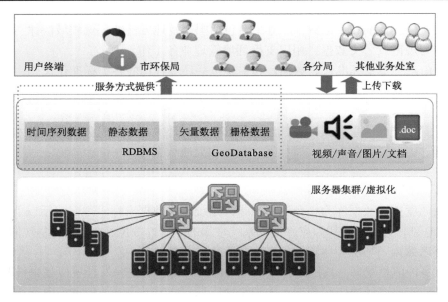

图 10.4　大数据中心架构示意图

10.4.7　云端服务方案

　　云计算是一种新近提出的计算模式，是分布式计算、并行计算和网格计算的发展，云计算代表 IT 领域向集约化、规模化与专业化道路发展的趋势，是 IT 领域正在发生的深刻变革（冯登国等，2011）。水环境管理云平台的建设目标是实现一套以云计算理念管理功能服务为主的系统框架，通过开发定制多种业务功能服务及服务组合实现面向水环境管理的各类子系统的构建。平台基础架构采用云服务的设计思想，利用云服务的共享、交换特性，从基础设施服务层、数据服务层、平台服务层、软件与接口服务层四个层面开展建设。云服务中心对大量实时监测数据、历史数据进行计算、分析和数据挖掘，分析水环境状况及预测变化趋势，对应急事件进行预警、态势分析、应急联动等。服务中心由监控预警类服务、电子政务类服务、移动服务和运维中心四部分构成。服务中心采用 SOA 架构。通过服务之间的消息路由，以及服务请求者与服务之间的数据转换协议（SOAP、XML）处理不同的业务请求。每个服务都是一个流程或若干流程的组合，服务对数据中心数据做各种处理，同时也可能产生新的数据并将其上传至数据中心，服务或流程都以数据为中心进行运转。

1. IaaS 层

可实现物理主机和存储设备、网络设备、安全设备等的虚拟化，以及基础设施建设的集约化，可有效提升设备利用率。

2. DaaS 层

数据库是该平台的核心，实现对数据集中管理，并支持按照时间、空间、业务专题等不同维度进行数据分发和数据服务，以及支持信息云平台同行业共享平台双向共享和交换。

3. PaaS 层

PaaS 层由操作系统、数据库、中间件、云服务管理系统等平台软件构成，数据提取、服务管理等都在本层实现。

4. SaaS 层

SaaS 层提供 API、控件、模板不同级别的服务接口，即可为各类应用提供 API、控件级的服务。

云端提供面向水环境管理的多项服务，服务以 SOA 技术进行了封装，云端将水环境管理中的各项业务逻辑转化为服务资源，将复杂的业务管理、业务办理等内容进行再分类，降低其复杂性，提供给移动端调用。云服务架构设计如图 10.5 所示。

图 10.5 云服务架构设计

1）在线断面监控服务

基于数据中心的控制单元断面实时水质监测数据，再依据 pH 值、COD、氨氮等监测信息提供实时曲线、实时表格、数据比对等功能服务，此服务可以与地图服务相结合，实现基于空间位置的实时数据监测。

2）排污口监控服务

实时监测各企业排污口污水 COD 含量和污水排放量等信息，利用这些数据创建排污监控服务，可以与预警服务、地图服务等集成为预警、报警子系统。与电子政务服务相结合实现排污口历史数据比对与现状数据分析等管理工作。

3）治理过程监控服务

通过处理各种污染源在线监测仪表、治理设施和排污设备的关键参数，监测治理设施的运行状况和净化效果。根据污染源排放量、净化指标并结合污染指标分析企业治理情况，全面监测污染物治理效果、排污量等情况。

4）预警服务

通过物联网终端监测信息、水质智能化预测模型、水环境容量计算模型、水质模型预测模型并结合水环境进行预警预报，结合地图服务、地理信息系统图形化展示预警来源、内容、时间、级别等信息。

5）查询检索服务

查询服务包括数据中心所有数据资源的模糊查询、精确查询、组合查询，通过与地理信息系统集成，可定位各类监测点信息、地理位置信息。查询结果可以导出为常用的数据格式。

6）视频服务

建设基于地理信息系统的视频安全监控系统，视频监控数据流与物联网终端监测点数据实时结合，全程监控污水治理、设备修理等处理过程。

7）应急指挥服务

应急指挥服务是根据预先设定的应急方案而启动应急流程的管理服务框架，在应急事件发生时，动态绘制预案流程图，基于空间位置列出应急设备、物资、专家信息等节点属性，在事件处理完成后，处理流程存档，生成应急报告，根据事件处理详细信息对环境进行综合评估。

8）电子政务服务

根据用户需求调研，将环保办公流程以业务流的方式驱动，实现对业务办理的图形化支持，完全节点跟踪，包括建审项目管理、排污管理、行政处罚管理、档案存档、日常办公等功能服务。

9）统计分析服务

对监测数据按时间维度进行分类统计、分析，生成业务统计报表，并支持常用格式的输出；分析服务使用监测数据并结合水环境容量计算等模型对控制单元内的水环境质量进行综合分析。

10）空间信息共享服务

空间信息共享服务是集海量、多源异构空间地理信息资源的整合、管理、发布、

Web 服务、应用搭建和运维保障于一体的完整的解决方案，是可以服务于社会公众、企事业单位和政府部门的综合性地理信息公共服务平台。平台空间基础空间信息服务为地图服务和影像服务，这两类服务以图片的形式提供平台所有服务的底图和基础空间参考，是其他专业服务或行业应用数据应用的基础载体；专题应用涵盖要素服务、地理处理服务、地理数据服务、网络服务及其他服务，这些服务与行业应用或专题结合，脱离单纯的地理空间数据展示与表现，更侧重于地理空间数据与业务结合的增值应用。充分考虑未来地级市应用需求。主要由以下五个子产品构成。

地图制图模板：具备开放、高效的空间数据模型、可定制的制图模板、多样化的符号库、高质量的制图效果。

平台管理系统：提供完善的服务管理、深层次的安全管理、全方位的运维功能支撑、高度灵活的系统配置。

资源服务中心：集中展示平台各类空间信息资源和交换资源。

地图应用模板：提供面向最终用户的典型应用系统范例。该范例以平台提供的地图服务、功能服务为基础，以 HTML5 作为前端展现手段，带来良好的用户体验。

移动应用模板：是构建于移动端的典型应用系统范例。以平台提供的地图服务、功能服务为基础，支持 IOS、微软 Windows Phone 以及 Android 等不同操作系统平台。

各服务间数据交换采用基于 XML 技术的可配置协议体系，能够支持协议自定义和协议转换，能够满足交换协议自身的扩展要求。XML 采用显示数据机制，以文本流方式支持数据的传输，可实现在既有网络协议下的不同系统间的数据交换（陆海锋，2018），在本平台中使用 XML 进行数据传输与交换能够满足水环境管理部门上下级之间以及部门之间的数据交换。从内容上需要涵盖各类空间数据、各类业务数据和各类决策分析数据等。

10.5　平　台　应　用

水环境管理平台从数据源、业务管理、计算和移动端应用 4 个层面进行建设，以机动灵活的移动监察 APP 的"点"状监察方式来覆盖监察区域，以互联网、3G、4G 网络的"线"状通信手段完成信息的采集、传输，以业务管理端的全面信息汇总、统计、分析、指挥形成的"面"管理方式来实现对环境的全面监察管理。将各部门自身建设的信息系统与 GIS 相整合，实现遥感、环境信息现状、基本信息、监测信息以及基础地理信息等多源信息的融合，由平台管理端和移动终端执法 APP 构成本平台的业务系统，它是服务资源应用化的具体体现形式，满足用户个性化需求。业务系统可预见的应用包括以监测服务为主建设的水环境质量在线自动监测子系统、以数据挖掘服务为主建立的水环境预测预报子系统、基于空间数据服务建立的 GIS、基于移动服务建立的移动办公系统等。

本平台以即时的信息采集传输为基础，基于 C/S 与 B/S 集成模式，在 C/S 模块完成数据采集、查询功能，在 B/S 模块进行数据信息的分析处理，通过 Web Service 技术为服务端和客户端提供数据接口传输，在云平台服务支持下，以信息存储结构化、管理操作简单快捷为主要特征，本平台总体架构优于传统环境监察平台，达到了数据的实时性传输，使得相关部门能够结构化分层统一管理，实现移动、简捷、动态的移动监察新模式。

10.5.1 平台管理端

水环境平台管理端是整个环境监察移动执法管理系统的核心支撑，通过该子系统的数据整合接口获取全辖区污染源及环境质量在线监测、放射源信息、环境地理信息、环统环评、污染普查、排污申报收费、突发应急等相关的环境信息数据，同时能够与前端便携移动终端进行通信，完成二者之间的数据传输与数据同步。同时环境监察移动执法后台支撑系统还具备独立的 Web 访问接口，供笔记本电脑等便携移动终端浏览器访问，执行相关的移动执法流程。

平台管理端采用 B/S 模式，开发环境选用 vs2018 开发平台，开发语言选择辅助 JavaScript 开发的轻量级库 jQuery，它兼容 CSS3、各种浏览器，jQuery 具有语言模块化的使用方式，通过免费、开源的 API 让开发者编写插件，可以开发出功能强大的动态或者静态网页。管理端地图选用 O 地图，使用 O 地图 JavaScript API 提供的应用程序接口构建路线规划等交互性强、功能强大的数据服务，并且能够快速响应用户请求，管理端具体功能模块如下。

1. 信息管理

查看由客户端上传的被调查污染源的信息以及在污染现场所拍摄的照片。

2. 案件处理

对客户端上传的水环境污染案件进行处理。

3. 案件定位

可通过对客户端上传的经纬度坐标在地图上进行定位，在地图上同步查看污染位置。

4. 地图查询模块

地物要素以图层的形式存在，应用 ArcGIS Desktop 桌面软件载入图层、渲染要素保存.mxd 工程。利用 ArcGIS Server 工具发布服务，为决策平台要素使用提供标准 rest 服务地址，地物要素分布情况以地图服务方式被调用且展示在管理系统中。在该模块中实现地图基本操作和与水环境相关的地物要素查询两大功能，其中地图基本操作包括放大、缩小、平移等；与水环境相关的地物要素查询则包括企业相关信息查询和污水处理厂信息查询，结合 ArcGIS API for JavaScript 技术，实现用户点击地图上某一要素时，该要素高亮并且弹框显示其具体信息。通过该模块设计能够直观、快速地观察企业和污水处理厂地理位置分布情况。

5. 企业水质污染程度模块

企业水质污染程度模块应用综合污染指数模型判定企业水质污染情况。综合污染指数法是应用在水环境监测平台中重要的评价方法之一，其原理是，首先基于《地表水环境标准》（GB 3838—2002），结合评价水功能区域实际情况确定对应标准类别。统计各水质指标的相对污染指数，算出污染物的综合污染指数，说明水质情况、判断污染程度以及辨别主要污染物。其公式为

$$P_i = \frac{C_i}{C_s}, \quad P = \frac{1}{m}\sum P_i \tag{10.1}$$

式中，C_i 为第 i 项水质指标浓度；C_s 为第 i 项水质指标评价标准；P_i 为第 i 项水质指标污染指数；m 为水质指标的项数。本章选取 DO、COD、NH_3-N、TN 和 TP 五种污染指标作为评价因子，其综合污染指数评价分级见表 10.4。

表 10.4　综合污染指数评价分级表

P	水质级别	水质现状阐述
≤0.40	好	多数项目未检出，个别检出在标准内
0.41～0.70	轻度污染	个别项目检出已超标
0.71～1.00	中度污染	2 项检出值超标
1.01～2.00	重污染	相当部分检出值超标
≥2.01	严重污染	相当部分检出值超标数倍或几十倍

在水环境监察过程中，对于企业防治与管理很重要。根据企业排放现状，分析与判定其污染情况，辅助平台更有效地管理企业。根据数据采集系统上报的现场数据，引入综合指数水质评价模型判定企业污染程度，基于分析结果对企业进行裁定及做出相应惩处措施。在此模块中，查询该企业历史执法情况，分析近几年该企业污染趋势走向。

企业水质污染程度模块从数据库中读取数据采集系统上报的现场信息，其中包括水质评价过程中需要的水质指标浓度，结合水质评价模型分析得到企业水质污染程度，如好、轻度污染、中度污染、重污染和严重污染几种结果，为后续对企业的管理提供凭证。在企业历史执法状况查询中，平台根据指定的企业名称，能够查看该企业历史执法情况，根据企业污染程度值分析其近几年污染趋势走向，最终达到合理奖励与处罚目的。

6. 统计分析模块

根据各空间要素加载的属性数据，可以按照不同条件进行统计分析，对评价数据的查询与统计，包括地表水水质查询、地下水水质查询、排污口水质统计查询、排污口信息查询、水质数据查询；结果采用多种方式输出，包括柱状图、饼状图、折线图等，图形可以导出常用图片格式。

（1）根据断面位置对河流进行分段，每段有入水断面和出水断面，对某一河段排入

的污染物进行总量核算,核算某一段上有多少个排污口,每个排污口的排污负荷是多大,排污口对应的是哪个直排企业或者污水处理厂,污水处理厂处理哪个企业废水,各企业的污染贡献率是多少,或者从哪个区域范围内收集的生活污水。

（2）在研究范围内划分详细的汇水区,每个支流都会有自己的汇水范围,这是为了计算支流汇入带来的面源污染负荷量,再加上支流上点源排污口的排放量,就是这个支流为干流贡献的污染负荷量。

（3）总量减排方案,以河段为单位,进行排污总量核算和水环境容量计算。只要河段的划分能够和控制单元的分界保持一致,不要有跨区河段,即可计算出某一控制单元的污染负荷量(分点源和面源)和水环境容量,这样就能给出每个控制单元的总量减排方案。

7. 任务管理模块

合理安排工作任务量是提高执法效率的有效途径之一。在任务管理模块中主要完成任务信息新增、删除、修改和查询等操作。在该模块中能够从数据库中读取任务分配信息,其中包括任务名称、执法人姓名、当前状态和执法情况等信息,通过执法人姓名的过滤条件,可查询该人员历史执法情况。

8. 实时监控

实时监控主要是监控外出巡护工作的监察（执法）人员,可以实时查看其位置信息及巡护的轨迹。使用定位功能可以定位到监察（执法）人员的当前位置,使用实时轨迹可以看到监察（执法）人员当前的位置及后续被监控过程中的轨迹。

9. 通知公告模块

公告内容主要包括国家在环境监察方面的一些法律法规文件和部门领导下发的指令。该模块提供查询历年来已存在的公告信息功能,并且支持管理者新增公告记录,公告记录包括公告标题、内容、时间等。同时,也支持公告删除、修改和查询操作。

10. 水质在线监测

利用在线水质监测数据监控流域内的污染点源、断面、排污口水质数据,当出现事故或超标现象时,要计算污染物入河路径和对断面的影响(包括时间变化和浓度变化),借助专业模型计算相关数据,并将预测数据在地图上展示。模块提供折线图、趋势图、柱状图等可视化方式增强数据表现效果。

11. 日志管理

日志管理主要查看监察（执法）人员每日的工作日志,作为工作记录的一种形式,管理员可以查看监察（执法）人员每日工作内容、巡护轨迹和工作类型。

12. 水资源红线保护专题

将水资源系统中各个已经完成的水资源红线保护专题图纳入综合平台系统中,形成单独专题图；通过坐标数据输入，在保护区红线专题图中进行定位，查看定位的具体范围是否是红线区。

13. 基于河网概化分布图的管理模块

基于开源 JavaScript 框架 ECharts 将管理范围内所有水系要素转化为可操作、可选择的交互组件，在河网概化分布图的基础上可直接获取其相关的水环境信息。河网概化分布如图 10.6 所示。

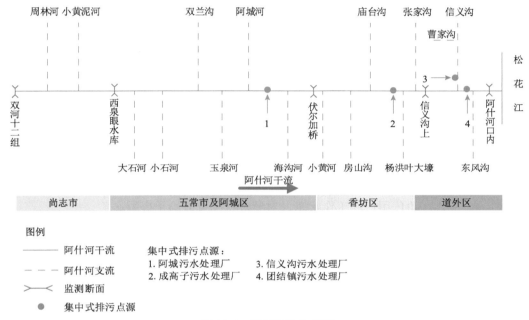

图 10.6　河网概化分布图

14. 水质图谱管理

平台提供自动出图功能，用户进行查询设置，当需要输出当前界面出图的时候，对当前界面自动生成专题图，同时允许用户输入图名等信息。根据常用的专题图，在后台形成地图模板，客户端随时调用输出专题图。根据系统应用情况及用户需求，地图模块可增量修改。用户在客户端输入根据各种条件生成的统计分析专题图及基于地图的专题图，可通过系统将其存入历史专题图库，便于今后调阅。

建立全流域水环境专题地图图库模块，在使用本平台过程中生成的所有专题地图，包括拓扑关系图、污染源分布专题图、水质评价专题图、容量分配专题图、水资源红线专题图等地图资源可入库存档，增量更新。同时提供 API 接口，可供其他系统调用集成。

15. 业务数据空间查询

平台管理端提供简单易用的查询界面供用户来进行快速查询。用户只需要制定简单的查询条件，如企业代码、单位名称、录入人、录入时间等信息，就可以实现数据的查询，并允许将查询结构进行保存、导出、统计汇总和统计图制作，供用户进行数据的再次挖掘。通过查询窗口输入查询条件，得出查询结果页面，地图上高亮显示查询的地图要素，在查询结果页面记录中可以对地图要素进行定位。

16．"双随机"执法

以移动终端设备为载体，通过移动执法系统自动随机抽取污染源，随机选派执法人员来开展环境监察执法，将重点排污单位全部纳入随机抽查系统，"双随机"执法，有效杜绝环境日常监管工作中可能存在的随意性执法或选择性执法。随机分配的结果在管理端的云服务中生成，直接派发到移动端 APP 中。

17．用户管理

组织管理：通过建立组织结构，规定职务或职位，明确责权关系，以使组织中的成员互相协作配合、共同劳动，有效实现组织目标。

群组管理：可以将用户分成不同的组，针对用户组选择其可以使用的功能，通过建立访问控制列表进行有效的访问控制，能随时根据实际需要调整用户组所具有的权限，可以任意添加、删除、修改用户组，可为用户组添加、删除成员（即用户）。

角色管理：提供系统所有用户角色的管理功能，可增加、删除、修改用户角色。系统可以直观查看各角色用户的工作状态，对异常状况及时给予提醒。

权限管理：系统有严格的角色权限管理机制。不同的角色拥有不同级别的管理权限，超级管理员拥有所有管理权限，且只有一名超级管理员，但该角色可以赋予其他管理员所有管理权限（删除权限请用户慎重考虑）。系统提供对用户的认证、授权等管理。

18．接口设计

与云平台做双向数据接口，实现各类数据更新同步，校验环保综合业务系统数据。执法过程中，根据污染源编号提取云平台中普查、环境统计、在线监测、检测报告等数据。实现数据向云平台推送。在平台管理端上实现账户集成、权限集成，并提供接口调用。接口可接收监测监控监察数据，按照监测数据、执法类型及执法情节标记，提取监测信息及现场执法记录，自动生成行政处罚建议书等，将业务流转到综合业务系统。考虑业务数据与空间数据的整合存档，为后期 GIS 整合奠定基础，本系统提供 GPS 坐标数据存储功能。在系统功能上预留支持空间数据共享服务平台的 GIS 同步接口。空间数据服务部分将采用 REST 接口，REST 服务接口基于 HTTP 协议，用 URI 来描述互联网上所有的资源，调用方式及特点如下。

（1）资源通过 URI 来指定和操作。

（2）对资源的操作包括获取、创建、修改和删除资源，这些操作正好对应 HTTP 协议提供的 GET、POST、PUT 和 DELETE 方法。

（3）连接是无状态性的。

（4）能够利用 Cache 机制来提高性能，在地图服务 REST 接口中，请求服务的 URL 一般采用如下列格式：http://<host>[:<port>]/arcgis/rest/services/<服务>/<服务类型>/<操

作>?<参数>。

WSDL 接口：除地图服务采用 rest 风格外，其余接口全部基于 WSDL 实现与其他系统的数据交换或集成。使用 WSDL 描述平台中的若干 Web Service 资源，使用开放的 XML（标准通用标记语言下的一个子集）标准来描述、发布、发现、协调和配置这些应用程序。

平台的接口分为三种类型：①安全类。主要控制外部应用程序的安全性及外部用户的安全性，该类接口负责系统登录、认证程序权限以及用户权限，对系统的访问做有效控制。②查询类。该类接口实现外部应用程序的查询行为，根据提交的查询参数对排污企业信息属性进行查询，返回 XML 格式数据集。对于相对复杂的查询行为，平台内部会使用多个服务组合来实现最终查询结果。对排污企业的空间位置定位查询，根据提交的查询参数（如企业编号），返回结果为网页地图形式。③事务类。此类接口主要完成事务的操作，在应用层对应于各类环境保护业务操作，使用该接口的外部开发人员不需要了解排污企业数据库的物理构成，可以把注意力放在业务本身的逻辑上。

控制类：此接口主要完成对排污企业空间数据库运维管理，如增加更新查询接口、修改元数据等，使用该接口的一般为系统管理员。

10.5.2　移动端功能设计

智能移动终端与传统的执法工作流程无缝集成，实现执法业务流程的标准化、精细化，平台客户端采用 C/S 模式，选用安卓平台，它相对于其他操作系统 Windows Phone 和 iOS 等具有更宽泛、自由的环境，具有开放性、开源性、易适性等特征。客户端包括业务办公、执法助手和 GIS 展示与分析三个子功能模块。

1. 业务办公

1）个人日程
帮助用户更好地进行事务安排，如工作日程和执勤计划等。

2）消息通知
消息为管理端或其他移动端发送过来的指令或消息，包含任务通知和好友信息等即时消息。

3）部门组织
按照部门职能、人员构成及业务分工构建部门组织拓扑图，如部、处、科、室、组等。

4）会议预约
系统支持多方音频/视频接入的实时在线会议预约。

5）通讯录
通讯录根据用户权限由管理端自动生成并推送到移动端，与通讯录人员可进行单点的音频/视频连接。

6）环保知识库
访问环保知识云服务可实时获取环保法律法规、应急事件预案作业指导书、专家库、知识库、环保行业技术以及新闻资讯等信息资源。

2. 执法助手

1）移动巡检

移动巡检可以实现案件数据采集与上报，主要结合移动应用的优势，通过移动终端实现数据采集与上报功能。执法工作人员在接收到任务指令之后，手持移动 APP 到达现场，通过 GPS 定位技术确定事件位置，根据现场实际情况记录相关信息，现场执法人员通过移动端软件采集监察事件，填写监察事件名称、事件地点、事件描述等信息，并进行现场拍照、摄像、录音，所有信息一并通过 4G 或 5G 网络传送至移动执法后台支撑数据库，支持离线状态下数据备份及上线自动传输，移动端案件信息与 Web 端数据同步更新。将取证的案件信息上传至管理端，在管理端查看案件信息，对污染案件进行统计确认，对达标与不达标企业分类，录入执法结果，使每一个案件做到有据可凭。在管理端的云计算框架下生成案件信息的分析结果，应用终端可访问统计分析服务，动态获取分析成果。

2）一企一档

执法人员可随时调阅企业的档案信息，档案内容包括企业基本情况以及日常检查、巡查、检测等情况。具有档案管理权限的工作人员可以现场对企业档案信息进行维护，通过一键查询进入属性信息界面，在属性信息界面进行属性编辑。属性编辑提供多种录入面板，包括文字录入面板、数字录入面板、字典录入面板。在属性信息界面还可以进行拍照和浏览照片。每年年终要对档案数据进行整理、汇总、装订存档。

3）GPS 定位

通过输入指定坐标将当前地图的视图定位到输入的坐标点处；或者执法人员手动选择地图位置进行定位，在地图上绘制特殊定位符号，定位的位置高亮并闪烁。

4）污染信息查询定位

通过输入污染源的名称对整个流域的污染源信息进行模糊搜索，查询结果以列表方式显示，查询结果可以在地图上定位。在污染信息查询时选中"拓扑关联"可查询到污染源、排污口、受纳水体以及监测断面的空间位置信息，这四类信息的空间拓扑关系也将显示在地图上。通过选择任一类信息可查看与其关联的污染信息，如选择"排污口"，所有使用此排污口的排污企业以及此"排污口"对应的受纳水体都将被检索出来。

5）实时排污数据查询

执法人员在现场执法过程中可即时查阅各污染源的实时排放数据，及时发现排放污染物超标的企业工厂，可为现场执法提供有力凭证。

可利用模糊查询功能查询排放企业，定制显示字段包含排放标准，即可对企业工厂进行相关属性查询；同时也可以基于地图进行空间选择、查询，查询结果也将包括实时排污数据。

6）超标预警

通过对排污企业、排污口、监测断面的实时监测实现污染物排放的超标预警。当进水量或指标发生异常时，系统自动报警，当监控数据接近异常临界值时，提前预警。针对进水预警,对污水处理厂工艺参数进行智能化调整,以保证污水处理厂水质达标排放;当排污口或监测断面的污染物超标排入或接近预警值时都将启动超标预警,预警信息以消息的形式发送到管理端以及辖区的执法人员 APP 中。

7)统计分析

APP 提供标准的月报、季报、年报以及环境监测报告表格,移动终端用户对管辖区域内的排污数据进行分类汇总,形成统计报表、直方图、饼图等,再通过 APP 和网络提交至管理平台,简化了工作流程,提高了工作效率。

8)GPS 数据收集

执法人员通过打开 GPS 轨迹开关可以生成执法轨迹数据,生成的数据除了上传至服务端外,也在本地保存为文本文件并支持导出,轨迹数据与执法过程中填写的表单数据、音频、视频等数据实现了基于时间和空间位置的关联。此功能模块也提供历史轨迹查询功能,便于管理人员查看其任务完成情况。

3. GIS 展示与分析

使用国内先进的 GIS 底层平台,系统能方便地对电子地图进行浏览和查询,系统支持 GIS 基本操作,包括地图索引、放大、缩小、还原显示、全图显示、漫游移图、鹰眼、保存、打印、分层浏览、分层叠加、当前图层切换、距离测量、地图定位等。通过调用地理信息类服务资源实现空间信息、属性信息的双向查询以及空间分析服务,将水环境信息与地理信息全面结合,并实现与生态环境部相关系统的互联互通。

1)专题图展示

利用水环境相关空间数据制作多种专题地图,包括饮用水源保护区专题、水功能区划专题、取水口专题、大气环境质量区划专题、水环境质量区划专题、排污口专题、重要生态功能区专题、风险源专题、污水处理厂专题、固废污染源专题等。同时,平台也提供自动出图功能,当需要输出当前界面出图的时候,当前界面自动生成专题图,同时允许用户输入图名等信息。根据常用的专题图,在后台形成地图模板,客户端随时调用输出专题图。

2)基于 GIS 的在线监控

基于 GIS 的在线监控,在地图上显示各监测、监控点位置分布状况,并对各监测、监控点实时监控,实现在线监测数据的实时刷新、临界提示、超标报警,对突发环境污染事件所波及的范围进行及时描述、渲染等。具体功能实现包括四方面:显示查询、实时监控、视频监控和超标报警。

3)交互式缓冲区分析

缓冲区分析可以实现分析污染源由近及远扩散的区域范围可视化及渲染,对水源地(如水井)进行缓冲区分析可统计水源地周边的污染源空间分布状况,排污口的缓冲区分析可以为污染物的溯源提供数据支持,对受纳水体(河流)进行缓冲区分析可统计其周边污染源的分布及排污情况。在地图上分别对缓冲区及分析结果进行渲染形成专题地图,从而有助于河流污染源的分析与控制(许剑辉等,2010)。

4）影像矢量数据切换

移动终端提供了矢量数据与遥感影像数据两种数据显示模式，用户可以方便地进行两种显示模式的切换，这两类空间数据服务发布于云服务端，针对地图服务访问安全问题，身份认证方式采用了 token 策略，用客户端 IP 生成 token。

5）信息显示控制

在主界面设置鹰眼窗口及空间参考信息与 GPS 信息显示区域，包括当前视图的比例尺、当前使用工具、当前 GPS 定位到的坐标（GPS 转换到当前地图上的坐标，转换的准确性跟设置的 GPS 五参数有关）、卫星数量及活动卫星数量、GPS 精度信息。

10.6　平台应达到的技术指标

参照标准云计算基础设施工程技术标准，以提供优质服务及良好的用户体验为前提，性能指标不低于以下要求。

1）水环境管理云平台

平台性能整体上满足 7×24 小时服务；

平台支持峰值并发，用户数平均为 400 个；

远距离访问服务等待时间不超过 2 秒，互操作和信息加载服务等待时间不超过 6 秒，平均每个用户（按照标准的 GIS 桌面用户考虑）每分钟显示 8 次地理信息图形/图像；

路径分析的处理响应时间不超过 4 秒，其他地理空间分析功能的处理响应时间不超过 6 秒；

平台用户的日点击率按不少于 10 万次考虑；

支持发布的数据量不小于 50TB；

地名、地址的匹配率达到 90%以上，匹配结果智能化、人性化，响应时间不超过 4 秒；

能实时检测和抵御黑客攻击；能提供完善的备份策略和恢复机制，在数据或系统发生故障后能够快速恢复。

2）典型示范应用系统的性能指标

PC 客户端响应时间一般不超过 5 秒，移动客户端响应时间一般不超过 8 秒，不得出现等待服务或卡死现象。

网络通信质量稳定，信息传递成功率在 99%以上。

3）APP 性能指标

Android：Android x.0 或更高版本；

安全：采用 3DES 加密，无明文传送用户相关信息；

启动时间：冷启动和热启动，APP 启动时间不超过 5 秒；

CPU 占用：单核 1G，CPU 占用率不超过 5%；

内存占用：整个 APP 内存占用，不超过 64M；

电量耗用：待机状态下，24h 电量消耗不超过 500mA；

稳定性能：待机和连续操作超过 48h 后，无闪退、卡顿、崩溃、黑白屏、网络劫持、不良接口、内存泄漏情况。

10.7　结　束　语

水环境保护是现代社会可持续发展必须要考虑的要素，良好的水环境对社会发展以及生态状况的改善都是至关重要的（冯飞云，2016），水环境管理云平台是利用最新的传感网、时空数据库、云计算技术和移动终端技术搭建的集约化、高效和一致的水环境综合管理信息系统。该平台也充分利用了物联网传感器的实时监控信息、地理信息分析决策功能，对水环境管理业务进行实时、动态可视化跟踪与分析，为环保事件处理、评估提供可靠依据。目前云计算技术与移动终端技术、GIS 结合应用的情况有很多，如智能交通、智能农业等，但是在新的形势和环境下还可以拓展更多、更为先进的理念及技术融合模式，进一步挖掘水环境管理的业务细节，建成更多应用并将其服务于行业及民生。

参 考 文 献

毕飞超. 2014. 最优路径规划法在土地执法监察系统中的应用. 徐州: 中国矿业大学.

蔡阳. 2016. 水利信息化"十三五"发展应着力解决的几个问题. 水利信息化, 34(1): 1-5.

曹敬灿. 2014. 危险化学品突发环境污染事故案例库与应急方案构建. 北京: 北京林业大学.

陈晨, 殷肖川, 陈玉, 等. 2009. 基于 Ajax 的 Web GIS 服务的研究与实现. 计算机应用与软件, 26(4): 202-203, 224.

陈海明, 崔莉, 谢开斌. 2013. 物联网体系结构与实现方法的比较研究. 计算机学报, 36(1): 168-188.

陈康, 郑纬民. 2009. 云计算: 系统实例与研究现状. 软件学报, 20(5): 1337-1348.

陈明. 2015. 河流水环境容量一维计算模型分析. 科技创新与应用, 5(27): 42-43.

陈仁杰, 钱海雷, 阚海东, 等. 2009. 水质评价综合指数法的研究进展. 劳动医学, 26(6): 581-584.

第一次全国污染源普查资料编纂委员会. 2011. 污染源普查产排污系数手册. 北京: 中国环境科学出版社.

丁明华. 2014. 政府 APP: 移动电子政务发展模式新思路. 商业经济研究, 33(12): 66-67.

董飞, 刘晓波, 彭文启, 等. 2014. 地表水水环境容量计算方法回顾与展望. 水科学进展, 25(3): 451-463.

董墨, 王树力. 2016. 基于中分辨率遥感影像土地利用类型信息提取及动态. 东北林业大学学报, 44(3): 95-100.

范蔚文, 张清. 2019. 智慧河长信息管理平台的应用与探讨. 中国管理信息化, 22(17): 197-201.

封金利, 杨维, 施爽, 等. 2010. 水污染物总量分配方法研究. 环境保护与循环经济, 30(6): 34-37.

冯登国, 张敏, 张妍, 等. 2011. 云计算安全研究. 软件学报, 22(1): 71-83.

冯飞云. 2016 . 湿地水环境保护的对策研究. 工程技术（文摘版）, (9): 00165.

付更丽, 曹宝香. 2010. SOA-SSH 分层架构的设计与应用. 计算机技术与发展, 20(1): 74-77.

耿天召. 2006. 南水北调（东线）水质模拟及其可视化研究. 合肥: 合肥工业大学.

龚健雅. 王国良. 2013. 从数字城市到智慧城市: 地理信息技术面临的新挑战. 测绘地理信息, 38(2): 1-6.

谷照升, 杨天行, 彭泽洲. 2004. 密云水库三维水质模拟技术. 吉林大学学报（地球科学版）, 34(1): 93-96.

郭峰. 2005. 快速原型法在项目开发中的应用. 杭州: 浙江大学.

郭华东. 2002. 空间信息技术与西部大开发. 国土资源, 19(6): 4-6.

郭劲松, 李胜海, 龙腾锐. 2002. 水质模型及其应用研究进展. 重庆建筑大学学报, 24(2): 109-114.

郭青海, 马克明, 杨柳. 2006. 城市非点源污染的主要来源及分类控制对策. 环境科学, 27(11): 2170-2175.

郭儒, 李宇斌, 富国. 2008. 河流中污染物衰减系数影响因素分析. 气象与环境学报, 24(1): 56-59.

韩天博. 2013. GIS 网络分析技术在河流水污染追踪中的应用 . 黑龙江科技信息, 17(5): 6-7.

胡传廉. 2011. 基于信息系统技术框架的"智慧水网"规划方法研究. 水利信息化, 29 (3): 1-6.

黄加旺, 岳国森, 彭金辉. 2004. 空间基础数据入库方法的探讨. 测绘通报, 50(4): 46-48.

黄牧涛, 田勇. 2014. 湖泊三维流场数值模拟及其在东湖的应用. 水动力学研究与进展（A 辑）, 29(1): 114-124.

金梦. 2011. 基于 WASP 水质模型的水环境容量计算. 沈阳: 辽宁大学.

李国刚. 2010. 突发性环境污染事故应急监测案例. 北京: 中国环境科学出版社.

李兰, 周丽俭, 邵延学, 等. 2011. 松花江流域水质环境及其管理现状调查. 资源与人居环境, 27(2): 52-54.

李丽. 2011. 哈尔滨市水资源可持续利用预警方法研究. 哈尔滨: 东北农业大学.

李旭. 2011. 五种决策树算法的比较研究. 大连: 大连理工大学.

李宗华, 肖道纲, 彭明军. 2004. "数字武汉"空间基础数据集成建库及应用. 地理信息世界, 2(1): 28-33.

梁生雄, 冶运涛, 王鲁江. 2017. 基于云计算的水资源智能 App 系统研究, 水利信息化, 35(2): 5-11.

刘浩. 2018. 基于关联规则的高铁列控车载设备故障诊断方法研究. 北京: 北京交通大学.

刘洪燕, 代巍. 2014. 浅谈河流污染物综合衰减系数的确定方法. 河南科技, 30(4): 171-172.

刘俊卿, 王浩. 2013. 中国水污染形势严峻. 中国经济和信息化, 29(20): 67-69.

刘峤, 李杨, 段宏, 等. 2016. 知识图谱构建技术综述. 计算机研究与发展, 53(3): 582-600.

刘艳, 张锐, 彭岩. 2009. Hibernate+Spring+Struts+Ajax 整合框架在企务通系统中的应用. 计算机应用与软件, 26(10): 63-65, 77.

刘钊, 顾进广, 习明昊. 2008 . 基于快速原型法与 J2EE 系统的设计与实现. 微计算机信息, 24(15): 47-49.

刘庄, 晁建颖, 张丽, 等. 2015. 中国非点源污染负荷计算研究现状与存在问题. 水科学进展, 26(3): 11.

刘庄, 刘爱萍, 庄巍, 等. 2016. 每日最大污染负荷（TMDL）计划的借鉴意义与我国水污染总量控制管理流程. 生态与农村环境学报, 32(1): 47-52.

卢廷玉. 2014 . 面向水环境管理的云计算服务模式研究. 哈尔滨: 哈尔滨师范大学.

陆海锋. 2018. 分布式的 XML 数据存储和信息传输模型研究. 现代计算机, 35(6): 87-90.

路翀, 徐辉, 杨永春. 2016. 基于决策树分类算法的研究与应用. 电子设计工程, 24(18): 1-3.

吕超寅. 2006. 大庆市地下水环境监测信息系统研究. 北京: 中国地质大学.

马欢. 2006. 松花江哈尔滨段水环境容量研究. 哈尔滨: 哈尔滨工业大学.

马慧明. 2018. 论云计算对电子政务的革命性影响. 数码世界, 17(3): 291-292.

马乐, 张琳娜. 2008. GPS 黑箱模型及其应用方法研究. 工具技术, 42(6): 98-101.

孟雪靖. 2007 . 农村水污染经济问题研究. 哈尔滨: 东北林业大学.

苗作华, 刘耀林, 王先华. 2014. 基于混合模式的应急救援决策支持系统. 测绘通报, 60(4): 109-112.

潘禹, 尹红, 王恒俭. 2014. 基于 GIS 的环境管理一张图在环保信息化中的应用研究. 科技致富向导, 22(24): 145-204.

逢勇. 2010. 水环境容量计算理论及应用. 北京: 科学出版社.

彭盛华, 赵俊琳, 翁立达. 2002. GIS 网络分析技术在河流水污染追踪中的应用. 水科学进展, 13(4): 461-466.

彭莒莒. 2017. 基于深度学习的鲁棒表情关键点定位算法设计与实现. 北京: 北京交通大学.

皮成. 2014. 基于 Android 平台的即时通信中间件的研究与实现. 西安: 西安电子科技大学.

秦迪岚, 韦安磊, 卢少勇, 等. 2013. 基于环境基尼系数的洞庭湖区水污染总量分配. 环境科学研究, 26(1): 8-15.

秦宏宇. 2017. 基于 CBR-RBR 集成方法的马病远程诊断专家系统的研究. 哈尔滨: 东北农业大学.

任健, 黄全义. 2003. 城市地理空间基础数据应用模式的探讨. 测绘信息与工程, 28(1): 25-26.

任杰. 2012. 南水北调东线南四湖水流水质模拟技术及其应用. 青岛: 青岛理工大学.

隋敏. 2012. GIS 最佳路径算法在哈尔滨交通道路中的应用研究. 哈尔滨: 东北林业大学.

孙夕涵, 刘硕, 万鲁河, 等. 2016. 哈尔滨主城区不同下垫面融雪径流污染特性. 环境科学, 37(7): 2556-2562.

孙秀秀, 包丽颖, 郁亚娟, 等. 2015. 哈尔滨地区农业面源污染负荷估算与分析. 安全与环境学报, 15(5):

300-305.

孙艳, 王浩昌, 赵冬泉, 等. 2015. 基于物联网的污水处理厂无人值守管理模式探讨. 中国给水排水, 31(22): 18-21.

孙永丽, 刘成新. 2002. XML 技术及其应用. 中国电化教育, 23(3): 71-73.

孙钰, 胡小夏, 赵懂, 等. 2014. 基于 Web GIS 的饮用水水源地水质监测与评价系统设计. 北京测绘, 28(1): 52-55.

谭飞刚, 刘伟铭, 黄玲, 等. 2015. 基于加权欧氏距离度量的目标再识别算法. 华南理工大学学报（自然科学版）, 43(9): 88-94.

陶增元. 2001. 哥尼斯堡七桥问题——一笔画问题程序解法新探. 九江师专学报, 20(05): 25-29.

田雨, 蒋云钟, 杨明祥. 2014. 智慧水务建设的基础及发展战略研究. 中国水利, (20): 14-17.

万治理. 2017. 智慧政府视野下"互联网+政务服务"研究——以 P 市为例. 郑州: 郑州大学.

王宏. 2016. 城市融雪径流变化下松花江水质的多维响应研究. 哈尔滨: 哈尔滨师范大学.

王玮. 2019. 决策树技术在高校就业管理中的应用研究. 徐州: 中国矿业大学.

王文斌, 剡昌锋, 刘朝阳, 等. 2015. MATLAB 绘图窗嵌入 .NET 项目混合编程. 计算机工程与设计, 36(12): 3413-3417, 3423.

王文林, 胡孟春, 唐晓燕. 2010. 太湖流域农村生活污水产排污系数测算. 生态与农村环境学报, 26(6): 616-621.

王永贵, 韩瑞莲. 2011. 基于改进蚁群算法的云环境任务调度研究. 计算机测量与控制, 19(5): 1203-1204.

王钰. 2019. 四川移动打造"河长通"智慧水务管理平台. 中国设备工程, 35 (7): 4-4.

邬贺铨. 2010. 物联网的应用与挑战综述. 重庆邮电大学学报（自然科学版）: 22(5): 526-531.

吴信才. 2002. 地理信息系统原理与方法. 北京: 电子工业出版社.

肖连凤, 傅仁轩. 2012. 智慧水资源环境监测系统. 移动通信, 36(10): 69-72.

徐军亮. 2006. 京西山区油松、侧柏单木耗水环境影响因子评价与模拟. 北京: 北京林业大学.

许剑辉, 张菲菲, 解新路. 2010. 污染源普查信息查询系统. 地理空间信息, 8(3): 62-63.

薛利红, 杨林章. 2009. 面源污染物输出系数模型的研究进展. 生态学杂志, 28(4): 755-761.

薛巧英, 刘建明. 2004. 水污染综合指数评价方法与应用分析. 环境工程, 22(1): 64-69.

烟贯发, 万鲁河, 张冬有, 等. 2015. 一种水环境遥感监测校正检验方法及装置. https://www.docin.com/p-2786885058. html[2021-5-15].

烟贯发, 张雪萍, 王书玉, 等. 2014. 基于改进的 PSO 优化 LSSVM 参数的松花江哈尔滨段悬浮物的遥感反演. 环境科学学报, 34(8): 2148-2156.

杨明祥, 蒋云钟, 田雨, 等. 2014. 智慧水务建设需求探析. 清华大学学报（自然科学版）, 54(1): 133-136, 144.

姚文琳, 王瑞民, 王莉. 2008. 一种基于 Oracle 空间网络模型存储 RDF 的方法. 中国海洋大学学报（自然科学版）, 38(4): 663-666.

殷建磊. 2019. 物联网技术在环境监测中的应用. 计算机产品与流通, 36(2): 133.

于水, 张琪. 2016. 水环境污染治理的"智慧模式"构建——以江苏省无锡市为例. 科技管理研究, 36(1): 235-239.

詹胜, 李明亮. 2008. 基于场景驱动的快速原型法研究. 唐山师范学院学报, 30(2): 74-76.

张洪吉. 2008. 基于 GIS 的河流水质模拟系统研究. 长沙: 中南大学信息物理工程学院.

张菊, 周祖昊, 李旺琦, 等. 2013. 应对突发性水污染事件的水动力与水质模型. 人民黄河, 35(11): 44-47.

张力军. 2011. 突发环境事件典型案例选编（第 1 辑）. 北京: 中国环境科学出版社.

张亮, 宁芊. 2015. CART 决策树的两种改进及应用. 计算机工程与设计, 36(5): 1209-1213.

张林广. 2006. 大数据量 GIS 网络分析算法的实现和优化研究. 北京: 中国科学院研究生院（计算技术

研究所）.

张琳琳. 2010. 基于特征与广义拓扑描述的全国公路建模方法研究与实现. 沈阳: 沈阳工业大学.

张小娟, 唐锚, 刘梅, 等. 2014. 北京市智慧水务建设构想. 水利信息化, 32(1): 64-68.

张晓. 2014. 中国水污染趋势与治理制度. 中国软科学, 29(10): 11-24.

张一鸣, 田雨, 蒋云钟. 2015. 基于 TOE 框架的智慧水务建设影响因素评价. 南水北调与水利科技, 13(5): 980-984.

张莹, 刘硕, 王宏. 2015. 基于 SPSS 的主成分分析法在松花江哈尔滨段的水质评价. 哈尔滨师范大学自然科学学报, 31(3): 132-135.

张颖超, 宗雷, 叶小岭. 2010. AJAX 技术与 J2EE 集成的研究与应用. 计算机应用与软件, 27(4): 106-107, 145.

赵济, 陈传康. 2008. 中国地理. 北京: 高等教育出版社.

赵蕊. 2007. 基于 WEKA 平台的决策树算法设计与实现. 长沙: 中南大学.

中国工程院 "21 世纪中国可持续发展水资源战略研究" 项目组. 2000. 中国可持续发展水资源战略研究综合报告. 中国工程科学, 2(8): 1-17.

中国环境规划院. 2003. 全国水环境容量核定技术指南. https://www.docin.com/p-2609003739.html[2021-5-13].

Berkovich S, Liao D. 2012. On Clusterization of Big Data Streams. Washington DC: Proceedings of the 3rd International Conference on Computing for Geospatial Research and Applications.

Bibri S E, Krogstie J. 2017. Smart sustainable cities of the future: An extensive interdisciplinary literature review. Sustainable Cities and Society, 31: 183-212.

Bosi S, Seegmuller T. 2005. Optimal cycles and social inequality: What do we learn from the Gini index. Research in Economics, 60(1): 35-46.

Boulos P F. 2017. Smart water network modeling for sustainable and resilient in frastructure. Water Resources Management, 31: 1-12.

Christudas B. 2019. Practical Microservices Architectural Patterns. Berkeley: Apress.

Deng J, Dong W, Socher R, et al. 2009. Imagenet: A Large-Scale Hierarchical Image Database. Princeton: Princeton University.

Dong J, Wang G, Yan H, et al. 2015. A survey of smart water quality monitoring system. Environmental Science and Pollution Research, 22(7): 4893-4906.

Gubbi J, Buyya R, Marusic S, et al. 2013. Internet of Things (IoT): A vision, architectural elements, and future directions. Future Generation ComputerSystems, 29(7): 1645-1660.

Hinton G E, Osindero S, Teh Y W. 2006. A fast learning algorithm for deep belief nets. Neural computation, 18(7): 1527-1554.

ITU-T, IOT-GSI. 2015. Internet of things global standards initiative. http://www.itu.int/en/ITU-T/gsi/iot/Pages/default. aspx[2017-6-21].

LeCun Y, Bengio Y, Hinton G. 2015. Deep learning. Nature, 521(7553): 436-444.

Lee S W, Sarp S, Jeon D J, et al. 2015. Smart water grid: The future water management platform. Desalination and Water Treatment, 55(2): 339-346.

Li R, Li Y, Kristiansen K, et al. 2008. SOAP: Short oligonucleotide alignment program. Bioinformatics, 24(5): 713-714.

Li Z A. 2015. Monitoring and assessment of water quality ofcentralized drinking water sources in Kaixian county during the "Twelfth Five-year plan"Period. Meteorologicaland Environmental Research, 10: 23-25, 29.

Long J, Shelhamer E, Darrell T. 2015. Fully Convolutional Networks for Semantic Segmentation. Berkeley: Proceedings of the IEEE Conference on Computer Vision and Pattern Recognition.

Menon K A U, Divya P, Ramesh M V. 2013. Wireless Sensor Network for River Water Quality Monitoring in India. Coimbatore : Third International Conference on Computing , Communication & Networking Technologies.

Mikolov T, Kombrink S, Burget L, et al. 2011. Extensions of recurrent neural network language model. https://www. docin. com/p-2024503689. html[2021-5-16].

Nasser T, Tariq R S. 2015. Big data challenges. Journal of Computer Engineering & Information Technology, 4(3): 1-10.

Nicolas V A, Michael O, William A V, et al. 2020. Application of a thermodynamic nearest-neighbor model to estimate nucleic acid stability and optimize probe Design: Prediction of melting points of multiple mutations of apolipoprotein B-3500 and factor v with a hybridization probe genotyping assay on the Light Cycler. Clinical Chemistry, (12): 12.

O'Flyrm B, Martinez R, Cleary J, et al. 2007. SmartCoast: A wireless Sensor Network for Water Quality Monitoring. Dublin : 32nd IEEE Conference on Local Computer Networks (LCN 2007).

OECD. 2012. OECD environmental outlook to 2050. The consequences of inaction. OECD Publishing. http://www.naturvardsverket.se/upload/miljoarbete-i-samhallet/internationellt-miljoarbete/multilateralt/oecd/outolook-2050-oecd. pdf [2017-11-2].

Robles T, Alcarria R, Martín D, et al. 2014. An Internet of Things-based Model for Smart Water Management. Victoria BC: 2014 28th International Conference on Advanced Information Networking and Applications Workshops.

Romano M, Kapelan Z. 2014. Adaptive water demand forecasting for near real-time management of smart water distribution systems. Environmental Modelling & Software, 60: 265-276.

Schwarz M, Schulz H, Behnke S. 2015. RGB-D Object Recognition and Pose Estimation based on Pre-trained Convolutional Neural Network Features. Seattle WA: 2015 IEEE International Conference on Robotics and Automation (ICRA).

Taigman Y, Yang M, Ranzato M A, et al. 2014 . Deepface: Closing the gap to human-level performance in face verification. Columbus OH: 2014 IEEE Conference on Computer Vision and Pattern Recognition.

Toshev A, Szegedy C. 2014 . Deeppose: Human Pose Estimation Via Deep Neural Networks. Columbus OH: 2014 IEEE Conference on Computer Vision and Pattern Recognition.

Tuna G, Arkoc O, Gulez K. 2013. Continuous monitoring of water quality using portable and low-cost approaches. International Journal of Distributed Sensor Networks, (1): 1614-1617.

United Nations. 2015. World Urbanization Prospects, the 2014 revision. New York: Department of Economic and Social Affairs.

Nicolas V A, Michael O, William A V, et al. 2020. Application of a thermodynamic nearest-neighbor model to estimate nucleic acid stability and optimize probe design: prediction of melting points of multiple mutations of apolipoprotein B-3500 and factor V with a hybridization probe genotyping assay on the LightCycler [J]. Clinical Chemistry, 45(12): 2094-2101.

Wijnbladh E, Jönsson B F, Kumblad L, 等. 2006. 优于黑箱模型的海洋生态系统模型方法: 利用 GIS 研究沿海生态系统碳通量. AMBIO-人类环境杂志, 35(8): 476-487.

Yan Z R, Fang C Y, Qi S H, et al. 2014. Ecological Monitoring Scheme Based on Wireless Sensor Network in Baisha Lake of the Nanji Wetland Nation Reserve. Wuhan: International Conference on Wireless Communication and Sensor Network.

Yang C, Huang Q, Li Z, et al. 2017. Big data and cloud computing: Innovation opportunities and challenges. International Journal of Digital Earth, 10(1): 41.

Yu D, Deng L. 2011. Deep Convex Net: A Scalable Aarchitecture for Speech Pattern Classification. Italy: 12th Annual Conference of the International Speech Communication Association.